经济发达地区生态文明建设探索

——深圳市生态文明建设实践与策略

车秀珍　刘佑华　陈晓丹　等著

科学出版社

北京

内 容 简 介

生态文明建设是党的十八大做出的重要战略部署，是深圳未来长远发展的必然选择。根据十八大和十八届三中全会的新精神、新任务和新要求，深圳率先开展了生态文明建设规划研究并通过环境保护部组织的论证。本书系深圳生态文明建设规划研究报告及各专题研究成果，全书在实地考察、综合调研的基础上，辨识深圳城市发展特征、分析生态文明建设的优势与制约因素、预测未来国民经济和社会发展的趋势，评估生态环境发生的变化趋势，科学制定深圳生态文明建设的目标，提出深圳生态文明建设的具体对策与措施，对深圳率先建成"繁荣、创新、美丽、和谐"的国家生态文明示范市具有典型的示范意义，也可为经济发达地区的生态文明建设研究提供借鉴。

本书兼具理论和务实的特征，适合城市决策者、管理者，以及城市经济社会发展问题与环境保护研究人员和大中专院校的师生参考。

图书在版编目(CIP)数据

经济发达地区生态文明建设探索：深圳市生态文明建设实践与策略/车秀珍等著.—北京：科学出版社，2016.6
ISBN 978-7-03-049205-0

Ⅰ.①经… Ⅱ.①车… Ⅲ.①生态环境建设-研究-深圳市 Ⅳ.①X321.265.3

中国版本图书馆 CIP 数据核字(2016)第 147004 号

责任编辑：谭宏宇
责任印制：韩 芳 / 封面设计：殷 靓

科学出版社 出版
北京东黄城根北街 16 号
邮政编码：100717
http://www.sciencep.com
上海蓝鹰印务有限公司排版
江苏凤凰数码印刷有限公司印刷
科学出版社出版 各地新华书店经销

*

2016 年 6 月第 一 版 开本：B5(720×1 000)
2016 年 6 月第一次印刷 印张：14 插页：2
字数：275 000

定价：84.00 元

编辑委员会

前　言

近年来，深圳市委、市政府认真贯彻落实科学发展观，按照“有质量的稳定增长、可持续的全面发展”的总体要求，牢固树立环境就是生产力和竞争力、生态就是绿色福利的理念，把生态文明建设作为深圳更长远、更持续、更高质量发展的重要抓手，以生态文明的理念和标准指引城市经济、建设和管理等各项工作，在国内较早地、主动地走出一条环境与经济协调发展的路子。2007年，深圳市委、市政府以一号文件印发了《关于加强环境保护建设生态市的决定》，提出“生态立市”发展战略。2008年，深圳提出了建设“和谐深圳、效益深圳”的发展目标，在全国率先出台了《深圳生态文明建设行动纲领》等相关配套文件，领衔生态文明建设，深圳市作为环境保护部批准的第一批全国生态文明建设试点城市，为推进资源节约型和环境友好型社会建设发挥了积极作用。新的发展时期，深圳提出努力打造科学发展的“深圳质量”，全力促进绿色低碳发展，扎实推进生态文明建设，提高生态文明建设水平，提出研究编制深圳生态文明建设规划统筹深圳生态文明建设工作。

在此背景下，深圳市人居环境委员会成立了以委员会领导为组长的领导小组，以及以深圳市环境科学研究院为主体的编制技术组。笔者在与国内专家咨询交流、参加生态文明论坛、借鉴相关试点城市经验的基础上，系统开展深圳生态文明建设研究和专题研究，完成了“深圳市生态文明建设规划研究报告”及“深圳市生态文明建设指标体系研究报告”“深圳市生态格局优化策略研究”“深圳市生态经济发展策略研究”4个专题研究。党的十八大作出大力推进生态文明建设的战略部署，笔者认真落实党中央、国务院关于加快推进生态文明建设的重大决策相关要求，将相关精神融入“深圳市生态文明建设规划”研究成果中，突出深圳特点。2013年4月，环境保护部在北京组织召开了深圳市生态文明建设规划专家论证会，环境保护部副部长李干杰出席会议并讲话。“深圳市生态文明建设规划”获得专家组的一致好评和高度肯定，成为党的十八大后首个通过环保部论证的地方生态文明建设规划。

“深圳市生态文明建设规划研究报告”及“深圳市生态文明建设指标体系研究报告”探索构建了以经济发达和高度城市化为特点的生态文明建设，为国家指标的构建和其他地区提供有益借鉴，两项研究成果均获得广东省环境保护科学技术奖。2014年4月，在规划研究的成果基础上，市委、市政府颁布了《关于推进生态文明、建设美丽深圳的决定》和实施方案。

通过研究技术组认为：经过35年的改革发展，在生态文明建设和转型跨越发展上走在全国前列，形成了深圳模式。深圳空间狭小、资源禀赋不足、环境容量小，能够在经济总量、产业规模、人口数量持续上升的条件下，生态环境质量保持在较好水平、生态文明建设取得明显成效，深圳万元GDP能耗、PM2.5浓度等重点生态指数在全国副省级以上城市中均处最好水平。为全国生态文明建设提供了有益的经验。以往在生态文明建设上的高度自觉、紧迫意识、丰富实践和系列成果，为建设更高水平的国家自主创新示范区，更具竞争力、影响力的国际化城市，更高质量的民生幸福城市提供了坚实基础。新的发展阶段，党中央、国务院提出建设生态文明、深化生态文明体制改革，习近平总书记要求深圳牢记使命、勇于担当，大胆探索、勇于创新，在“四个全面”中创造新业绩。深圳作为我国改革开放的最前沿，是改革的“窗口”和“试验田”。探索创新、先行示范，积极探索新形势下生态文明建设深圳模式，既是打破影响发展的空间、资源和容量制约，构建发展新动力、竞争新优势的重要途径，又是落实中央“五位一体”总体布局和实现建设现代化、国际化创新型城市的根本保障。

未来15年，深圳生态文明建设应坚持以下指导思想：深入贯彻落实科学发展观，按照尊重自然、顺应自然、保护自然的理念，坚持节约优先、保护优先、自然恢复为主的方针，紧紧围绕建设美丽深圳、深化生态文明体制改革，强调发展质量，以可持续地满足人民群众日益增长的物质文化需求作为出发点和落脚点，以改革开放和科技创新为根本动力，以提高资源利用效率和生态环境质量为重点，着力加强生态保护与修复、优化国土空间开发格局、转变经济发展方式、创新体制机制、动员全社会力量共同参与，将深圳市建设成为国家生态文明示范市，发挥科学发展先行先试的“排头兵”作用。

为了实现2020年把深圳建成国家生态文明建设示范市的战略目标，深圳市应在未来5年加快构建生态格局、生态经济、生态环境、生态文化、生态制度“五大体系”。并明确生态格局优化是生态文明建设的前提，生态经济转型是生态文明建设的命脉，生态环境建设是生态文明建设的基础，生态文化建设是生态文明建设的灵魂，生态制度建设是生态文明建设的保障。《深圳市生态文明建设规划》从这五大体系分别提出了生态文明建设的目标指标、重点任务。

通过“五大体系”建设，将深圳建设成为人与自然和谐相处、产业结构低碳高效、生态环境优美宜居、生态文化鲜明繁荣、体制机制完善健全的美丽家园。到2020年，率先把深圳建设成为“繁荣、创新、美丽、和谐”的国家生态文明示范市。

本书在《深圳市生态文明建设规划研究报告》及各专题研究成果的基础上提炼整理完成，基本涵盖市域生态文明规划的主要领域，系统提供市域生态文明规划的技术方法和实证案例。作为研究成果，本书中有关规划内容和方案与最终颁布的规划文本并不完全一致，仅供有关政府部门和研究机构参考。

全书由车秀珍、刘佑华、陈晓丹确定总体思路、基本框架和研究提纲。具体章节执笔分工如下：前言：陈晓丹；第 1 章：陈晓丹、钟琴道；第 2 章：王越、袁博、陈晓丹；第 3 章：杨娜、陈晓丹；第 4、5、6 章：陈晓丹；第 7 章：袁博；第 8 章：王越；第 9 章：黄爱兵、杨娜；第 10 章：钟琴道、陈晓丹。全书由车秀珍、陈晓丹负责统稿，车秀珍负责定稿。

编 者

2015 年 5 月

目　录

第2篇 深圳市生态文明建设规划

第3篇 深圳市生态文明建设策略专题

第 1 篇
深圳市生态文明建设进程

1　生态文明是经济发达地区的战略选择

1.1　生态文明的历史演变与内涵

1.1.1　生态文明的历史演变

1.1.1.1　生态文明是人类文明历程的新篇章

人类文明在不同的社会发展阶段有不同的表现形式，根据人与自然的关系及人类生产力发展的不同水平，形成不同的社会文明。纵观人类历史，文明的发展经历了以下三个阶段：

第一阶段是以石器为标志的原始文明。人们必须依赖集体的力量才能生存，物质生产活动主要靠简单的采集渔猎，人类敬畏自然，对自然界的影响十分有限，不存在大规模危害人类生存的生态危机，这一时期历时上百万年。

第二阶段是以铁器为标志的农业文明。铁器的出现使人类开始对自然进行初步开发，自然界受破坏的程度较轻，尚未超过自然界自我调节和再生的能力。农业文明中人与自然的关系一般还是比较和谐的，自然秩序没有发生大的紊乱，这一时期持续时间约一万年。

第三阶段是以蒸汽机为标志的工业文明。18 世纪英国工业革命开启了人类现代化生活，社会生产获得空前的发展，人类开始以自然的“征服者”自居，但是人类对自然的超限度开发又造成深刻危机，一定程度上反过来制约了人类的继续发展，工业文明历时近三百年。

工业文明使人类发展对自然的压力达到了极限，一系列全球性的生态危机说明自然环境再没能力支持工业文明的继续发展。为了延续生存，人类开始重新反思自身的行为，审视自身与自然的关系，随着人类对自然的认识进一步提升与科学技术水平的不断进步，提出了超越工业文明的一种新的文明形态——生态文明。生态文明强调人的自觉与自律，提倡人与自然环境的相互依存、相互促进、共处共融，既追求人与生态的和谐，也追求人与人的和谐，是人类文明形态和文明发展理念、道路和模式的重大进步。

1.1.1.2　生态文化是生态文明形成的基础

文化是人类创造出来的所有的物质和精神财富的总和，是人类社会实践的产物。从研究对象上看，人类文化可以分为三种：研究人与自然关系的文化、研究人与人关系的文化和研究自己的文化。生态文化则是指调整人与自然关系而形成的观点的总和，反映人与自然和谐发展的价值观念。文明，是历史以来沉淀下来的，有益增强人类对客观世界的适应和认知、符合人类精神追求、能被绝大多数人认可和接受的精神财富、发明创造。狭义的文明特指精神财富，如文学、艺术、教育、科学，文明涵盖人与人、人与社会、人与自然之间的关系。它的主要作用：一是追求个人道德完善；二是维护公众利益、公共秩序。

生态文明是在生态文化发展的基础上形成的，是当今人类社会进步发展到一个新的阶段，人类思想与文化进步不断发展的新的成果。在人与自然关系这一领域内，人的全面发展包括科学和人文素质两个方面，由人的科技智能发展而引动的科技进步，将为自然资源的利用与保护提供技术保障，而人文素质的提高改变着人们的行为方式和处世哲学，将为人类如何利用自然指明方向。而人类在人文价值取向上正逐渐向人与自然和谐共存的思想回归，为人与人之间、人与自然之间的矛盾的真正解决提供了可能，由此就自然而然形成了一种尊重和关心自然的新文化——生态文化。而当生态文化不断发展，并成为社会文化的主流，从而引导全社会形成以“人与自然和谐”为核心的生态伦理观时，生态文明便形成了。

1.1.1.3 传统文化是生态文明的渊源所在

我国传统文化中蕴藏了丰富的生态环保思想，体现了尊重自然、保护自然的主张。追求“天人合一”、人与自然和谐相处的思想在我国古来有之，人和自然、社会发展和自然生态系统的关系问题，自春秋末期就备受关注，并有一批思想家给出了一些精辟的解答，可以说是我国生态文明的理论渊源之所在。

春秋末期的儒家强调人们要遵循自然客观规律，农民要“生产以时”，统治者要“勿夺农时”。《荀子·王制篇》载：“斩伐养长，不失其时，故山林不童，而百姓有余材也。”《孟子·梁惠王上》载：“不违农时，谷不可胜食也；数罟不入洿池，鱼鳖不可胜食也；斧斤以时入山林，材木不可胜用也。”《吕氏春秋》中有：“竭泽而渔，岂不获得？而明年无鱼；焚薮而田，岂不获得？而明年无兽。”这些都主张保护自然资源，以和善、友爱的态度对待自然万物。在中国传统哲学思想中，“天人合一”说作为一种要求人与自然保持和谐统一的学说影响深远。孔子在《论语·雍也》中说：“中庸之为德也，其至矣乎！”他主张要用中庸之道来处理天人关系，以达到“天人合德”的至高境界。《孟子·尽心上》记载：“尽其心者，知其性也；知其性，则知天矣”，认为人和天是相通的。道家的代表人物之一庄子提出：“以道观之，物无贵贱”，明确地表达了道家对人与自然平等关系的看法，主张以道观物，以达到天人和谐。宋代学者张载明确地使用了“天人合一”这一概念，他说：“儒者则因明至诚，因诚至明，故天人合一。”虽然每个伟大的思想家语言表述上存在着一定的差异，但其主旨却都是在终极意义上实现“与天地合其德，与日月合其明，与四时合其序”的以人与自然和谐为最高目标的境界。

尽管早期的这些思想往往具有朴素性，甚至夹杂着对自然界神秘性的崇拜痕迹，但是不可否认其仍然能够给予人们以潜移默化的熏陶，帮助人们树立生态文明意识，摆正人与自然的关系，对于生态文明理念的孕育和形成具有重要的意义。

1.1.1.4 人类中心论观点的转变是生态文明形成的前提

人类中心论观点的来源可以追溯到古代欧洲思想家，苏格拉底曾说，思维着的人是万物的尺度，这其中就包含着以人类为本位来看待人与自然关系的思想。近代科学技术的发展、启蒙运动的兴起、人道主义和理性主义思想的传播，使人类中心论被进一步强化。特别是工业化的迅猛发展，使人类以前所未有的规模和速度向大自然开战，依靠科学技术这个强有力的武器，人类在改造和征服自然的过程中取得了一系列巨大胜利。正是在这种背景下，西方传统的伦理思想把人类视为自然的征服者和统治者，把自然界排除在道德范围之外，认为道德是调节人际关系的规范，维护人的利益是道德的目的，而自然界则只是满足和实现人类欲望和需要的工具，一些思想家甚至提出了“人是自然之主”等论断，改变了人类在自然界中的仆人形象，确立了人类的中心地位。人类主体地位的确立，标志着人类第一次由仆人向主人的身份的转换，同时也标志着以“人”为中心的近代“人类中心主义”的形成。正是在人类中心主义这一文化观念的支持和影响下，人类的巨大的能动性和创造力得到了极大发展，创造了巨大的物质财富和精神财富，建构了整个现代文明。

尽管在人类文明的发展和社会进步中发挥了积极作用，但是人类中心主义高估了人类理性的力量而低估了自然界的有限性和自然规律的复杂性，过于强调对自然的统治和索取，而忽视对自然的依赖和培育，最终引起了人类和自然的严重对抗。恩格斯说：“我们不要过分陶醉于我们对自然界的胜利。对于每一次这样的胜利，自然界都报复了我们。”20 世纪中叶以来，伴随工业化而出现的环境污染、生态破坏、资源匮乏等当代全球性问题，已经严重威胁到人类的生存条件和生活质量。

严峻的现实迫使人们从根源上对自己的行为进行深刻反思，重新思考人与自然的关系，对人在宇宙中的位置进行重新定位。随着认识的深入，人类已经渐渐意识到：人类发展不能和自然规律相对抗，否则就会饱尝违背自然规律的苦果和灾害。人与自然之间应该是和谐平等的关系，只有在充分认识自然、尊重自然的基础之上，人类社会才能得到长远、持续的发展。在这样的背景下，人类中心论的观点开始逐渐被人类抛弃，取而代之的是以“人与自然和谐共生”为核心理念的生态文明理念迅速发展，并逐渐开始成为 21 世纪人类发展的重要命题。

1.1.2 生态文明的内涵特征

1.1.2.1 生态文明的概念

一般认为,生态文明就是人类在自然界活动时积极协调人与自然的关系,努力实现人与自然的和谐发展状态。另有人指出,生态文明是指人们在改造和利用客观物质世界的同时,不断克服由此所产生的对人和社会的负面影响,积极改善和优化人与自然、人与人的关系,建设有序的生态运行机制和良好的生态环境所取得的物质、精神、制度方面成果的总和。也有人认为,生态文明是指人类遵循人、自然、社会和谐发展这一客观规律而取得的物质与精神成果的总和,是指以人与自然、人与社会、环境与经济和谐共生、良性循环、全面发展、持续繁荣为基本宗旨的文化伦理形态。

对于"生态文明"概念,不同的学者从不同的角度给出了见解。归纳起来大致有如下四类:

(1) 广义的角度。生态文明是人类的一个发展阶段,如陈瑞清在《建设社会主义生态文明,实现可持续发展》中提到的定义。这种观点认为,人类至今已经历了原始文明、农业文明、工业文明三个阶段。第一阶段是原始文明,在这一时期,人们必须依赖集体的力量才能生存,物质生产活动主要靠简单的采集渔猎,历时上百万年;第二阶段是农业文明,在这一时期,由于铁器的出现使人改变自然的能力产生质的飞跃,历时约一万年;第三阶段是工业文明,这一时期开启了人类现代化进程,人类盲目地改造自然、征服自然,环境污染和生态破坏使人的生存和发展面临着严重的挑战,这一阶段历时近三百年。在对自身发展与自然关系深刻反思的基础上,人类即将迈入生态文明阶段。生态文明就是在生态危机日益严重的背景下,在对人的活动意义进行深刻反思之后提出的变革目标。

(2) 狭义的角度。生态文明是社会文明的一个方面,如余谋昌在《生态文明是人类的第四文明》中的观点。这种观点认为,生态文明是继物质文明、精神文明、政治文明之后的第四种文明。物质文明、精神文明、政治文明与生态文明这"四个文明"一起,共同支撑和谐社会大厦。其中,物质文明为和谐社会奠定雄厚的物质保障,政治文明为和谐社会提供良好的社会环境,精神文明为和谐社会提供智力支持,生态文明是现代社会文明体系的基础。

(3) 发展理念的角度。生态文明是一种发展理念。这种观点认为,生态文明与"野蛮"相对,指的是在工业文明已经取得成果的基础上,用更文明的态度对待自然,拒绝对大自然进行野蛮与粗暴的掠夺,积极建设和认真保护良好的生态环境,改善与优化人与自然的关系,从而实现经济社会可持续发展的长远目标。

(4) 制度属性的角度。生态文明是社会主义的本质属性。潘岳在《论社会主义生态文明》中认为，资本主义制度是造成全球性生态危机的根本原因。生态问题实质是社会公平问题，受环境灾害影响的群体是更大的社会问题。资本主义的本质使它不可能停止剥削而实现公平，只有社会主义才能真正解决社会公平问题，从而在根本上解决环境公平问题。因此，生态文明只能是社会主义的，生态文明是社会主义文明体系的基础，是社会主义基本原则的体现，只有社会主义才会自觉承担起改善与保护全球生态环境的责任。

环境保护部（简称环保部）原部长周生贤对生态文明的定义总结为：生态文明是人类利用自然界的同时又主动保护自然界，积极改善和优化人与自然的关系，建设良好的生态环境而取得的物质成果、精神成果和制度成果的总和。生态文明的发展提示人类生态文明不仅是伦理价值观的根本改变，而且也是生产方式、生活方式、社会结构的转变，是人类社会继农业文明、工业文明后进行的一次新选择。

1.1.2.2　生态文明的内涵

生态文明是一种崭新的现代文明形态，也是中国特色社会主义生态文明体系的一个重要组成部分。建设生态文明，不同于传统意义上的污染控制和生态恢复，而是克服工业文明弊端，探索资源节约型、环境友好型发展道路的过程。在思想上，应正确认识环境保护与经济发展的关系；在政策上，应从国家发展战略层面解决环境问题；在措施上，应实行最严格的环境保护制度；在行动上，应动员全社会力量共同参与保护环境。

生态文明的核心是人与自然和谐的价值观在经济社会发展中的落实及其成果的反映，它摒弃人类破坏自然、征服自然、主宰自然的理念和行动，倡导在经济社会发展中尊重自然、保护自然、合理利用自然，并主动开展生态建设，实现生态良好、人与自然和谐。建设生态文明包括生态经济、生态环境、生态文化以及生态制度保障。以人与自然和谐为指引，构建尊重自然、顺应自然、保护自然的生态环境和人居体系；以人与人和谐为内涵，培育平和友善的生态意识文明。以经济与环境和谐为宗旨，通过转变意识认识、革新执政理念、发展生态产业、保护生态环境、改善生活方式、优化人居环境，推动深圳市生态文明进程。其理论内涵包括以下几个方面：

1. 生态经济

生态文明不仅是一种思想和观念，是理性的理想境界，同时也是一种过程，一种体现在社会行为中的过程。环境问题究其本质，是经济结构、生产方式和发展道路问题。自然生态环境出了问题，应当从经济发展方式上找原因，正确的发展道路就是正确的环境政策，正确的环境政策有利于维护人民群众身体健康，有利于促进经济社会可持续发展。

生态经济是一种尊重生态原理和经济规律的经济类型，它强调把经济系统与生态系统的多种组成要素联系起来进行综合考虑与实施。其核心是经济与生态的协调,可以说生态经济的产生和发展,是人类对人与自然关系深刻认识和反思的结果,也是人类在社会经济高速发展中陷入资源危机、环境危机、生存危机深刻反省自身发展模式的产物。生态经济是一种新的生产观、经济观、价值观和系统观,它的本质就是把经济发展建立在生态可承受的基础上,在保证自然再生产的前提下扩大经济的再生产,形成产业结构优化、经济布局合理、资源更新和环境承载能力不断提高,经济实力不断增强,集约、高效、持续、健康的社会-经济-自然生态系统。

2. 生态环境

生态环境既是生态文明的建设基础,同时也是生态文明建设最直观的建设成果。环保部部长陈吉宁在“辉煌十二五”系列报告会上指出,生态环境保护是生态文明建设的主阵地和主力军。生态环境是一个具有长期性、艰巨性和复杂性的问题,生态环境的改善也是生态文明建设的着眼点和重要措施。生态环境质量的提升,一方面要处理经济和社会发展带来的巨大环境压力,走环境和经济双赢的发展之路;另一方面,作为制造环境压力的污染者又缓解压力的建设者的人,要处理好两种角色的平衡,才能创造和谐的人-自然-经济平衡,从而在维持社会经济发展的同时,维护良好的生态环境。

3. 生态人居(生态格局)

城市生态人居系统是充分贯彻了生态人居要求的人类聚集区的生态与社会的复合系统。这一概念充分体现了人居环境的生态化,是宜人居住概念中最具发展前途的一种生态宜居模式。生态人居是一个综合概念,不仅强调居住的概念,而且要求人性化地打造居住环境。生态人居包含三个环境,即生态环境、社会环境、居住环境,要求的是人与环境的和谐统一。在这个综合的生态人居环境中,人的生态状态、生存状态、生活状态都达到最佳。我们将人类居住中三个尺度的划分,区分为三个层面的生态系统,即整个区域环境、社区环境和住宅环境,形成区域生态人居环境、社区生态人居环境、住宅生态人居环境。三个尺度的生态人居系统中,包括水环境、植物环境、动物环境、建筑环境、景观、交通等作为一体化的结构,形成了最宜于居住的生态居住系统。“生态人居系统”,是一个人性化的合理、节约、高效、和谐的居住环境的综合系统。

4. 生态文化

在生态文明建设的过程中,如果缺乏生态意识的支撑,人们的生态文明观念淡薄,生态环境恶化的趋势就不能从根本上得到遏制。建设生态文明要求我们必须大力培育生态文明意识,使人们对生态环境的保护转化为自觉的行动,为生态文明的发展奠定坚实的基础。生态意识文明的培育和建立立足于两点:一是对生态环境问题的感知程度,这些环境问题包括环境污染状况、环境污染原因、环境污染后果、环境保护措施、周围人群环境保护的行为等；二是对生态环境问题的关注程度，当前公众在生态环境问题关注程度主要集中在眼前的环境问题和与自己关系密切的环境问题上。生态意识的培育只是前提，在生态意识形成的前提下，形成绿色生活、绿色消费习惯，才能在全社会形成生态文化氛围。

5. 生态制度

保护环境，建设生态文明，不仅需要人类的道德自觉，同时更需要社会制度的保障。生态制度文明建设的根本宗旨是让人们了解各种保护自然、保护环境的制度、法规与条例，从而更加自觉地遵循自然生态法则。生态制度文明是生态环境保护和建设水平、生态环境保护制度规范建设的成果，它体现了人与自然和谐相处、共同发展的关系，反映了生态环境保护的水平，也是生态环境保护事业健康发展的根本保障。

生态制度文明必须满足三个条件：一是制定了促进生态文明的制度，而且这些制度规范是较为完善的，从本质上看，所制定的生态环境保护制度反映了生产力发展水平，反映了生态环境的现状和环境保护与建设的实际水平，既不滞后于实际，又不是盲目地脱离现实的超前。从立法技术看，制度规范含义言简意赅、通俗易懂、准确而无歧义；二是这些生态环境保护制度得到了较为普遍的遵守，人们的环境伦理道德水平较高，人们熟悉生态环境保护制度，人们主动执行这些制度规范，主动与生态环境保护违法行为做斗争；三是生态环境保护和建设取得了明显成效，生态环境保护制度得到了比较全面的贯彻执行。

1.1.2.3 生态文明的基本特征

党的十七大提出生态文明之前，学者们从不同角度对生态文明的特征进行过概括。党的十七大报告第一次明确提出生态文明建设之后，社会各界对生态文明的研究空前高涨，对生态文明特征的认识也更加深入。尤以十八大报告深入论述生态文明并将其提高至国家战略高度之后，对于生态文明的理论研究逐渐趋于成熟。

从相对理论性的角度，有学者把生态文明的特征概括为三个：第一，平等性是生态文明最根本的特征；第二，多元化共存是生态文明最基本的特征；第三，循环再生是生态文明最显著的特征。从生态文明与传统文明和现代工业文明相对比的角度，有学者认为，生态文明具有三个基本特征：第一，生态文明是对传统农业文明和现代工业文明的“扬弃”；第二，生态文明强调人与自然的和谐相处；第三，生态文明强调生态系统的生态价值、经济价值和精神价值的统一和共同实现。在借鉴前人研究成果的基础之上，笔者认为生态文明的基本特征可概括为经济发展的可持续性、人与自然关系的和谐性、生态质量的优良性、社会管理体制机制的创新性、全社会环境保护观念的普遍性。

从人与自然、人与人之间的关系的角度出发，笔者认为可以把生态文明的基本特征概括为以下五点：

一是整体性，即人与自然是一个相互融合、密不可分的统一体。生态文明把大千世界视为一个有机联系和动态发展的整体，认为自然生态有着自在自为的发展规律。它与人、经济社会是一损俱损、一荣俱荣的关系。人类在改造利用自然的过程中，必须有意识地控制自己的行为，尽力维护生态系统的完整和稳定。

二是平等性。生态文明所涵盖的平等性表现为人地平等、代际平等、代内平等。人地平等，指人类与天地万物并非统治与被统治、征服与被征服的关系，而是一种互为平等、不可或缺的关系。当人与自然之间出现矛盾冲突时，社会要主动干预，人应该自觉协调修复，保证二者良性循环的发展。代际平等，即当代人对自然资源的利用要从长计议，为子孙后代留下良好的生存环境和足够的发展空间。代内平等，就是任何地区或国家在利用自然资源满足自身需求时，绝不能以损害其他地区或国家的利益和发展为代价。

三是和谐性，指通过各种手段最大限度维护人与自然、自然与经济社会既存的天然关系，达到和谐相处、互融并存的目的。在自然界，许多看似没有思维的动植物和全无生命的有机界，都无不在自然进化和时光流逝中追寻自身的发展。人类应该顾天顺地，按照人与天地有机统一的内在规律，妥善破解已出现的矛盾冲突，以利和睦共处。所谓自然和则美、众生和则乐、社会和则安、国家和则强，即为此理。

四是持续性，指人与自然、自然与经济社会的和谐发展具有持久性、连续性。生态文明理解的生产力不再是人类征服和改造自然的能力，而是自觉协调人与自然、自然与经济社会相互共存的关系，保持可持续发展的能力。生态文明要求的这种发展不只是眼前的发展、当代人的发展，更重要的是着眼于长远的乃至子孙后代的永续发展。

五是高效性。建设生态文明并非要人类消极地适应自然，回归到原始文明和农耕文明，而是要正确把握自然发展的客观规律，始终坚持将经济社会发展与生态环境保护紧密结合起来，在保护生态环境的前提下发展，在发展的基础上改善生态环境，最高效地实现人类自身的利益。

1.2 国内外研究与实践进展

1.2.1 国际生态城市建设发展历程

“城市病”是随着城市发展而产生的，特别是经过产业革命之后，由于人口迅速增加，工业生产不断集中和扩大，能源消耗持续剧增，引发了严重的生态环境、交通拥堵、住房紧张等城市问题。19 世纪以来，震惊世界的公害事件不断发生，造成严重的社会危害，使各国政府和人民意识到生态城市建设的重要性，并采取各种措施，投入大量资源进行生态环境治理、公共交通建设等生态城市建设。19 世纪以来，生态城市建设历史发展大致可以分为四个阶段：生态城市建设萌芽阶段(1950 年以前)、生态城市理念提出和建设初期阶段(1950～1990 年)、可持续发展阶段(1990～2005 年)、低碳生态城市发展阶段(2005 年至今)。

1.2.1.1 生态城市建设萌芽阶段(1950 年以前)

西方的生态城市思想极其丰富，具有相当悠久的历史。从古希腊柏拉图的《理想国》，到 16 世纪英国人托马斯·莫尔的《乌托邦》、文艺复兴时期意大利建筑师阿尔伯蒂在《论建筑》一书主张从实际需要出发实现城市的合理布局等。

19 世纪以来，随着工业化的扩展和科学技术的进步，针对日益严峻的城市化、工业化带来的城市生态问题，西方国家一些学者相继提出"生态城市"的观点和相关研究。1820 年，欧文提出了"花园城"的概念，倡导花园城镇运动。1898 年，霍华德在《明日的田园城市》一书中提出"田园城市"的理论。该书提出，针对现代工业社会出现的城市问题，应该把城市与乡村结合起来作为一个体系来研究，并设想了一种带有先驱性的城市模式，这种城乡结合体称为田园城市。在 20 世纪初，霍华德亲自在伦敦的郊区主持开发了两个田园城市——莱奇沃斯与韦林。尽管他的理论主要是针对工业城市的问题而提出的，并具有明显的乌托邦色彩，但显然也为伦敦等解决大城市地区空间无限膨胀、无序蔓延等突出问题提供了一种思路。在其"田园城市"思想的影响下，西方国家出现了一批早期的花园城市。恩温等又进一步提出了"卫星城市"理论，并在 20 世纪 20 年代开始将其应用于大伦敦地区的生态环境治理。1933 年，《雅典宪章》规定"城市规划的目的是解决人类居住、工作、游憩、交流四大活动功能的正常进行"，进一步明确了生态城市有机综合体的思想。"田园城市"理论反映出建设者追求人与自然和谐的朴素的生态学思想，对现代城市生态和城市规划思想起到了重要的启蒙作用。这一时期主要事件和内容如表 1.1 所示。

表 1.1 生态城市建设萌芽阶段主要事件及内容

历史轨迹	时间	组织者	事件	主要内容
萌芽阶段(1950 年以前)	1820 年	欧文	提出了"花园城"的概念	倡导花园城镇运动
	19 世纪末 20 世纪初	霍华德	在《明日的田园城市》中提出"田园城市"的理论	开发了两个田园城市：莱契沃斯与韦林

1.2.1.2 生态城市理念提出和建设初期阶段(1950～1990 年)

20 世纪 50 年代起，世界经济由第二次世界大战战后恢复转入发展时期。随着工业化与城市化的推进，工业生产和城市生活的大量废弃物排向土壤、河流和大气之中，最终造成环境污染的大爆发，使世界环境污染危机进一步加重。环境污染已成为西方国家一个重大的社会问题，公害事故频繁发生，公害病患者和死亡人数大幅度上升。但其一般只是采取一些限制措施，如英国伦敦发生烟雾事件后，制定法律限制燃料使用量和污染物排放时间。

20 世纪 60 年代以后，以卡森的《寂静的春天》(1962 年)、罗马俱乐部的《增长的极限》(1972 年)、丹尼斯·米都斯等的《只有一个地球》(1972 年)为代表的著作，较为系统形象地阐述了社会学家和生态学家们对世界城市化、工业化与全球环境恶化的担忧，更加激起了人们研究城市生态系统的兴趣，生态城市研究也进入了一个跨越式发展的阶段。1971 年，联合国教育、科学及文化组织(简称联合国教科文组织)在第 16 届会议上，提出了"关于人类聚居地的生态综合研究"，首次提出了"生态城市"的概念，明确提出要从生态学的角度用综合生态方法来研究城市，在世界范围内推动了生态学理论的广泛应用，以及生态城市、生态社区、生态村落的规划建设与研究。"生态城市"这一崭新的城市概念和发展模式一提出，就受到全球的广泛关注和认可。

1972 年，联合国在斯德哥尔摩召开了人类环境会议，会议发表了《人类环境宣言》，该宣言明确提出"人类的定居和城市化工作必须加以规划，以避免对环境的不良影响，并为大家取得社会、经济和环境三方面的最大利益"。1975 年，Register 和几个朋友成立了城市生态组织，这是一个以"重建城市与自然的平衡"为宗旨的非营利性组织。从那以后，该组织在伯克莱参与了一系列的生态建设活动，并产生了国际性影响。同期，国际上城市生态的研究得到蓬勃发展，生态城市的内涵不断得到丰富。到 20 世纪 70 年代末生态城市理论的框架已基本形成。

从 20 世纪 80 年代至今，随着城市生态学的迅猛发展，生态城市的理论也在不断完善。1984 年，"人与生物圈计划"(MBA)提出生态城市规划的五项原则：生态保护战略、生态基础设施、居民的生活标准、文化历史的保护、将自然融入城市。这些原则从整体上概括了生态城市规划的主要内容，成了后来生态城市理论发展的基础。Register 在继 1984 年提出生态城市规划五项原则和 1987 年提出创建生态城市八项原则之后，1990 年其领导的"城市生态"组织提出了更加完整的建立生态城市的十项原则。

在这些理论指导之下，生态城市建设进入新的发展阶段。这主要表现在：一是将环境政策和城市经济政策、社会发展政策相互匹配，协调环境保护和经济社会发展，通过多种政策手段和措施实现经济效益、环境效益和社会效益的统一；二是调动城市所有部门和所有社会成员参与生态城市建设特别是生态环境保护和治理，建立对环境友好的经济结构、社会结构以及相应的生产方式、生活方式和消费方式；三是污染防治从末端治理转向源头削减，通过建立循环经济，推行清洁生产技术和工艺，对污染进行全方面和全过程的治理。

美国克里夫兰在20世纪80年代就提出城市内部改造与区域整合相结合的、全面的生态城市议程，构建了一套城市内部环境建设与区域协调联动，政策法规制定与实施管理相配套的、全面的生态城市建设理论和实践体系。其生态城市建设包括空气质量、气候改良、能源、绿色建筑、绿色空间、基础设施、政府领导、邻里特色构建、公共卫生、文明增长、区域主义、可持续发展相关工作、交通选择、水质保持以及滨水区建设等多个层面。

这一时期主要事件和内容如表1.2所示。

表1.2 生态城市理念提出和建设初期阶段主要事件及内容

历史轨迹	时间	组织者/地址	事件	主要内容
形成阶段（1950～1990年）	1950～1960年	主要城市如英国伦敦在发生污染事件后，采取初步治理措施		
	1960～1970年	《寂静的春天》(1962年)、《增长的极限》(1972年)、《只有一个地球》(1972年)唤起人们的生态意识		
	1971年	联合国教科文组织	“人与生物圈”计划	首次提出了“生态城市”的概念，开展生态城市系统各方面研究
	1975年	Register	成立了城市生态组织	在伯克莱参与了一系列的生态建设活动
	1984年	联合国教科文组织	“人与生物圈计划”	提出生态城市规划的五项原则：生态保护战略；生态基础设施；居民的生活标准；文化历史的保护；将自然融入城市
	1970～1990年	德国埃尔兰根市和美国克里夫兰	提出全面的生态城市建设理论和实践体系	生态城市建设包括改善生态环境、能源、绿色建筑、基础设施、政府领导、文明增长、交通选择等多个层面

1.2.1.3 可持续发展阶段（1990～2005年）

随着科技进步和经济全球化的迅猛发展，城市经济在取得辉煌成就的同时，其生存与发展也面临着人口过度膨胀、资源严重缺乏和环境日益恶化等越来越严峻的挑战。走什么样的城市发展道路，已成为一项十分紧迫的战略性课题。

“可持续发展”一词，最先载于1987年世界环境及发展委员会所发表的报告《我们共同的未来》中。这份报告将“可持续发展”一词诠释为“既能满足我们现今的需要，而又不损害子孙后代能满足他们的需要的发展模式”。1992年，联合国环境及发展会议通过并采纳了这一定义。1992年6月，全世界183个国家的首脑、各界人士和环境工作者聚集里约热内卢，举行联合国环境与发展大会，就世界环境与发展问题共商对策，探求今后环境与人类社会协调发展的方法，以实现“可持续发展”。里约峰会正式否定了工业革命以来的那种“高生产、高消费、高污染”的传统发展模式，标志着包括西方国家在内的世界环境保护工作又迈上了新的征途——从治理污染扩展到更为广阔的人类发展与社会进步的范围，环境保护和经济发展相协调的主张成为人们的共识，“环境与发展”则成为世界环境保护工作的主题。

1990 年，第一届国际生态城市研讨会在美国加利福尼亚的伯克利召开，与会的 12 个国家 70 多名专家学者就如何根据生态学原则建设城市提出了一些具体的、建设性的意见。其中包括伯克利生态城计划、圣弗朗西斯科绿色城计划、丹麦生态村计划等，内容涉及城市、经济和自然系统的各个方面，并草拟了今后生态城市建设的“十条计划”。以后陆续召开了多届国际生态城市会议。这一时期主要事件和内容如表 1.3 所示。

表 1.3　可持续发展阶段主要事件及内容

历史轨迹	时间	组织者/地址	事件	主要内容
可持续发展阶段（1990～2005 年）	1990 年	伯克利	第一届生态城市国际会议	伯克利生态城计划，提出基于生态原则重构城市的目标
	1992 年	里约热内卢	联合国环境与发展大会	正式提出可持续发展的概念
	1992 年	阿德雷	第二届生态城市国际会议	生态城市设计原理、方法、技术与政策
	1996 年	约夫	第三届生态城市国际会议	国际生态重建计划
	2000 年	库里蒂巴	第四届生态城市国际会议	
	2002 年	深圳	第五届生态城市国际会议	通过了《深圳宣言》，提出生态城市建设的标准

1990 年以来，城市可持续发展包括：一是城市资源可持续利用，即城市土地可持续发展、城市能源可持续发展、城市水资源可持续发展；二是城市生态环境可持续发展；三是城市交通可持续发展；四是城市人文环境可持续发展。

典型案例是澳大利亚的怀阿拉市，该市面临着资源禀赋如何实现可持续发展的困境。为此，1996 年，怀阿拉市决定开展生态城市建设。从 20 世纪 90 年代，在对城市污染进行强化治理的基础上，日本北九州市开始以减少垃圾、实现循环型社会为主要内容的生态城市建设，提出了“从某种产业产生的废弃物为别的产业所利用，地区整体的废弃物排放为零”的生态城市建设构想。具体规划包括：环境产业的建设（建设包括家电、废玻璃、废塑料等回收再利用的综合环境产业区）、环境新技术的开发（建设以开发环境新技术，并对所开发的技术进行实践研究为主的研究中心）、社会综合开发（建设以培养环境政策、环境技术方面的人才为中心的基础研究及教育基地），取得了良好的效果。

1.2.1.4 低碳生态城市发展阶段（2005年至今）

面对全球气候变化，急需世界各国协同减少或控制二氧化碳的排放，1997年12月，《联合国气候变化框架公约》第三次缔约方大会在日本京都召开。149个国家和地区的代表通过了旨在限制发达国家温室气体排放量以抑制全球变暖的《京都议定书》。2005年2月16日，《京都议定书》正式生效。这是人类历史上首次以法规的形式限制温室气体排放。2007年3月，欧盟各成员国领导人一致同意，单方面承诺到2020年将欧盟温室气体排放量在1990年基础上至少减少20%。2007年12月，在印度尼西亚巴厘岛举行的联合国气候变化大会通过的《巴厘路线图》规定。2009年，在哥本哈根举行的《联合国气候变化框架公约》第十五次缔约方会议暨《京都议定书》第五次缔约方会议上，我国政府承诺于2020年将单位GDP的二氧化碳排放在2005年的基础上降低40%～45%，在我国进行低碳城市建设亦是大势所趋。2011年12月，德班世界气候大会在经历重重磨难后通过了“德班一揽子决议”，决定实施《京都议定书》第二承诺期并启动“绿色气候基金”。

日本率先提出建设低碳社会，2004年，日本启动“面向2050年的日本低碳社会情景”研究计划，并于2007年着手全力打造低碳社会。实现途径是通过改变消费理念和生活方式，实施低碳技术和新的制度来保证温室气体排放的减少。目前，低碳城市建设在全球范围内广泛展开。伦敦、东京、纽约等世界级城市先后提出低碳城市建设目标并制定相关规划或行动计划。现阶段国际上进行低碳城市建设可资借鉴的案例城市主要为“世界大城市气候领导联盟”（Large Cities Climate Leadership Group，C40）成员。C40成立于2005年，旨在加强国际城市协作，以共同应对气候变化、加快环境友好型科技和低碳城市的发展。目前，C40有伦敦、纽约、东京、悉尼、香港等大约60个城市加盟。这些成员的共同特点是经济发展水平较高、城市规模较大，碳排放总量占全球比重较高。为了减少碳排放，这些城市制定了相应的量化减排目标和行动计划，并且对其他国家和周边地区有较强的辐射带动能力。这些城市都各自制定了不同层面的低碳城市发展规划和行动措施。

表1.4展示的是国际著名低碳城市减碳行动计划和未来的减排目标。

表1.4 国际著名低碳城市减碳行动计划和减排目标

城市	减碳行动计划	实践策略与概况	减排目标
伦敦	《市长气候变化行动计划》《伦敦能源策略》	能源更新与低碳技术应用，发展热电冷联供系统，用小型可再生能源装置代替部分由国家电网供应的电力，改善现有和新建建筑的能源效益，引进碳价格制度，向进入市中心的车辆征收费用，提高全民的低碳意识	到2025年比1990年降低60%；2007～2025年CO_2排放总量限制在600百万吨内

（续表）

城市	减碳行动计划	实践策略与概况	减排目标
纽约	《纽约城市规划：更绿色更美好的纽约》	针对政府、工商业、家庭、新建建筑及电器用品五大领域制定节能政策，增加清洁能源的供应，构建更严格的标准推进建筑节能，推行快速公交系统，试行交通巅峰时段进入曼哈顿区车辆收费计划	2030 年至少实现 30% 的温室气体减排目标
东京	《东京 CO_2 减排计划》《气候变化策略》	着重调整一次能源结构，以商业碳减排和家庭碳减排为重点，提高新建建筑节能标准，引入能效标签制度提高家电产品的节能效率，推广低能耗汽车使用，高效进行水资源管理，防止水资源流失	到 2020 年降低 25%
哥本哈根	《哥本哈根气候计划》	大力推行的是风能和生物质能发电，建立世界第二大近海风能发电工程，推行高税的能源使用政策，制定标准推广节能建筑，推广电动车和氢能汽车，鼓励居民自行车出行，目前 36% 的居民骑车前往工作地点，倡导垃圾回收利用，仅有 3% 的废物进入废物填埋场	到 2020 年比 2005 年降低 20%
斯德哥尔摩	《斯德哥尔摩气候计划》《斯德哥尔摩气候关于气候和能源行动计划(2010—2020 年)》	大力推行城市机动车使用生物质能，城市车辆全部使用清洁能源，向进入市中心交通拥堵区的车辆征收费用，制定绿色建筑标准促进建筑节能，建设自行车专用道鼓励自行车出行，其哈默比湖城已成为低碳生态城市建设的样本	到 2050 年比 2005 年降低 60%～80%
多伦多	《气候变化、清洁空气和可持续能源行动计划》	设立专项基金建设太阳能发电站等基础设施项目，用深层湖水降低建筑室内温度取代传统空调制冷，LED 照明系统取代传统灯泡和霓虹光管，着力发展垃圾填埋气发电	到 2020 年比 1990 年降低 30%
芝加哥	《气候行动计划》	推行风力发电改善能源结构，推广氢能汽车，建立氢气燃料站，在全市范围内进行生态屋顶建设，利用城市屋顶储存雨水和存储太阳能，用 LED 交通信号灯取代传统交通信号灯	到 2020 年降低 25%，到 2030 年降低 80%

当今世界上有多少个生态城市？由于统计标准和口径无法统一，这一问题恐怕难有定论。2010 年，英国学者 Simon Joss 在其《全球生态城市调查报告 2009》中较为系统地总结全球生态城镇建设案例，遴选 69 个案例(其中包括我国 5 个城镇)并按城市发展类型、建设阶段、主要实践模式三个方面进行了梳理与归纳，是目前针对全球生态城镇较全面和系统的研究。2012 年，其所做《全球生态城市调查报告 2011》中，统计了 174 个案例(包括我国 27 个城镇)，两年间新增 105 个，进一步说明生态城市建设的蓬勃态势。虽然这些数据不尽权威，但全球生态城市蓬勃发展的势头是毋庸置疑的。

1.2.2 国内生态城市建设发展历程

我国推动生态城市的建设可分为三个阶段：认识深化与理论摸索阶段、城市生态环境整治阶段、生态城市建设全面推进阶段。

1.2.2.1 认识深化与理论摸索阶段

人与自然的关系一直是我国哲学家和思想家关心的一个古老而永恒的话题。我国古代一般把人和自然的关系称为“天人关系”。《易经》提出了“天人合一”“物我齐一”的自然观，赋予“天”以“人道”，即“人与天地合其德，与日月合其明，与四时合其序，与鬼神合其吉凶，先天而弗违，后天而奉天时”（《周易·文言》）。这种观点将天、地、人作为一个统一的整体，人类既要尊重客观自然规律，又要注意发挥自身的主观能动性，强调与自然建立和谐发展的关系，这就是人与自然统一的原则。我国古代城市的出现也相当早，是世界公认的城市发源地之一。我国城市的形成发展经历了一个漫长的历史过程。大约在春秋之际，中国就基本上具有了一般意义上的城市。在古代风水学中普遍涉及的“天人合一，负阴抱阳，坐南朝北，背山面水”，以及合理布局土地等朴素的生态学思想，其实在某种程度上也是一种古朴的自然生态观的体现。这一模式影响着我国几千年来城市建设发展的生态模式，支配着中国古代城市发展的主流方向，是中国古代“天人合一”理念的集中体现和创造性应用。这些思想虽然有些观点也包含了一些封建的因素在内，而且也没有形成系统，但在本质上，这些古朴的观点还是体现了生态价值理论，很多地方值得借鉴，它对我国古代和近代城市建设起到了不容置疑的作用。

从20世纪80年代以来，我国现代生态城市的理论与实践开始追踪国际的先进趋势，在这方面我国取得了迅猛发展。到90年代已经形成了一套以社会-经济-自然复合生态理论为指导的相对完整的城市建设理论与方法体系。与此同时，我国也积极参与国际有关生态城市建设的研究团体及学术活动，1972年我国参加了“人与生物圈计划”（MAB）国际协调理事会，并当选为理事国。1978年我国建立了MAB研究委员会，1979年成立了中国生态学会。1982年，在首届城市发展战略思想座谈会上，我国提出了“重视城市问题，发展城市科学”的重要思想，并把北京和天津的城市生态系统研究列入1983～1985年国家“六五”计划重点科技攻关项目。1984年12月，在上海举行的“首届全国城市生态学研讨会”，被认为是我国生态城市研究的一个里程碑，同年中国生态学会城市生态专业委员会成立。1986年，我国江西省宜春市提出了建设生态城市的发展目标，并于1988年年初进行试点工作，这可以认为是我国生态城市建设的第一次具体实践。

1.2.2.2 城市生态环境整治阶段

1988年，国务院启动城市环境综合整治定量考核。1989年，我国颁布施行《中华人民共和国环境保护法》，生态环境保护工作走上法制化的轨道。1990年，国务院发布的《关于进一步加强环境保护工作的决定》要求当地政府积极开展城市环境综合整治工作。

1993 年，我国编制了《中国 21 世纪议程》白皮书，明确提出了走可持续发展道路的整体战略；2000 年，国务院颁发的《全国生态环境保护纲要》中提到要推动生态省、生态市、生态县不断建设；党的十六届三中全会提出科学发展观；2003 年 3 月颁布《中国 21 世纪初可持续发展行动纲要》，提出了 21 世纪初我国可持续发展的总目标、六大重点领域和六项保障措施，并于同年 6 月批准实施。

1.2.2.3 生态城市建设全面推进阶段

在国内，生态城市建设分别由环保部和住房和城乡建设部（简称住建部）、国家发展和改革委员会等多个部委在推动。与生态城市产业发展密切相关的循环经济试点则由国家发展和改革委员会、环保部等部委共同推动。

1. 环境保护推动的生态城市建设情况

国家环保总局于 1995 年在全国开展了生态示范区建设试点工作，并在生态市、生态县、生态村、生态住宅、绿色社区等不同层次进行了探索和试点，对 21 世纪中国城市建设的转型产生了积极的推动作用；并于 1996 年制定了《全国生态示范区建设规划纲要》。从 2000 年开始，海南、江苏等 14 个省开展了生态省建设，500 个县（市）开展了生态县（市）建设工作。从 2008 年开始，生态省市县建设按要求更名为生态建设示范区，2013 年后又更名为生态文明建设示范区，在实际工作中分为生态省、生态市、生态县、生态乡镇、生态村和生态工业园区六个层级来推进。截至目前，全国绝大部分省（自治区、直辖市）开展了生态省（自治区、直辖市）建设，超过 1 000 个县（市、区）开展了生态县（市、区）的建设。

2000 年以后，国家环境保护总局下发了一系列生态城市建设指标、管理办法等政策文件，对生态城市建设的目标、原则、指标体系、考核方式进行了规定。2000 年以后国家环境保护总局发布的关于生态城市的重要文件如表 1.5 所示。

表 1.5 2000 年以后国家环境保护总局发布的关于生态城市的重要文件

年份	发布的重要文件
2003	国家环境保护总局发布《生态县、市、省建设指标（试行）》
2004	《生态县、生态市建设规划编制大纲（试行）》
2005	《关于调整〈生态县、生态市建设指标〉的通知》（环办[2005]121 号） 《关于印发全国生态县、生态市创建工作考核方案的通知》（环办[2005]137 号）
2006	《全国生态县、生态市创建工作考核方案（试行）》 《国家生态县、生态市考核验收程序》

（续表）

年份	发布的重要文件
2007	《关于印发〈国家环保总局关于加强生态示范创建工作的指导意见〉的通知》（环发[2007]12号）；《关于印发〈生态县、生态市、生态省建设指标（修订稿）〉的通知》（环发[2007]195号）
2010	《关于进一步深化生态建设示范区工作的意见》（环发[2010]16号）
2012	《关于印发〈国家生态建设示范区管理规程〉的通知》（环发[2012]48号） 《关于印发〈国家生态市、生态县（市、区）技术资料审核规范〉的通知》（环办[2012]101号）
2013	《关于印发〈国家生态文明建设试点示范区指标（试行）〉的通知》（环发[2013]58号） 《国家生态文明建设试点示范区指标（试行）》

其中，2013年5月环境保护部发布的《关于大力推进生态文明建设示范区工作的意见》（环发[2013]121号）影响更深远，该意见指出："由环境保护部组织开展的'生态建设示范区'（包括生态省、市、县、乡镇、村、生态工业园区）正式更名为'生态文明建设示范区'生态省市县和生态文明建设试点是生态文明建设示范区的主要内容，是其在不同阶段的创建模式。生态省市县是第一阶段，生态文明建设试点是第二阶段。生态省市县和生态文明建设试点为推进生态文明建设示范区夯实了基础，积累了经验，生态文明建设示范区赋予生态省市县和生态文明建设试点新内涵新目标新要求。"

继中共十七大提出建设"生态文明"的目标后，中共十八大进一步明确要把"生态文明"建设摆在突出位置，这也对城市的生态、低碳发展提出了要求。经中央批准，环保部组织开展的"生态建设示范区"正式更名为"生态文明建设示范区"。中央批准更名后，环保部印发《关于大力推进生态文明建设示范区工作的意见》，发布《生态文明建设试点示范区指标》，新增第五批、第六批共72个生态文明建设试点。截至2013年12月底，全国已有海南、黑龙江、安徽等16个省（区）开展生态省（区）建设，1 000多个市（县）开展生态市（县）建设，超过98%的地级（含）以上城市和80%的县级城市均提出建设生态型城市的目标。

2. 住房和城乡建设部推动的生态城市建设情况

住房和城乡建设部也是绿色城镇化、生态城市建设的主要推动部门之一。建设部自1992年开始推动国家园林城市创建活动；2004年，在总结开展创建园林城市活动的基础上，建设部提出开展创建"生态园林城市"活动的新目标；低碳生态示范市突出了绿色交通、绿色建筑、可再生能源、循环经济等方面的内容。

2009年12月19日，联合国气候变化大会在丹麦哥本哈根落下帷幕。我国于12月26日正式对外宣布控制温室气体排放的行动目标，决定到2020年单位GDP二氧化碳排放比2005年下降40%～45%。

2011年，按照《绿色低碳重点小城镇建设评价指标（试行）》要求，通过国际合作和签订部省、部市合作协议的方式，推进中新天津生态城、唐山湾生态城、无锡太湖新城、深圳平山新区、深圳光明新区等12个生态城的试点工作。2012年以后，为进一步推进生态城市试点，住房和城乡建设部提出《低碳生态试点城镇申报暂行办法》，并设置了低碳试点生态城镇的6个基本入门条件。

2012年9月，为进一步加强对低碳生态试点城镇的支持力度，住房和城乡建设部对生态试点城镇和绿色生态城区工作进行了整合，并于2012年10月、11月先后批准了长沙梅溪湖新城、昆明呈贡新区、重庆悦来生态城、池州天堂湖生态城、贵阳中天未来方舟5个新城区为绿色生态示范城区。此外，南京河西新城区、肇庆新区中央绿轴生态城、株洲云龙新城、武汉四新生态新城、西安浐灞生态区5个生态示范城区也正在建设过程中。

3. 国家发展和改革委员会推动的生态城市建设情况

近年来，国家发展和改革委员会联合相关部委组织开展了生态文明创建工作。2011年，国家发展和改革委员会联合财政部和国家林业局下发了《关于开展西部地区生态文明示范工程试点意见》，在西部12省（自治区、直辖市）选择50个左右的地区进行试点，并逐步扩大实施范围。2013年12月，为落实《国务院关于加快发展节能环保产业的意见》（国发[2013]30号）提出，在全国范围内选择有代表性的100个地区开展国家生态文明先行示范区建设。为认真贯彻党的十八大关于大力推进生态文明建设的战略部署，探索符合我国国情的生态文明建设模式的要求。2013年12月，国家发展和改革委员会联合财政部、国土资源部、水利部、农业部、国家林业局制定了《国家生态文明先行示范区建设方案（试行）》（发改环资[2013]2420号）。

该方案明确了国家生态文明先行示范区建设的总体要求、未来5年目标和指标体系，提出了科学谋划空间开发格局等8项主要任务。试点申报主体以省级以下地区为主，每个省（自治区、直辖市）申报不超过两个地区，六部委将对试点地区在政策、资金、项目等方面按照现有各项有关政策优先给予支持。在建设目标上，通过5年左右的努力，建设100个生态文明先行示范区，并在先行示范地区形成可复制、可推广的生态文明建设典型模式。在具体指标上，提出了包括经济发展质量、资源能源节约利用、生态建设与环境保护、生态文化培育和体制机制建设5大类51项指标。

2014年7月，国家发展和改革委员会批准了57个地区纳入第一批生态文明先行示范区建设。对首批先行示范地区要求以制度创新为核心任务，紧紧围绕破解本地区生态文明建设的瓶颈制约，大力推进制度创新，先行先试、大胆探索，力争取得重大突破，为地区乃至全国生态文明建设积累有益经验，树立先进典型，发挥示范引领作用。2015年6月，国家发展和改革委员会又组织开展第二批生态文明先行示范区申报工作。

1.3 深圳市建设生态文明的战略必要性

1.3.1 深圳市生态文明建设的必要性

1.3.1.1 是改革开放和落实科学发展观的必然要求

党的十八大提出了"大力推进生态文明建设"的要求，对城市的建设管理和发展也提出了新任务、新要求。当前，深圳的社会发展正在从传统社会向公民社会转型，产业发展从工业化向后工业化转型，城市发展从二元化向特区内外一体化转型，城市管理从粗放式向科学严格精细长效管理转型。我们应当清醒地认识到虽然经过30多年的快速发展，深圳经济社会事业取得了巨大成就，但在创造世界工业化、城市化和现代化发展史上的奇迹与辉煌的同时，也因"速度深圳"遭遇了城市发展中环境资源的瓶颈。

中央要求深圳在改革开放和自主创新中更好地发挥重要作用。广东省委也要求深圳解放思想，树立世界眼光，努力建设成为能够体现中国形象，有竞争力，能与世界先进城市"叫板"的城市。深圳必须瞄准国际一流水平，以全球视野思考和谋划城市发展，以改革开放和自主创新为动力，以生态文明建设为重要突破口，坚持生产发展、生活富裕、生态良好的文明发展道路，加快建设资源节约型、环境友好型的可持续发展的全球先锋城市。这是深圳争当落实科学发展观排头兵的必然要求，是建设和谐深圳、效益深圳和现代化国际化城市的核心内涵，是创建生态城市的理念升华。深圳各级政府必须站在历史的高度、全局的高度和事关深圳长远发展的战略高度，深刻把握生态文明对城市建设管理和发展的重大意义，以生态文明建设推动深圳城市的新发展。

1.3.1.2 提高深圳市综合竞争力，建设现代化国际化城市实现新跨越的必由之路

城市之间的竞争不再只是经济实力的竞争，也不再只是发展速度的竞争，它涉及社会生活、资源开发利用、生态环境等方面。只有不断增强城市自身在社会、经济、资源和环境等方面的竞争力，才能在竞争中占有优势，从而获得资金、技术和智力支持，从而得到全面健康发展。从目前发展情况来看，诸多因素中，以资源和环境因素对城市的影响最大，因为资源和环境往往是城市发展的主要限制因素，只有解决城市发展中的主要限制因素，才能提高城市的综合竞争力，推动城市的持续健康发展。深圳经历了极为快速的城市化过程，因而其资源和环境问题较其他城市而言就更加严重。较高的经济水平使人们对资源的需求和对环境的要求更高，而

较高的经济水平背后是巨大的环境负债。从深圳的城市特点出发，只有解决好自身的问题，深圳才能在世界城市的竞争中立于不败之地，引领珠江三角洲走向世界。随着以上海为龙头的长江三角洲经济圈的形成和竞争力不断增强，深圳在失去特区大部分优惠政策情况下，面对日益增加的竞争压力，建设生态文明城市，从而提高城市综合竞争力，无疑是深圳最为正确的选择。

面向世界加快推进国际化、加快建设全球先锋城市实现新跨越，内涵极其丰富，要实现这一战略目标，就必须以生态文明建设为重要突破口，把生态文明建设作为全面建设小康社会和现代化建设奋斗目标体系的组成部分，是建设中国特色社会主义示范市总体目标的新要求和新提升，从指导思想上确定生态文明的理念，从体制上建立节约资源、保护环境、维护生态良性循环的保障机制，从投入上确保生态文明建设目标任务和各项工作的落实到位，从评价考核指标上强化生态文明建设的重要地位，促进生态文明建设与经济、政治、文化、社会建设协调发展。

1.3.1.3 实现深圳质量的重要举措

深圳经济特区成立30多年，创造了举世闻名的“深圳速度”，打造了全国领先的“效益深圳”，为迈向更高层次的发展奠定了坚实基础。站在全新的历史起点，深圳唯有追求卓越、以质取胜，方能引领发展开创未来——这正是深圳质量的理念。“深圳质量”的理论来源于科学发展观，具有鲜明的科学发展内涵，体现了全面发展价值追求，包含经济、社会、生态、城市和文化发展质量。发展质量是综合考虑了经济、社会和环境效益的发展，“深圳质量”就是有质量、可持续的经济增长，更是经济社会的全面协调发展。它涵盖了一座城市的美好愿景和终极目标：经济更有效益、民生更为幸福、文化更具品位、城市更富魅力、生态更加美好。深圳质量是速度、效益和质量的有机结合和更高追求。

要实现可持续发展，需要打造“深圳质量”，深圳的资源（包括能源、水资源、土地资源等）已经接近使用上限值甚至负债，人口也已经快接近饱和，但深圳还要发展，深圳还要再创新的辉煌和奇迹，还要为子孙后代留下发展空间，走可持续发展道路。这就要求深圳以质量为中心，切实转变经济增长模式和城市发展方式，提高资源利用效率和产出效益，降低单位产出的能耗、水耗和土地消耗，减少污染物排放和生产、生活对生态环境的影响。不仅要逐步降低单位产出的能耗、水耗和土地消耗，随着经济的增长，还要逐步做到资源、能源消耗总量和污染物排放总量不增加，甚至有所下降。

在经济发展的同时，人们对于环境的要求正在不断提高。通过生态文明建设，可以全面改善生态环境，提升人民的生活质量，实现人与自然的和谐和经济发展与生态环境保护的协调。通过产业结构调整、城市结构布局、生产过程链接、城市功能完善，实现资源的高效合理利用，减少浪费和污染，实现经济效益、生态效益和社会效益的最大化，强化深圳经济的抗风险能力和持续发展的后劲，开创城市建设和经济发展的新模式，达到“效益深圳”的要求，推动深圳的社会经济持续健康的发展和人民生活质量的全面持续稳定地提高，并最终实现“深圳质量”的品牌。

深圳是我国城市发展的代表，也是我国人口、资源、能源和环境问题的焦点区域。可以预见，目前深圳市发展过程中出现的诸多问题，正是其他城市未来将要面临的主要问题。因此，解决好深圳市当前的问题，将为其他城市提供成功范例。可持续发展是城市发展的必然选择，只有走可持续发展之路，才能应对城市发展过程中可能出现的各种资源和环境问题，提高城市的生存应变能力和综合竞争力，实现城市的健康发展和永续发展。

1.3.2 深圳市建设生态文明的重大意义

进入 21 世纪，人类社会经济发展正处于全球化、信息化和生态化的深刻变革中。经济全球化正在成为现实并将继续加速推进，成为未来发展的重要方向。随着世界资金流、技术流、人流、信息流及物流阻力的逐渐减弱，新的国际金融和经济秩序正在逐渐形成。经济全球化深刻地影响着人类的生产和生活方式，从而推动国家和社会的发展。随着我国加入世界贸易组织(WTO)，中国在全球经济一体化进程中又迈出了重要的一步。在经济全球化进程中，城市发展受到的影响最明显。一方面，经济全球化为城市走向世界舞台提供了广阔的空间，使城市经济直接参与全球经济竞争，从而提升了城市的地位和影响力；但另一方面，全球化使城市间的竞争更加激烈，城市之间在资金、人才、商品、服务、信息等各个方面的联系不断增强。随着环境对生产活动的影响越来越大，城市化进程中环境问题越来越受到重视。近年来，源于环境问题的“绿色贸易壁垒”成为贸易保护的主要手段。积极参与经济全球一体化进程，调用全球的资源与经济要素，促进社会生产力的发展和竞争力的提高，增强影响力。同时根据市场需要加强内部生产要素的合理配置和重组，合理利用资源，保护环境，打破“绿色贸易壁垒”，实现经济增长模式和城市管理模式的转变，在新的历史发展机遇下实现城市的稳步健康发展，突破本地或区域资源的限制，实现全球配置，并在全球产业垂直分工中占据重要地位，并进而实现对于全球的影响力，建成国际化、现代化大都市。

党的十八大明确提出建设生态文明的要求，丰富了文明和发展的内涵，开创了中国可持续发展的新时代。经过 30 多年的快速发展，深圳经济实力大幅提升，人均 GDP 超过了 1 万美元，但产业结构的调整优化任务仍很艰巨，现代产业体系还不完善，经济发展方式还未得到根本转变；城市规划、建设、管理取得显著进步，现代化、国际化城市形象初步确立，但城市发展人口、土地、资源、环境的矛盾日益突出，生态环境保护压力加大，特区内外发展差距明显；社会建设全面加强，人民生活水平显著提高，民生需求迈向更高层次，但市民综合文明素质有待提高，基层基础工作仍较薄弱，综合执法体系还不够完善。为了破解城市建设管理和发展中遇到的系列难题，适应生态文明的建设要求，推动城市建设管理和发展的思想大解放，深圳近年来多次组织高规格、大规模的考察团，到内地具有成熟管理体制的城市和中国香港，以及新加坡等具有先进管理经验的国际化城市学习考察，取得了丰硕成果。同时让我们更清醒地认识到，与国内外先进城市相比，深圳的差距还很大，具体体现在发展理念上、规划思路上、管理体制上、文化品位上和城市内涵上。这些差距，归根结底就是生态文明建设上的差距。

我国必须站在历史的高度、全局的高度和事关深圳长远发展的战略高度，深刻把握生态文明对城市建设管理和发展的重大意义，以生态文明理念推动城市建设管理和发展的思想大解放，破除一切阻碍城市持续健康发展的观念、体制和机制，牢固树立绿色价值观、生态政绩观，培育和发展生态经济、生态文化和生态环境，满足人们不断增长的生态需求和生态权利，实现人与城市、自然的和谐统一及永续发展。

2 深圳市生态城市建设历程与回顾

2.1 深圳市生态城市建设历程

2.1.1 生态环境保护与建设发展历程

伴随深圳经济特区改革开放的30多年以来，深圳市生态环境保护与建设工作可以划分为四大主要阶段，期间创造性地贯彻执行国家和地方的环保法律法规、方针和政策，环境管理模式根据经济社会发展和城市建设需要不断适应完善，使得深圳在经济高速增长的同时，生态环境管理能力迅速提高，生态环境质量始终保持在较好水平，以较少的生态环境代价支撑全市社会经济实现了更高质量的持续快速发展。

2.1.2 开荒奠基和局部推进阶段(1978～1985年)

借助体制改革的东风，1979年3月，深圳市革命委员会环境保护办公室成立，负责全市工业“三废”污染的防治工作，全办人员编制5名。1982年1月，深圳市革命委员会环境保护办公室更名为深圳市人民政府环境保护办公室。1984年起，全市各区(县)相继设立环保机构。

建市初，深圳市工业废水排放企业主要分布在印染、皮革加工、造纸、食品等行业。20世纪80年代初，特区外宝安县坪地、龙华、横岗等村镇陆续引进一些牛皮加工厂，由于没有任何污染防治设施，成为全市突出的污染源。80年代中期开始，随着一批电力、建材等项目的建成投产，全市工业废气排放企业随之增加。随着经济的快速发展，全市生活垃圾和生活污水日产生量每年以10%～15%的速度增加，生活污水和工业污水污染、生活垃圾急剧增加、水土流失严重、噪声污染等环境问题相继出现。

由于经济特区的建立，全市经济发展速度比预料快，大部分企业以“三来一补”形式建立，当时人们的环境意识不高，环境管理与审批制度还不完善，有些建设项目未办理环境影响审批手续就兴建。1979～1982年，全市领取工商登记的113家“三资”企业中，办理环境影响审批登记的仅有24家，建设项目环境影响审批率仅为21%。加上当时环境问题短时间大量涌现，给当时的环保部门带来了巨大的压力和挑战，管理人员严重匮乏、开发建设超常规、管理制度严重滞后等一系列问题急待解决。

尽管这一阶段环境管理明显滞后于城市建设和经济发展，然而，在建市初期，由于深圳经济落后，人口少，工业污染小，全市总体环境质量处于优良状态，大气环境质量优于国家二级标准，饮用水源达标率可达到100%。

2.1.3 外向转型和全面推进阶段(1986～1991年)

20世纪80年代中期开始，深圳市陆续建成一批规模较大的电力、建材等工业项目，所排放的粉煤灰、煤矸石、炉渣等废弃物也逐渐增多。直至1986年年底，各牛皮厂生产废水基本实现达标排放。由于牛皮加工行业污染大，深圳市随后制定了限制发展以及采取关、停、并、转的措施。80年代中期，深圳市电子工业迅速崛起，电子印刷线路板行业生产过程中产生大量含重金属的蚀刻废液。这些生产厂家大多数规模小、分布散，缺乏治理该类废液所需的技术、资金和场地等条件，难以进行无害化处理。

为了解决经济发展带来的环境问题，深圳市加强了环保机构的建设和环境管理力度，全市各区环保机构逐步健全，人员不断充实。1986年，深圳市环境保护委员会成立，成为全市环保工作的综合、协调与决策机构。1988年10月，深圳市环境保护局成立。1990年9月，深圳市委、市政府决定将福田、罗湖、南山区的环保办调整为区环保局，列入区政府序列，实行双重领导体系。深圳南油集团公司、华侨城集团公司等大型企业也相继设立环保机构。80年代中期起，深圳市环境科学学会、深圳市环境保护产业协会、深圳市环境保护咨询委员会等社会性的环保组织相继成立。各环保机构在经济发展和机构改革调整中不断加强，逐渐形成市、区、镇(街道办事处)、企业多层次的环境管理网络。

随着深圳市环境保护局成立，全市环保工作进入了全面管理阶段。严格执行国家颁布的环保法律法规，实施建设项目“三同时”、污染源限期治理、排污收费等国家环境管理“八项制度”，环境管理工作逐步走上了规范化、制度化的轨道。1983～1991年，全市办理建设项目环境影响审批的有9 783个，大中型项目环境影响评价执行率达100%，限期治理了125家污染企业，征收超标排污费2 045.8万元。

在深圳社会经济快速发展的同时，市政府不断加大环保基础设施建设的投入，1983～1991年，投资逾200亿元，先后建成蛇口污水处理厂、滨河水质净化厂、深圳市污水排海工程和全国首个垃圾焚烧厂等环保基础设施。至1991年，深圳市城市污水处理能力达到12万吨/日，垃圾处理能力1 500吨/日，但是，环保基础设施的建设速度远远不能解决经济快速发展带来的环境问题，人口急剧增长，工业企业排污量加大，排入环境的各类污染物总量也逐年增加。为应对电镀、线路板行业的环境污染，1988年4月，深圳市工业废物处理站成功研究“电子工业浓铜废液综合利用工艺”技术，逐渐实现变废为宝、化害为利和集中处理。

1986～1991年，深圳特区城区大气中除二氧化硫未出现超标现象外，氮氧化物、降尘超标率逐年升高，全市酸雨频率呈逐年上升的趋势，河流、湖泊等地面水污染加重，东部和西部近海水质活性磷酸盐、三氮和高锰酸盐指数浓度呈上升趋势，建成区区域环境噪声平均值上升，全市环境质量一度呈下降趋势。20世纪80年代中期，城市与经济建设步伐加快，人口急剧增长，排入环境的各类污染物总量也逐年增加，大气环境主要污染物浓度升高，河流、湖泊等地面水污染加重，建成区区域环境噪声平均值上升，全市环境质量一度呈下降趋势。

2.1.4 自主创新与全面综合整治阶段(1992～2008年)

1992～2008年，深圳环境保护工作进入全面综合整治阶段。90年代起，深圳市工业废水污染行业主要是印染、电子、金属制品、食品饮料制造加工等5个行业。90年代中期，深圳市加大环境管理力度，限制和逐步淘汰重污染企业，产业结构逐渐开始转型。工业废水主要排放行业为电子、纺织、金属制造以及食品饮料业，工业废气排放行业以电力行业为主。

90年代初期开始，深圳市环境保护局进入市政府职能序列，各区环保机构也相继成为区政府职能部门，全市环境管理体制和运行机制得到了加强和完善。1992年2月，市环保局被确定为市政府32个职能部门之一。1993年，宝安县撤县设区，宝安区、龙岗区环保局成立，随后两区20个镇(街道办事处)均设立环保所。全市主要工业区、企业集团也设有环保机构，环保机构在经济发展和机构改革调整中不断加强，形成市、区、镇(街道办事处)、企业多层次的环境管理网络。

1992年，深圳经济特区获得立法权，在坚持国家环保法规的精神和原则下，充分考虑深圳的特点与实际，借鉴国内外环境法制建设经验，在环境立法与执法中大胆尝试。1994～2000年，深圳先后制定颁布地方性环保法规6部、政府规章6项、规范性文件61件，基本涵盖环保工作的各个方面，初步形成了适应社会主义市场经济发展和有自身特色的地方环保法规体系，深圳的环境管理工作走上有法可依、有法必依、违法必究的轨道。

至2000年，全市工业废水处理率达99.9%，排放达标率达97.80%，工业废气处理率达98.9%。1995年，深圳市危险废物填埋场和有毒有害废物中转站投入使用，1998年，全市固体废弃物综合利用率达85.5%。1999年，深圳市完善全市固体废物监督管理机制，对290家危险废物产生单位实行联单管理；2000年，对所有产生危险废物的工业企业实行危险废物转移联单(六联单)管理，建立全市35家危险废物产生大户的重点管理档案。90年代中期，市政府加大环境管理力度，限制和逐步淘汰重污染企业。1997年5月15日，市环保局依法责令深圳市水泥厂全面停产，使困扰附近居民多年的粉尘、废气污染问题得到解决。至2000年，全市建成6

座城市污水处理厂、3 个垃圾填埋场和 2 座垃圾焚烧厂等主要城市环境基础设施；建成噪声达标区 193.23 平方千米、烟尘控制区 320.30 平方千米；全市水土流失总面积减少到 45.9 平方千米。

2004 年，深圳成立了市治污保洁办公室，以实施治污保洁工程为载体，制定考核制度，对 6 个区政府、市政府 23 个职能部门以及大型国有企业治污工程进行考核，治污保洁考核已广泛为政府各部门、重点国有企业等被考核对象所接受，并已成为推动环保工程项目建设的有力手段。2007 年，深圳市政府实施了《深圳市"十一五"期间主要污染物排放总量控制计划》，将污染减排指标按年度分解落实到各区政府和重点排污单位，提出了每年必须完成的削减工程和减排目标，市长与 12 个重点责任单位签订了"十一五"期间污染物排放总量控制目标责任书，明确规定了各责任单位每年应完成的重点减排工程任务和减排措施。同年，创造性地开展了深圳市党政领导干部环保实绩考核工作，考核内容涵盖环境质量、环保任务、环保投入、环保表现、环保民意，30 个单位领导向社会各界代表做了环保表现陈述，引起社会强烈反响。同时，围绕市民关注的突出环境问题，强势推进"蓝天行动""水源行动"和"整治非法排污保障市民健康"专项行动，大力查处环保信访案件，环境质量得到改善。

2008 年 3 月，深圳市政府印发《深圳生态文明行动纲领(2008—2010)》、9 个行动方案及 80 个生态文明建设工程。深圳明确了生态文明建设思路、具体内容、实施保障三方面内容，并将今后 3 年内节能减排和循环经济、水源建设和水污染治理、交通环境与市容环境改善等 80 个生态文明建设工程项目编列成表，明确责任单位和进度要求。

这一阶段工业废水重污染行业基本已全部关停或外迁，废水排放 90%来源于生活源，工业污染主要来源于支撑高科技发展的电镀线路板行业和金属制造以及食品饮料业。工业废气重点污染源主要集中在电力生产业，该行业废气排放等标污染负荷占全市统计的 60%以上。截至 2008 年，全市工业企业废气的二氧化硫、氮氧化硫、烟尘、粉尘排放达标率均在 98%以上。工业企业固体废物主要排放行业是电子、通信设备制造、电力生产、医药等轻工行业，生产过程中排放的废弃物较少。电力生产行业的固体废物产生量最大，占全市总产生量的 63.8%。

进入 90 年代，深圳市加大城市环境综合整治力度，水污染严重趋势得到控制，大气主要污染物浓度下降，建成区区域环境噪声和交通噪声达标率上升，城市环境总体质量得到改善。随着环境综合整治力度加大，城市基础设施投入的增加，深圳市先后获得了"国家环境保护模范城市"、国际"花园城市"等称号。截至 2008 年年底，全市环境质量总体保持良好水平。空气环境质量符合国家二级标准，主要饮用水源水质良好，符合饮用水源水质要求，但河流污染仍较严重，主要河流中下游水质劣于国家地表水第五类标准，近岸海域东部海水达到国家海水水质第一类标准，西部海域受到一定程度污染，水质劣于第四类标准，城市声环境处于轻度污染水平，辐射环境处于安全状态。

2.1.5 质量发展与人居环境保护与建设阶段(2009年至今)

由于深圳环境容量较小，近年来人口急剧增长，产业发展迅速，人民群众对于环保问题的认识水平大幅提高，在这样的情况下深圳面临前所未有的环保压力。为此，深圳市委、市政府对于环境保护问题给予了前所未有的重视。截至2009年，全市环保系统在编干部职工有660多人，其中市环境保护局在编的305名工作人员中，大专以上文化程度的有239人，占总人数的78.36%。2009年10月，深圳市委、市政府突破传统框架，将环境保护与经济发展、社会管理、公共服务相融合，组建了具有“大部制”“大环境”“大服务”鲜明特色的人居环境委员会，这为人居环境工作的开展跨越解除了体制束缚，释放出强大的推动力，也为我们的工作提供了新支点和新方向，环境保护工作从此全面上升到人居环境建设与保护的新阶段。深圳环保机构从1979年成立的仅有5人的市革命委员会环境保护办公室开始，实现了“办—局—委”三大跨越，管理网络覆盖到全市各街道，队伍壮大近千人。全市大环保的工作格局基本形成，多部门统筹推进环境保护工作，环保工作全面上升到人居环境建设与保护的新阶段。

2009年年底，深圳与住房与城乡建设部签署了《关于共建国家低碳生态示范市合作框架协议》，并将光明新区、新大龙岐湾地区等确定为“绿色城市示范区”试点，探索绿色城市规划编制和管理机制，努力在实践中探索与应用生态规划与生态城市建设的途径，在低冲击开发模式、绿色城市、低碳经济等方面迈出了实质性的步伐。2010年，深圳市政府批准建立大鹏半岛市级自然保护区。

2010年推出的《深圳市绿色城市规划设计导则》，提出了在城市设计中实现“保护城市整体结构、促进生态修复、倡导紧凑开发、缔造宜居社区、营造舒适环境、整合交通系统、改善市政能源体系”等绿色理念的指导意见，从实现层面将绿色城市的建设目标分解。同年，深圳市政府《关于加强深圳市生态环境建设和保护实施可持续发展战略实施方案》对于生态城市的建设提出明确的目标。

2011年，深圳市颁布了《深圳市创建宜居城市工作方案》，从城市建设、城市综合环境质量、推进城市资源节约和节能减排等方面推进建设宜居城市。

2011年，深圳市第五届人民代表大会第二次会议审议并通过了《深圳市国民经济和社会发展第十二个五年规划纲要》，明确提出“提升城市生态文明水平，全面建设资源节约型和环境友好型的宜居宜业城市”。生态文明建设，已成为深圳实现由“深圳速度”向“深圳质量”跨越式发展的最有效途径。

2012年，深圳市人居环境委员会编制完成了《“四带六廊”关键节点生态恢复工程方案设计》。同时，为推动深圳市土壤污染防治工作，开展全市土壤调查和污染防治规划前期研究。

2013 年，深圳按照党的十八大关于建立体现生态文明考核目标体系的要求，将环保实绩考核全面升级为生态文明建设考核。市委、市政府成立了深圳市生态文明建设考核领导小组，建立生态文明建设考核指标体系，出台了《深圳市生态文明考核制度(试行)》，将考核结果作为评价领导干部政绩、年度考核和选拔任用的重要依据，在全国率先启动生态文明考核工作。考核内容主要包括：生态建设和环境保护考核指标、节能减排和治污保洁工程任务完成情况；大气环境、水环境、声环境以及生态环境的治理和改善情况；优化国土空间开发格局，控制开发强度、调整空间结构，实行基本生态控制线保护；推动资源节约和循环利用，降低能源、水、土地消耗强度等。生态文明建设考核成为深圳绿色发展的"指挥棒"。

为了切实改善深圳市人居环境质量，打造科学发展的"深圳质量"，深圳市先后制定了《鹏城水更清行动计划(2013—2020 年)》《深圳市大气环境质量提升计划》《深圳经济特区一体化重点建设项目(2013—2015 年)》《深圳市茅洲河流域综合整治工作方案(2013—2015 年)》等规划和实施方案。

2013 年，深圳共下达治污保洁工程任务 272 项，重点项目总投资约 256.71 亿元。在治污保洁工程机制推动下，深圳市顺利通过第二次、第三次国家环保模范城复查和省人大跨界河流污染综合整治工作考核。治污保洁工程已成为推进生态文明建设的重要平台。已建成污水处理厂 29 座，污水处理能力达 469.5 万吨/日；建成污水管网 4 200 余千米，基本形成了污水收集处理骨干系统。全市 14 条主要河流中 11 条河流水质好转。全市饮用水源水质达标率保持在 100%。全年近岸海域功能区水质达标率保持良好。根据《广东省地下水基础环境状况调查评估工作方案》要求，深圳已完成 5 个重点污染源及周边地下水基础环境状况调查评估。

自 2011 年起，深圳借由世界大学生运动会(简称大运会)的召开，开始首次探讨环境形势分析会的模式和相关工作，2012 年 10 月，深圳市 30 年来第一次召开环境形势分析会，会议判断了深圳市大气、河流、饮用水水源、噪声、辐射和污染减排等 10 个方面的环境形势，分析主要的环境问题及成因，对涉及环境保护工作的重大事项进行审议，部署环境与经济、社会可持续发展的对策和措施。在第一次环境形势分析会召开的基础上，深圳于 2013 年 6 月、11 月召开了主题分别为 PM2.5 污染防治和水环境整治的环境形势分析会，基本形成了半年一次的会议频次和专题形式的会议模式。

2.2 深圳市生态文明建设实践历程

2.2.1 主要路线

深圳高度重视生态文明建设，积极贯彻落实党和国家关于生态文明建设的决策部署，努力推动生态文明建设的本地化。深圳生态文明顶层设计贯穿“十一五”及“十二五”全过程，在国家关于生态文明建设大政方针指引下，不断发展创新，发挥先行示范作用。2006 年，深圳提出“生态立市”的战略思路，并印发了《深圳生态市建设规划》作为“十一五”期间指导生态市建设的纲领性文件。2007 年，印发市委一号文件《中共深圳市委深圳市人民政府关于加强环境保护建设生态市的决定》，进一步确定生态立市战略，全面启动生态市建设。2008 年出台了《深圳生态文明建设行动纲领(2008—2010)》及其 9 个配套文件和 80 项生态文明建设系列工程(通称“1980”文件)。2013 年以来，《深圳市生态文明决定》《深圳市生态文明建设规划(2013—2020)》《深圳经济特区生态文明建设条例》和《深圳市生态文明建设行动计划》等指导深圳未来一段时期全面推进生态文明建设的系列纲领性文件不断出台，通过打造“决定—条例—规划—行动计划”层次清晰、系统完善的顶层设计体系，推动生态文明建设逐步成为深圳经济社会和环境可持续发展的保障，成为打造深圳质量、建设现代化国际化先进城市的重要举措。

2.2.2 国家系列示范创建

1. 环境保护部生态文明建设示范区创建

2013 年，环境保护部先后发布了《关于大力推进生态文明建设示范区工作的意见》(环发[2013]121 号)、《国家生态文明建设试点示范区指标(试行)》(环发[2013]58 号)，将“生态建设示范区”正式更名为“生态文明建设示范区”，推动我国生态文明创建进入了一个新的阶段。为此，深圳也随之将生态市的建设作为生态文明创建第一阶段的任务，将生态文明建设示范区的建设作为生态文明创建第二阶段的任务。市、区、街道、社区多层次共同推进生态示范区创建，福田、罗湖、盐田、南山被评为“国家生态区”，龙岗被评为“国家级生态示范区”。建成东部华侨城和欢乐海岸“国家生态旅游示范区”，以及 10 个“深圳市生态工业园区”、49 个“深圳市生态街道”。2008 年，深圳作为全国唯一的计划单列市被环保部选定为国家 6 个“生态文明建设试点地区”之一，开展“生态文明示范城市”创建。

2. 国家发展和改革委员会等六部委生态文明先行示范区创建

2013 年 12 月，为落实《国务院关于加快发展节能环保产业的意见》(国发[2013]30 号)，国家发展和改革委员会联合财政部、国土资源部、水利部、农业部、国家林业局制定了《国家生态文明先行示范区建设方案(试行)》。盐田区、大鹏新区将以深圳东部湾区名义，联合申报国家生态文明先行示范区，并配套编制《深圳东部湾区创建国家生态文明先行示范区实施方案》，提出了“优化国土空间开发格局”“调整优化产业结构”等 7 个方面的生态文明建设任务共 58 个重点项目，以及 12 个方面 29 项生态文明体制机制创新，在东部湾区已有生态文明建设工作实绩和先进理念与战略的基础上，统筹东部地区在生态保护、环境治理等方面的规划及布局，以利于充分发挥各自优势，共同形成东部发展的合力，加快建设绿色经济发达的国际一流湾区。

3. 住房和城乡建设部低碳生态示范市创建

2010年，住房和城乡建设部与深圳签订《关于共建国家低碳生态示范市合作框架协议》，合作共建全国首个国家低碳生态示范市。深圳将重点探索城市发展转型和南方气候条件下的低碳生态城市规划建设模式，为新时期国家城镇化发展战略转型提供经验，为全国的低碳生态城市建设发挥示范作用。2011年，深圳印发了《关于印发住房和城乡建设部与深圳市人民政府共建国家低碳生态示范市工作方案的通知》(深府办[2011]15号)，确立了总体目标、两个实施阶段，以及积极引导城市紧凑发展、促进土地集约利用和大力推广绿色建筑等九大类工作任务，同时配套建立了联席会议制度和白皮书制度。2011年首次向社会发布的《深圳创建国家低碳生态示范市白皮书》详细介绍了深圳作为全国第一个以全市区域面积为试点的低碳生态示范市，创建工作取得的成就、亮点和下一步计划。

4. 住房和城乡建设部生态园林城市创建

2004年9月23日，由住房和城乡建设部、深圳市政府共同举办的"生态园林与城市可持续发展高层论坛"在五洲宾馆召开，40多个国家"园林城市"市长或分管副市长在论坛上签署发表《生态园林城市与可持续发展深圳宣言》，这是生态园林城市创建活动在全国铺开的一个标志。会上，深圳签署了该宣言，并全面开展了创建国家"生态园林城市"的各项工作。2005年，深圳积极响应建设部关于创建"国家生态园林城市"的号召，全力开展创建试点工作。2006年，深圳获得建设部授予创建"国家生态园林城市"示范市的荣誉，成为当时全国唯一获批的示范市。

2.3 深圳市生态城市建设成效

2.3.1 生态优先战略，确立了基本生态格局

深圳的城市建设从开始就基本遵循城市规划的理念，早在1986年特区总体规划，在综合分析了城市自然地理特征基础上，深圳就前瞻性地确立了组团式的空间结构，并在此之后得到沿用和发展；2005年，深圳在国内第一次提出了基本生态控制线的概念，并用立法的手段明确了深圳城市建设的生态底线，控制保护范围近深圳市域总面积的50%，为保证城市生态安全、防止城市建设的无序蔓延具有重要作用，也为城市的持续发展提供了良好的生态基底，守住基本生态控制线，让城市环境"休养生息"。铁腕保护，有力推动了深圳市"四带六廊"生态安全网络的构建以及生态空间格局的初步形成。深圳建成国家级自然保护区1个、市级自然保护区3个，总面积228.31平方千米；全年新增绿道851千米，公园总数达到869个，建成区绿化覆盖率45.1%，人均公园绿地面积16.5平方米。

2.3.2 加快发展方式转变、全面促进产业升级

深圳严格按照《深圳市产业结构调整优化与产业导向目录》等有关规定，限制高污染、高耗能、高排放行业发展，近 5 年来，深圳否定了 1.1 万个高污染、高耗能的投资项目意向；同时通过实施环保倒逼机制，淘汰落后产能企业，有力地促进了产业结构优化，提升了城市发展质量。

深圳推动经济发展的“生态化转型”，有效实现经济、社会和环境的良性互动。2013 年，深圳市经济总量突破 2 300 亿美元，进入全球城市 30 强的同时，资源能源的消耗强度均保持下降趋势，万元 GDP 能耗、水耗相当于全国平均水平的 60%和 1/8，用水总量、汽柴油销售量、制造业用电量分别下降 0.61%、1.79%、1.06%，用更少的资源消耗、更低的环境代价支撑了更高质量的发展。战略性新兴产业和现代服务业双引擎引领，成为国内战略性新兴产业规模最大、集聚性最强的城市之一。三次产业结构由 2000 年的 0.7∶49.7∶49.6 调整为 2013 年的 0.1∶43.4∶56.6。着力推动循环经济发展和节能环保产业，产业规模快速增长。2013 年，全市从事节能环保产业相关企业超过 2 000 家，总产值约 850 亿元。

2.3.3 宜居水平和人居环境质量持续改善

深圳市饮用水源水质达标率保持在 100%；日污水处理总能力达 469.5 万吨，全市河流水质进一步扭转了恶化趋势，主要河流水质有所改善，12 条重点监测河流中，10 条河流水质有不同程度的好转，福田河、新洲河、大沙河以及龙岗河生态环境改善，实现市民休闲亲水的愿望。空气质量优良率进一步提升，空气质量为“优”的天数逐年增加。2013 年上半年，深圳入选环保部“十大空气质量较好的城市”，在环保部公布的 74 个城市空气质量排名中，位居第 6 位；PM2.5 指数为北上广等 17 个主要城市中最优水平。

1999 年，深圳启动生态创建工作，形成了以市、区创建为主体，“细胞工程”创建为补充的工作格局，截至 2012 年年底，深圳已建成“国家生态区”4 个、“国家级生态示范区”1 个、“国家生态旅游示范区”2 个、“深圳市生态工业园区”10 个、“深圳市生态街道”49 个、“深圳市绿色社区”345 个。与此同时，深圳还建立起较为完善的公共服务体系和社会保障体系，文化、教育、医疗、卫生、养老等各项社会事业也获得长足发展。深圳市先后获得了联合国“世界人居奖”“全球环境 500 佳”“中国人居环境保护奖”和“国家环保模范城”等多项荣誉。

2.3.4 出台法规规章，初步构建制度保障

深圳一直坚持法制化管理的理念，充分利用人大立法权，积极制定出台一系列相关法规、规章和政策性文件。据不完全统计，自 1992 年起，深圳市在发展循环经

济、推进节能减排和资源综合利用等方面出台的法规、规章和政策性文件已超过20多项，为深圳建设低碳生态城市提供了良好的法制环境和政策保障。

2.3.5 探索体制改革，建设机制初步形成

深圳在政治体制改革和行政管理体制改革探索中领跑，大力打造责任政府、服务政府、法治政府，包括基层公推直选强化党内民主、党代表任期制探索党建新路、大部制改革推动政府职能转变等一系列举措。2009年，深圳大部制改革后成立了深圳市人居环境委员会，统筹推进全市人居环境保护与建设工作，为深圳"大环保"格局的形成提供了必要组织保障。

除此之外，深圳在环境保护方面开展了一系列创新性举措：从2007年起，建立党政领导干部环保实绩考核制度，考核结果作为评价领导干部政绩、评定年度考核等次和选拔任用的重要依据之一，2013年将环保实绩考核提升为生态文明建设考核，将原环保实绩考核致力推动的"大环保"格局进一步提升到"五位一体"总体布局。深圳率先在国内召开环境形势分析会，并使之常态化，目前已成功举行3次：2012年10月第一次环境形势分析会全面分析了深圳生态环境保护面临的形势、存在的问题；2013年5月第二次环境形势分析会以PM2.5为切入点，着重分析深圳空气质量情况和存在问题。深圳全面实施"河长制"，由各级党政领导分别担任"河长""片长"等，实行分段监控、分段管理、分段考核、分段问责。

2.3.6 积极宣传生态文明理念，大力倡导绿色低碳生活方式

深圳主要开展的活动有：设立"深圳市民环保奖"，自2005年首次颁发以来，已成功举办了8届，共有79位来自不同战线的热心环保事业的市民获此荣誉；"市民环保奖"强化评选典型的正面影响效应，充分展现深圳人民秉承绿色低碳理念、自觉建设宜居生态人居环境的良好风貌。举办"青少年环保节"并成为深圳市环保教育名片，从2005年深圳市首届青少年环保节启动以来，深受广大小朋友和家长的欢迎，每年参加深圳青少年环保节的人数都达到数万人次。深入推进"绿色家园系列创建"活动，全市创建"绿色单位"45个。启动深圳市环境教育基地创建工作，盐田污水处理厂、华侨城湿地被命名为2013年深圳市环境教育基地。这些活动的开展有力地促进了生态文明理念在广大群众中的宣传，使"美丽深圳"概念逐步深入人心。

2.4 深圳市生态城市建设经验

2.4.1 以生态的理念和标准指引城市发展

按照"有质量的稳定增长、可持续的全面发展"的总体要求，牢固树立环境就是

生产力和竞争力、生态就是绿色福利的理念，将生态文明建设与经济发展放在同等重要的位置，在国内较早地、主动地走出一条环境与经济协调发展的路子。2012年开始，创新性地建立环境形势分析会制度，市政府每年定期召开环境形势分析会，通过对全市环境形势进行系统分析研判，重点解决生态文明建设中的突出问题。在全国大中城市中首次把环境形势分析会放在与经济形势分析会同等重要的位置，成为深圳生态文明建设的重要决策平台。

2.4.2 有效搭建治污保洁工程平台

治污保洁工程是一个具有深圳特色的提升城市环境质量的综合平台和长效手段，是实现"深圳质量"、促进生态文明建设的重要抓手。治污保洁工程自2005年全面实施，现已进入第十个年头。治污保洁工程以大环保、大结合、大计划的开拓理念为指导，以内容创新、管理创新、考核创新为核心主线，从计划统筹、协调服务、监督考核等方面先后建立了十大工作机制、八项工作制度，强力推进深圳市环境保护和治理工程项目建设。该平台每年下达百余项工程任务，实现了环境要素全覆盖。通过协调服务、定期跟踪督办、第三方现场督查、定期考核评估等措施，确保项目落实。治污保洁工程已成为推进生态文明建设的重要平台。

2.4.3 率先实施生态文明建设考核

2007年，深圳建立了直接对党政领导一把手考核的环保实绩考核制度。2008年，在全国率先开展了环保实绩考核。从2013年起，按照党的十八大关于建立体现生态文明考核目标体系的要求，环保实绩考核全面升级为生态文明建设考核。市委市政府成立了深圳市生态文明建设考核领导小组，建立生态文明建设考核指标体系，出台了《深圳市生态文明考核制度（试行）》，将考核结果作为评价领导干部政绩、年度考核和选拔任用的重要依据，在全国率先启动生态文明考核工作。考核内容主要包括：生态建设和环境保护考核指标、节能减排和治污保洁工程任务完成情况；大气环境、水环境、声环境以及生态环境的治理和改善情况；优化国土空间开发格局，控制开发强度、调整空间结构，实行基本生态控制线保护；推动资源节约和循环利用，降低能源、水、土地消耗强度等。生态文明建设考核成为深圳绿色发展的"指挥棒"。

2.4.4 持续完善规划政策标准体系

为适应改革创新和社会经济发展对法治的需求，深圳发挥特区立法先行先试和开拓创新，在低碳发展、绿色交通、绿色建筑、生态文化、节能减排、环境保护等方面出台了一系列政策和标准，提请市人大常委会制定了《深圳经济特区循环经济促进条例》《深圳经济特区建筑节能条例》《深圳市建筑废弃物减排与利用条例》等重要法规。市政府出台了《深圳市基本生态控制线管理规定》《深圳市绿色建筑促进办法》《深圳市扬尘污染防治管理办法》《深圳市餐厨垃圾管理办法》等重要规章，率先以政府令形式要求新建建筑全面推行绿色建筑标准，为"大环保"、"大服务"的统筹协调机制提供了法律依据，为国家层面的立法发挥试验田的示范探索作用。

2.4.5 运用市场机制优化环境资源配置

通过开展碳交易和排污权交易试点工作，运用市场机制倒逼产业转型升级，优化环境资源配置，促进污染减排，推动生态文明建设。2013年6月18日，深圳市作为国家碳交易试点城市之一，在全国率先启动碳交易工作，碳交易市场稳步发展，交易活跃。截至2014年底，深圳碳交易市场累计二氧化碳成交量超过210万吨，成交金额超过1.3亿元人民币；另外，积极建立排污权交易信息系统和配套政策，推进排污权交易试点和模拟运行。

2.4.6 开展示范创建，引导全民参与

2008年，国家环保部在全国筛选了六个市(县)为国家"生态文明建设试点地区"，深圳作为全国唯一的计划单列市被选定，深圳市委市政府将"创建生态文明示范城市"列为我市建设中国特色社会主义示范市九大突破重点之一。2009年《深圳市综合配套改革总体方案》对建设生态文明示范市提出了新要求。为了充分发挥市民参与生态文明建设的积极性、主动性，广泛开展各类生态示范创建活动，在全国率先开展绿色学校、社区、企业、商场等绿色家园系列创建活动，通过创建引导市民绿色生活方式。2013年起，深圳率先在湿地公园、植物园、红树林保护区等自然生态景观开展市民自然学校创建工作，将自然生态的观赏和游览深化为对自然生态的学习认知，在普及生态知识和引领市民生态保护观念方面发挥了重要作用。发挥社会组织作用。通过聘请环保协管员、环保义工、开通环保热线等渠道，对重点区域、流域环境污染进行社会监督。

3 深圳市建设生态文明基础与挑战

3.1 区域发展背景

3.1.1 区域概况

深圳市的前身是宝安县，具有悠久的历史，行政区疆域及隶属关系屡有变化，但其政治、文化及军事在历朝历代都具有重要的地位和作用，素有“粤省前哨、门户”之称。

秦始皇三十三年(公元前214年)，岭南设置南海郡、桂林郡、象郡三郡，深圳属南海郡番禺县。东晋咸和六年(公元331年)，宝安县隶属东官郡，为郡治所在地，“宝安”一名自此出现。隋开皇十年(公元590年)，东官郡被废，宝安县改属广州。唐至德二年(公元757年)宝安归属东莞县，县治从南头迁往东莞。清康熙七年(公元1688年)，在边境修筑深圳、盐田等墩台21座。这是“深圳”名称最早的文字记载。

1949年10月，宝安县解放，县政府仍设南头。1953年，宝安县政府迁至深圳圩。1979年3月，经国务院批准，宝安县改为深圳市。1979年7月，中央决定在深圳、珠海、汕头、厦门试办“出口特区”。同年11月，深圳市改为省辖市。1980年，深圳经济特区成立，并恢复宝安县建制，深圳市由深圳经济特区和宝安县构成。1988年，国务院正式批准深圳市为计划单列市，并赋予相当于省一级的经济管理权限。1990年1月，经济特区设立罗湖、福田、南山三区。1992年11月，撤销宝安县设立宝安、龙岗两区。1997年10月1日，国务院批准深圳市增设盐田区，原罗湖区东部的沙头角、梅沙和盐田地区归属盐田区。

2007年5月31日，光明新区成立，管辖公明、光明两个街道，地处深圳西部。2009年6月30日，深圳市委、市政府为推进以大工业区为中心的东部片区统筹发展，促进深圳市区域协调发展，全面提升城市化水平，将原深圳市大工业区和原龙岗区坪山街道、坑梓街道，整合为坪山新区。2010年7月1日起，深圳经济特区范围延伸到龙岗、宝安。

3.1.2 自然环境

3.1.2.1 地理位置

深圳市地处广东省东南沿海，北与东莞市、惠州市接壤，南与香港新界相邻，东临大亚湾，西濒珠江口伶仃洋，陆域位置为东经 113°45′44″～114°37′21″，北纬 22°26′59″～22°51′49″；海域位置为东经 113°39′36″～114°38′43″，北纬 22°09′00″～22°51′49″。全市陆地总面积 1 952.84 平方千米，海岸线长 229.96 千米。

3.1.2.2 地形地貌

深圳市地势东南高，西北低，主要山脉走向由东向西贯穿中部，形成天然屏障，成为主要河流发源地和分水岭。由此构成三个地貌带：东南为半岛海湾地貌带、中部为海岸山脉地貌带、西北部为丘陵谷地地貌带。东西部地貌差异较显著，中部的沙湾河和石马河谷地将全市地貌分成东西两半，在平面形态、构造、水系、雨量分布等方面都造成东西两个区域存在较大的变差。

全市地貌类型由低山、丘陵、台地、阶地和平原构成，其中大部分为波状台地，间以平缓的岗地，沿海一带为滨海平原。全市低山占 9.68%，丘陵占 40.21%，台地占 23.15%，阶地及平原占 26.96%(表 3.1)。最高山峰梧桐山海拔 943.7 米。深圳海岸线全长 230 多千米，有优良的海湾港口，通海条件优越。

表 3.1 深圳市地貌类型

地貌类型	低山	高丘陵	低丘陵	高台地	低台地	阶地和平原	合计
面积/千米^2	189.02	255.86	529.46	271.65	180.45	526.40	1 952.84
占全市总面积的比重/%	9.68	13.10	27.11	13.91	9.24	26.96	100

深圳市区大部分位于地震基本地震加速度为 0.1g 区，地震基本烈度为 7 度，北部公明、平湖、坪山、观澜、松岗一带位于地震基本地震加速度 0.05g 区，地震基本烈度为 6 度。

3.1.2.3 气候特征

1. 气温

深圳属亚热带海洋性季风气候，多年统计年平均气温 22.5℃。一年中，以一月平均气温最低，为 14.9℃，7 月平均气温最高，达 28.6℃。极端最高气温 38.7℃，出现在 1980 年 7 月 10 日；极端最低气温 0.2℃，出现在 1957 年 2 月 11 日。近 25 年来，深圳市气温呈上升趋势，气温普遍增高 0.5～1.0℃。

2. 降水

深圳市多年平均降水量为 1 966 毫米，地域分布自东向西减少，东南部年平均雨量达 2 200 毫米以上，西北部地区只有 1 500 多毫米。雨量年际变化较大，最多的年份有 2 747 毫米(2001 年)，最少的年份只有 913 毫米(1963 年)。多年平均降雨日数为 140 天。虽然深圳年降雨量较丰沛，但降雨的季节性十分明显，干湿季分明。降雨主要集中在汛期（4～9月），平均雨量达1 654.2毫米，占全年雨量的84%，且多局地性强降雨，其中8月平均月雨量为368.0毫米，为平均最大月雨量；最大日雨量达344.0毫米，出现在2000年4月14日。冬春少雨，往往出现秋、冬连春旱。

3. 日照与风

深圳市年平均日照1 934小时，年日照百分率达47%，是日照较多的地区。日照时数最多为7月份，最少是2月份。年平均相对湿度77%，20世纪80年代后呈逐渐减少的趋势。年平均风速为2.7米/秒。年主导风向为东南风，次主导风向为东北风。

4. 灾害性天气

深圳市的灾害性天气主要有：热带气旋（台风）、暴雨、雷暴、低温冷害、连阴雨、干旱，以及局地性的雷雨大风、飑线和龙卷风等。

(1) 热带气旋：影响深圳的热带气旋平均每年有4.3次，最多的年份达10次（1964年），最少的有1次（1968年、1982年），其中严重影响的有1.5次。影响时间主要集中在7～9月份，占总影响次数的75%。从5月到12月上旬均可受其影响，其中以7～9月最为集中，常伴有狂风暴雨和海潮。

(2) 暴雨：深圳市的暴雨主要出现在4～9月，年平均暴雨日为9.3天，其中4～9月就有8.4天，占90.3%。暴雨日最多的年份达18天（2001年），最少的年份为1天（1963年）。历年暴雨日最早出现在2000年1月24日，最迟出现在1988年12月30日。年暴雨量平均约为860毫米，占年平均降水量的44%，暴雨量最多年达1 507毫米（2001年），最少为67毫米（1963年）。

(3) 雷暴：深圳市属雷暴多发区，年平均雷暴日69天，最多的年份有103天（1973年），最少的年份有47天（1991年）。每年1～11月均出现雷暴天气，其中以6～9月为最多。最早的雷暴日出现在1964年1月2日，最迟出现在1982年11月18日。雷暴天气引起的直击雷和感应雷可损毁供电、通信、电脑、电视等设备，有时还可击坏建筑物、引起油库大火，危险品爆炸以及直接造成人畜伤亡等。

(4) 低温冷害：深圳市有记录以来共出现过18次寒潮，年平均0.4次，主要集中在12月到次年2月。50多年来，深圳市观测到霜冻天气共40天，均发生在1954～1982年，1982年以前，年平均霜日可达1.4天。有记录以来深圳市共出现60次低温阴雨过程，年平均1.2次，其中严重的低温阴雨过程共有5次，持续时间为10～11天，平均最低气温为7～10℃，且多为阴雨蒙蒙天气。中等强度的低温阴雨过程共11次，持续6～9天，其余为轻度低温阴雨过程，持续3～5天，最迟的过程出现在1970年3月16～18日。

(5) 干旱：深圳市年平均干旱天数达183天，属干旱多发区。干旱主要发生在秋、冬、春季节，历年中严重的秋冬春连旱就有14次，严重的秋冬和冬春连旱（≥

120天)有10次,严重的连旱几乎两年一遇,其中旱情最严重的是1963年,长达238天,从1962年10月持续至1963年6月。

3.1.2.4 水文

深圳市境内河流众多,大小河流有160多条,由于受地形的影响,河流大都比较短小,属于雨源型河流,流量枯丰悬殊,洪峰暴涨暴落。集水面积大于10平方千米的河流有13条,大于100平方千米的只有5条,分别为深圳河、茅洲河、观澜河、龙岗河和坪山河。深圳市地表水按水资源三级区和最终流向可分为三个水系:东江水系、珠江口水系以及东部海湾水系。其中,珠江口水系流域面积最大,有938.8平方千米,占全市流域面积的47.96%;其次是东江水系,面积664.9平方千米,占全市的33.96%;海湾水系相对较小,面积353.9平方千米,占全市的18.08%。深圳市辖区水域包含9个流域、160多条河流、242座水库以及珠江口海域和3个海湾。深圳市地表水水系和流域特征见表3.2。

表3.2 深圳市地表水水系和流域特征

水系	名称	流域面积/千米^2	流域面积比例/%	流域内所含行政区(街道办)
东江	观澜河流域	231.97	11.85	宝安区(观澜、光明、龙华)、龙岗区(布吉、平湖)
	龙岗河流域	290.31	14.83	龙岗区(布吉、横岗、坑梓、龙岗、平湖、坪地、坪山)、罗湖区、盐田区
	坪山河流域	142.59	7.28	龙岗区(坑梓、葵涌、坪山)、盐田区
	小计	664.87	33.96	
珠江口	宝安西部流域	259.99	13.28	宝安区(福永、公明、沙井、石岩、西乡、小铲岛)、南山区(含大铲岛、西洲、内伶仃岛)
	茅洲河流域	336.44	17.19	宝安区(福永、公明、观澜、光明、龙华、沙井、石岩、松岗、西乡)、南山区
	深圳河流域	170.47	8.71	龙岗区(布吉、横岗、平湖)、福田区、罗湖区
	深圳湾陆域流域	171.91	8.78	宝安区(龙华、石岩、西乡)、福田区、南山区
	小计	938.81	47.96	
东部海湾	大鹏湾陆域流域	177.20	9.05	龙岗区(大鹏、横岗、葵涌、南澳、坪山)、盐田区
	大亚湾陆域流域	176.73	9.03	龙岗区(大鹏、葵涌、南澳)
	小计	353.93	18.08	
全市	合计	1 957.61	100.00	

深圳市的地下水,根据赋予条件、水理性质及水力特征,可分为松散岩类孔隙

水、基岩裂隙水和岩溶水。根据综合调查研究发现，深圳市地下水东部富水性较高，中部中等，西部为中等或贫乏。根据《深圳市地下水资源调查与评价报告》，大气降水对深圳市地下水的补给量为4.01亿～4.13亿米^3/年，深圳市地下水蕴藏总量为10.34亿米^3/年，可开采总量为1.92亿米^3/年。

3.1.2.5 土壤

深圳市的土壤类型可分为6个土类、9个亚类、18个土属、40个土种，主要土壤类型为红壤、赤红壤、南亚热带水稻土、黄壤及滨海盐渍沼泽土。深圳市的土壤主要有赤红壤、红壤、黄壤、水稻土、滨海砂土、滨海盐渍土等，其中以赤红壤分布最广。土壤在垂直分布上有较明显的分带性，海拔500米以上多为黄壤，300～500米的山地多为红壤，300米以下山地多为赤红壤以及侵蚀红壤，100米以下侵蚀赤红壤分布较广，冲洪积阶地或洪积扇多发育坡洪积黄泥田。在水平分布方面，从滨海到内陆，依次为滨海盐渍土、咸田、滨海平原冲积海积田、河流冲积田、谷地冲积田、冷底田、坡洪积黄泥田或过渡为耕田地红壤。

3.1.2.6 自然资源

1. 生物资源

深圳市植被属南亚热带季雨林，林木覆盖率55.5%。自然植被分常绿季雨林、常绿阔叶林、红树林、竹林、灌丛、灌草丛、刺灌丛、草丛等。广大丘陵山地植被以散生马尾松、灌丛和灌草丛为主，还有部分人工林。动物资源主要分布在海岸山脉及大鹏半岛，其中排牙山和七娘山一带动物资源比较丰富。深圳市已知动物资源包括昆虫17目164科1 028种；软骨鱼4目7科9种；硬骨鱼18目73科191种；两栖类2目7科31种；爬行类3目13科73种；鸟类19目59科378种；哺乳类7目19科36种。

深圳市共有野生分布的国家及省级珍稀濒危植物20种，其中国家一级保护植物2种，国家二级保护植物11种，国家三级保护植物6种，省级保护植物1种。2000年对分布于深圳地区的47种国家级保护动物进行了调查(其中Ⅰ级5种，Ⅱ级42种)，结果表明，除少数二级保护物种数量略有增加外，其他数量均呈下降趋势。属国家重点保护的植物有11种。

国家一级重点保护野生动物5种，国家二级重点保护野生动物43种。维管束植物1 461种，其中蕨类植物170种，裸子植物6种，被子植物1 285种。

深圳市的海域有大亚湾、大鹏湾、深圳湾和珠江口，海洋生物资源丰富，生物群落种类繁多。浮游植物有硅藻、蓝藻、绿藻、金藻、甲藻等。

2. 景观资源

深圳市是依山面海、风光秀丽的海滨城市。海岸线长达229.96千米，海域辽

阔,沿海景观资源丰富,主要有:

(1) 东海岸海滩砂堤泻湖滨海自然风光景观:分布着大梅沙、小梅沙、溪冲、迭福、水沙头、西涌等水碧沙白的海滩。

(2) 西海岸冲积海积平原田园风光景观:沙井、西乡、南头冲积海积平原位于珠江口东岸,目前已开发了西部田园风光旅游区。

(3) 红树林自然景观:红树林面积约 3.68 平方千米。红树组成计有 13 科共 23 种。区内各种鸟类最多时可达 10 万只以上。

(4) 海岛自然风光景观:内伶仃岛、孖洲、大铲岛、小铲岛、丫仔等五岛组成西部一组列岛奇观。

3. 矿产资源

深圳市已发现矿产资源 23 种,81 个矿点。金属矿主要有铁、锰、铅、钨、锡等,但矿床规模较小。非金属矿产中石料资源占重要地位,其中花岗岩储量丰富,分布广泛,质量较好。

3.1.3 社会经济

3.1.3.1 行政区划

深圳市于 1979 年 1 月经国务院批准成立,是国家副省级计划单列城市。1980 年 8 月设立深圳经济特区。全市下辖 6 个行政区和光明、坪山、大鹏、龙华 4 个新区。其中,原特区内 4 个区,即福田区、罗湖区、南山区和盐田区;原特区外 2 个区,即宝安区和龙岗区;光明新区于 2007 年成立,管理原宝安区光明、公明 2 个街道;坪山新区于 2009 年成立,管理原龙岗区坪山、坑梓 2 个街道;龙华新区和大鹏新区于 2011 年设立,增设的龙华新区将包括宝安区的龙华、大浪、民治、观澜 4 个街道,总面积 181 平方千米,总人口约 137 万人,户籍人口 7.25 万人;增设的大鹏新区将包括龙岗区大鹏、葵涌、南澳 3 个街道,总面积 290 平方千米,总人口 11.12 万人。全市共设 57 个街道办事处、790 个居民委员会。2010 年 7 月,国务院做出《关于扩大深圳经济特区范围的批复》,同意将深圳经济特区范围扩大到深圳全市,将宝安、龙岗两区纳入特区范围。全市总面积 1 991.64 平方千米(表 3.3)。

表 3.3 2011 年深圳市行政区划概况

行政地区	街道办事处	居民委员会	土地面积/千米^2
全市	57	790	1 991.64
福田区	10	114	78.66
罗湖区	10	115	78.75

（续表）

行政地区	街道办事处	居民委员会	土地面积/千米^2
盐田区	4	22	74.64
南山区	8	105	185.11
宝安区（不含光明新区）	10	236	569.19
光明新区	2	28	155.44
龙岗区（不含坪山新区）	11	140	682.85
坪山新区	2	30	167

3.1.3.2 人口状况

深圳市被称为“移民城市”，其原因之一就是外来人口规模化的流动，一些人由暂住到永久居住，一些人则流出了深圳。深圳市的人口类型包括非常住人口和常住人口。非常住人口包括短期来深工作人员、旅游人员、过境人员等，这些人员的数量较难统计。深圳自南宋末年已陆续有移民落脚，建市后人口迅速增长。2011年，深圳年末常住人口1 046.74万人，比上年增加9.54万人，增长0.9%。其中户籍人口267.90万人，占常住人口比重25.6%；非户籍人口778.85万人，占比重74.4%。全市平均人口密度5 265人/千米^2。宝安区人口数量最多，为406.14万人，占全市总人口的38.8%；其次为龙岗区，为203.91万人，占总人口数量的19.5%。若从人口密度来看，则以福田区和罗湖区人口密度最大，分别为16 847人/千米^{2}和11 822人/千米^2，其次为宝安区和南山区，详见表3.4。

表3.4 深圳市各行政区人口及人口密度

行政地区	年末常住人口/万人	户籍情况		人口密度/（人/千米^2）
		户籍人口/万人	非户籍人口/万人	
全市	1 046.74	267.90	778.85	5 256
福田区	132.52	66.7	65.82	16 847
罗湖区	93.10	47.96	45.14	11 822
盐田区	21.10	4.70	16.40	2 827
南山区	109.99	54.92	55.07	5 942
宝安区（不含光明新区）	406.14	46.17	359.97	7 135

（续表）

行政地区	年末常住人口/万人	户籍情况		人口密度/（人/千米²）
		户籍人口/万人	非户籍人口/万人	
光明新区	48.69	5.65	43.04	3 132
龙岗区（不含坪山新区）	203.91	38.06	165.85	2 986
坪山新区	31.28	3.73	27.55	1 873

全市人口素质呈现两极化趋势，高学历的知识技术型人才密集与低学历的劳务型的打工者密集趋势并存；劳动密集型工业的发展吸引了数以百万计的外地农民工前来务工，使得全市出现了暂住人口、流动人口远远高于户籍人口的独特现象。

3.1.3.3 经济发展

1979～2011年，深圳市经济持续快速发展，GDP持续上升。2011年，全市生产总值为11 502.06亿元，比上年（下同）增长10.0%，经济总量迈上万亿元新台阶，增长规模远高于“十一五”期间平均增长水平，经济总量在全国内地大中城市中继续保持第四位。其中，第一次产业增加值5.70亿元，下降22.3%；第二次产业增加值5 343.33亿元，增长11.8%；第三次产业增加值6 153.03亿元，增长8.5%。第一产业增加值占全市生产总值的比重不到0.1%；第二次和第三次产业增加值占全市生产总值的比重分别为46.5%和53.5%。人均生产总值110 387元/人，增长7.3%，按2011年平均汇率折算为17 084美元。

深圳市三次产业结构由2000年的0.7∶49.7∶49.6调整为2011年的0.1∶46.5∶53.5，以农业为主的第一产业逐步萎缩，第二产业和第三产业成为支撑全市经济发展的主要产业，正处于第二、三次产业共同推动经济增长的阶段，以高新技术为主导的工业发挥了龙头作用，以物流、信息、金融为主题的现代服务业蓬勃发展，商贸旅游业、房地产业也在经济活动中占据重要份额。深圳市国民经济经过30多年持续快速健康的发展，工业生产增势强劲，效益改善；投资、外贸对经济增长的贡献作用增强；居民收入、消费水平提高；物价平稳，经济步入新的扩张阶段。目前，深圳已经形成“以高新技术产业、先进制造业为基础，以现代服务业为支撑的适应现代化中心城市功能”的新型产业体系。

在现代产业中，深圳现代服务业增加值4 150.31亿元，比上年增长8.5%；先进制造业增加值为3 786.79亿元，增长15.3%。在第三产业中，交通运输、仓储和邮政业增加值为424.80亿元，增长9.7%；批发和零售业增加值为1 206.31亿元，增长10.9%；住宿和餐饮业增加值为225.16亿元，增长3.6%；金融业增加值为1 562.43亿元，增长8.6%；房地产业增加值为1 032.49亿元，增长6.2%；民营经济增加值为

3 330.33 亿元，增长 10.1%。

在支柱产业中，深圳金融业增加值为 1 562.43 亿元，比上年增长 8.6%；物流产业增加值为 1 122.36 亿元，增长 14.9%；文化产业增加值为 771.00 亿元，增长 21.0%；高新技术产业增加值为 3 738.00 亿元，增长 22.2%。

在战略性新兴产业中，深圳生物产业增加值为 174.96 亿元，比上年增长 24.0%；互联网产业增加值（全口径）为 1 380.72 亿元，增长 18.9%；新能源产业增加值为 254.10 亿元，增长 20.7%。

3.1.4 城市建设

2003 年年底，中共深圳市委、深圳市人民政府颁布了《关于加快宝安龙岗两区城市化进程的意见》，随后又印发了一系列文件，开启了特区外城市化的进程。2005～2007 年，深圳市用 3 年时间完成了特区外宝安区和龙岗区的城市化，城市化率达到 100%，成为全国第一个没有农村行政建制和农村社会体制的城市。

近年来，深圳市加大城市基础设施建设力度，轨道交通、水源保障、机场港口和环保生态等重点项目投资完成情况良好，建成了适度超前的供电、供水、供气、交通、排污、排洪等一批市政设施。

在电力基础设施方面，深圳市境内拥有妈湾、南山热电、月亮湾（于 2009 年 10 月停产）等地方电厂 9 座，总装机规模 648.4 万千瓦。省网电厂包括大亚湾核电站和岭澳核电站，总装机规模 380 万千瓦。电厂配套较为完善，已拥有相当规模的油品和 LPG（液化石油气）接收、储存设施，拥有 15 个油码头泊位，3 个液化气码头，吞吐量 900 多万吨；油品和 LPG 仓储总容量分别为 105 万立方米和 17.8 万立方米；拥有 24 家成品油批发企业，246 座加油站。拥有煤炭专用码头 1 个，接卸能力 500 万吨煤炭，储煤场面积 5.4 万平方米，最大可存煤量 22 万吨，最大可供天数 13 天，基本满足了电煤需求。

在环保基础设施方面，2011 年年底，深圳市共建成污水处理设施 35 座，污水总处理能力 330.9 万吨/日，其中集中式污水处理厂 17 座，设计处理规模 247 万吨/日，河道水质净化工程 8 项，人工湿地 7 项，人工快速渗透系统 3 项，处理规模 83.9 万吨/日。共建设环保垃圾转运站 439 座，新增垃圾转运能力 2.581 万吨/日，即 941.8 万吨/年，全面覆盖了各主要生活区域，有效地扩大了服务半径，完善了垃圾收运系统，大大提高了服务范围内的环境卫生水平。城市生活垃圾做到日产日清。

在交通设施方面，深圳拥有盐田港、赤湾港、蛇口港等 10 个港口，累计有 50 家世界著名船公司在深圳港开辟近远洋国际集装箱班轮航线 195 条，深圳港作为我国综合运输体系中主枢纽港和华南地区集装箱枢纽港以及全球四大集装箱港的地位基本形成。深圳机场连续多年保持全国第四大机场的地位，深圳机场运营的国内航空公司 15 家，国际航空公司 14 家，开通航线百条以上，每周航班量超 3 500 班次以上。深圳市等级公路通车里程 2 010 千米，目前，广深、深汕、盐惠、梅观、机荷、水官、龙大和东部盐坝、南平一期等高速公路与107国道、深惠、布龙一级公路及市区的北环、海滨大道等骨干道路相连，形成交通便捷的城市道路网络。深圳市城市交通运营能力逐年提高，2011年全市公共交通营运线路总长度12 937.70千米，增加872.70千米。2011年年末实有公共汽车营运车辆25 339辆，增长5.3%，其中大巴8 554辆，增长1.9%；中小巴3 374辆，增长26.4%；出租小汽车13 411辆，增长3.2%。全年公共汽车客运总量21.36亿人次，增长9.3%；地铁客流量1.38亿人次，增长2.0%。

3.2 资源能源与生态环境

3.2.1 资源能源

3.2.1.1 水资源

深圳地处亚热带海洋性气候区域，降雨充沛，多年平均降雨量为1 837毫米，多年平均可利用的地表水资源量为19.20亿立方米，主要包括境外水源和本地水源。境外水源为东江水源，供水工程为东深供水工程和东部供水工程；多年平均地下水资源量为5.85亿立方米(重复计算量为1.98亿立方米)，多年平均水资源总量为23.07亿立方米。深圳本地水源主要由水库蓄水、提引水和地下水三部分组成，其年产水量按97%保证率为3.12亿立方米。其中水库蓄水97%保证率下的年可供水量为1.84亿立方米，河流提水工程97%保证率下的年可提水量为0.63亿立方米，地下水年开发利用量为0.65亿立方米。

1. 供水量

2011年，深圳市总供水量19.5亿立方米，其中境外引水量引水总量为15.3亿立方米，占总供水量的78.5%。供水量组成为地表水源供水18.5亿立方米，占总供水量的94.9%；地下水源供水量991万立方米，占总供水量的0.51%；污水处理回用0.78亿立方米，占总供水量的4.00%；雨水利用量0.14亿立方米，占供水量的0.72%(表3.5)。

表3.5　2011年深圳市各行政分区供水量(单位：万立方米)

行政分区	地表水源供水量				地下水源供水量	其他水源供水		总供水量	海水利用量
	蓄水	降水	合计	其中境外调入量		污水处理回用	雨水利用		
原特区	2 559	54 966	57 525	54 966	62	4 491	752	62 829	257 977
宝安区(不含光明新区)	9 180	56 935	66 115	56 935	346	2 190	96	68 747	0

（续表）

行政分区	地表水源供水量				地下水源供水量	其他水源供水		总供水量	海水利用量
	蓄水	降水	合计	其中境外调入量		污水处理回用	雨水利用		
龙岗区（不含坪山新区）	11 310	32 308	43 618	32 308	196	1 128	191	45 132	947 160
光明新区	4 465	5 484	9 949	5 484	295	0	364	10 609	0
坪山新区	5 044	3 039	8 083	3 039	92	0	0	8 174	0
全市	32 559	152 732	185 290	152 732	991	7 808	1 402	195 491	1 205 137

资料来源：《2011 年深圳市水资源公报》

2. 用水量

2011 年，深圳总用水量 19.5 亿立方米，其中城市居民用水 6.6 亿立方米，占总用水量的 33.8%；城市工业用水 6.1 亿立方米，占总用水量的 31.3%，城市公共用水 4.7 亿立方米，占总用水量的 24.1%；城市环境用水 1.2 亿立方米，占总用水量的 6.1%；农业用水 0.99 亿立方米，占总用水量的 5.1%。

伴随着城市规模、人口和工业的迅速发展，对水资源的利用量逐年增加。自 1980 年以后的 10 年间，全市用水量增加了 43 倍，平均每年增长率达 46%；1990～2000 年，每年的增长率保持在 10%～25%；2000 年之后，用水量增加趋势放缓，保持在 10%以内；2005 年用水量为 16.77 亿立方米，2005～2011 年，年均增长率约 2.6%（图 3.1）。

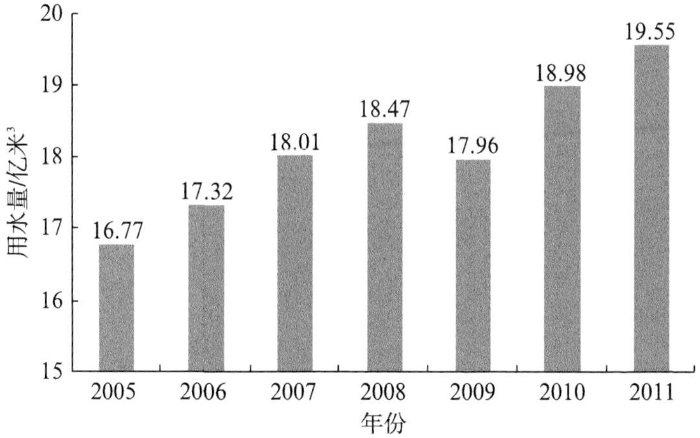

图 3.1　近年来深圳市用水量变化趋势

2011 年，深圳万元 GDP 水耗 17.0 米³/万元，在全国居领先水平（图 3.2）。

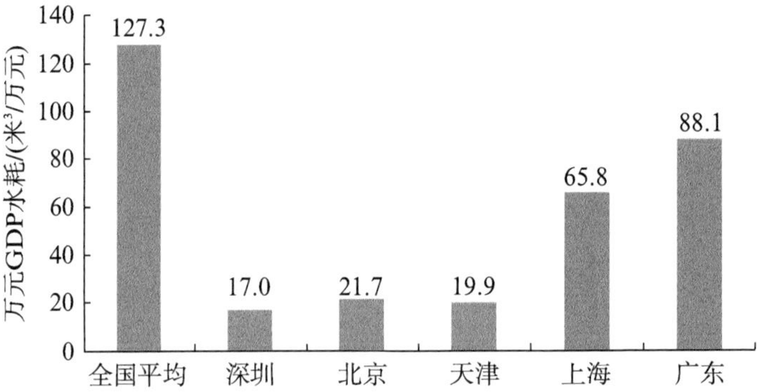

图 3.2　2011 年深圳市万元 GDP 耗水量与全国其他部分地区比较

3.2.1.2　能源

深圳市现状能源结构主要由煤炭、成品油、气体燃料及电力构成，深圳市长期推行清洁能源政策，终端能源消费工业和服务业以用电为主，辅以燃油；居民生活以液化石油气和天然气为主；燃煤消耗主要为能源集团妈湾发电总公司。2011 年，全社会能源消费总量为 5 431 万吨标准煤，其中煤炭（主要用于发电）用量为 518 万吨，电力消费 696 亿千瓦·时，天然气消费 28.2 亿立方米（表 3.6）。

表 3.6　2011 年深圳能源消费总表

煤炭/万吨	石油/万吨	电力/亿千瓦·时	液化石油气/万吨	天然气/亿米³	总计/万吨标煤
518	54.4（工业）	696	3.5（工业）	28.2	5 431

资料来源：《深圳统计年鉴 2012》

深圳市能源结构进一步优化，新能源和清洁能源发展较快。2011 年，全市核电装机容量约 400 万千瓦，在建 200 万千瓦；垃圾发电装机规模约 7 万千瓦；太阳能光伏发电量累计超过 400 万千瓦·时；风电资源测定容量 6 万千瓦，景观风力发电装机容量 0.2 万千瓦。2011 年，外来电及核电、气电等清洁能源发电机组供电量比例大幅提升至 66.43%；全市煤电、油电供电量比重由原来的主导地位下降为 33.57%，与目前全国仍然以煤炭为主的能源结构形成鲜明对比。

伴随着经济的高速增长，深圳市对能源的需求量急速上升。深圳市能源消费总量从 2005 年的 2 935 万吨标准煤，增加到 2011 年的 5 431 万吨标准煤，年均增长率为 10.9%；全社会用电量由 2005 年的 440 亿千瓦·时，增加到 2011 年的 696 亿千瓦·时，年均增长率为 8.1%（图 3.3）。

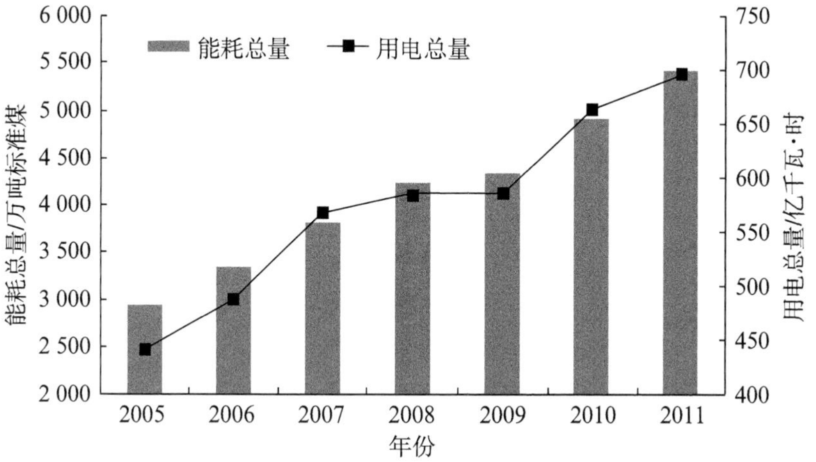

图 3.3 近年来深圳市能源消费总量和用电量变化

2011 年，深圳市单位 GDP 能耗为 0.472 吨标准煤，仅相当于全国平均能源的 64%，广东省平均能耗的 84%，但与发达国家相比仍有较大差距(图 3.4)。

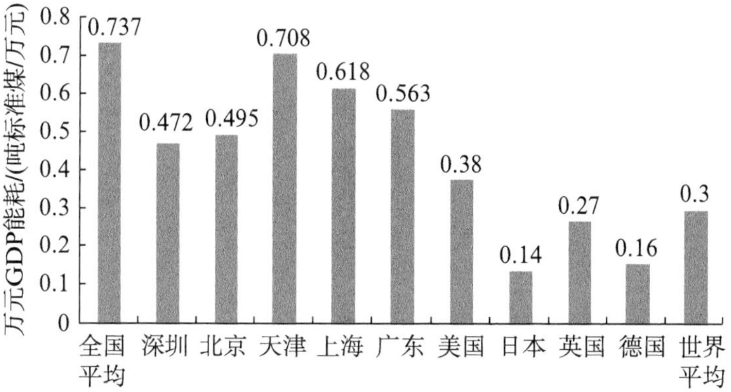

图 3.4 2011 年国内外主要国家和城市万元 GDP 能耗

3.2.1.3 土地资源

截至 2011 年年底，深圳全市建设用地总量达 934 平方千米(深圳市国土与规划委员会报道数据)，与《深圳市城市总体规划(2010—2020)》设定的 2020 年建设用地目标 976 平方千米(包括城市建设用地 890 平方千米，以及水利设施及其他建设用地 86 平方千米)相比，还有 32 平方千米的剩余开发空间。根据深圳市基本生态线管理规定，深圳市已划定基本生态控制区为 974 平方千米，现状城市建设用地中基本生态控制线内现状建设用地为 91.05 平方千米。

表 3.7　深圳市全市各类土地利用面积(单位：平方千米)

土地总面积	耕地	园地	林地	草地	城镇村及工矿用地	交通运输用地	水域及水利设施用地
1 991.64	30	227	580	30	796	96	166

资料来源：据 2011 年度土地利用现状变更调查数据

注：建设用地应包括该调查数据中的“城镇村及工矿用地”“交通运输用地”和“水利设施用地”，但《2011 年度土地利用现状变更调查数据》将“水域及水利设施用地”合并统计，故无法据此确切统计出全市建设用地总量；另外，因分类标准、统计口径等原因，分类土地利用面积加和与全市土地总面积可能不一致

表 3.8　深圳市 2011 年城市建设用地情况(单位：平方千米)

深圳全市	福田	罗湖	南山	盐田	宝安 （不含光明）	龙岗 （不含坪山）	光明	坪山
892	52.5	33.7	101.4	24.8	316.3	242.4	62.1	58.4

资料来源：2011 年度土地利用现状变更调查数据

注：此处的“城市建设用地”包括“城镇村及工矿用地”和“交通运输用地”

随着经济的快速发展，深圳城市建设用地也迅速扩张。1997～2004 年，深圳市新增建设用地 232 平方千米，年均增加约 29 平方千米。2001～2005 年，土地消耗尤为严重，全市建设用地总增长量为 209.01 平方千米，年均增长 52.25 平方千米，其中特区内 9.25 平方千米，特区外宝安 24.14 平方千米，龙岗 18.86 平方千米，用地增长主要集中在特区外。2005～2011 年，全市建设用地增长量为 355 平方千米，年均增长 59.17 平方千米。

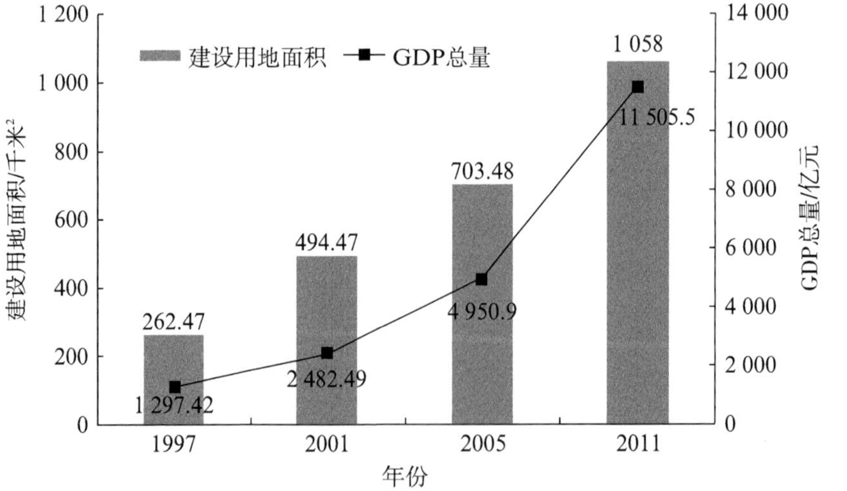

图 3.5　深圳市建设用地与 GDP 增长的关系

面临土地资源的硬约束，《深圳市城市总体规划(2006—2020)》中明确提出深

圳城市建设将从增量空间建设向存量空间优化转变，也意味着“城市更新”将成为城市存量土地“再开发”主要手段。2009 年 10 月，深圳市政府正式发布实施《深圳市城市更新办法》，创新性地实现五大政策性突破，使得“城市更新”成为城市存量土地“再开发”的主要手段，为深圳市积极挖掘存量空间潜力，提高土地利用效益和提升城市空间质量提出了新的思路，也意味着深圳市的城市更新步入“快车道”。根据《深圳市城市总体规划(2010—2020)》，城市更新包括综合整治和全面改造，规划期改造建设用地总规模约 190 平方千米，其中全面改造的建设用地规模为 60 平方千米，包括旧工业区 40 平方千米、城中村 14 平方千米、旧工商住混合区 6 平方千米。

3.2.2 生态环境质量

3.2.2.1 水环境质量

深圳市辖区水域包含 9 个流域、310 多条河流、164 座水库，以及珠江口海域和 3 个海湾。境内河流大都比较短小，属于雨源型河流，流量枯丰悬殊，洪峰暴涨暴落。深圳境内各河流的集雨面积和流量不大，集雨面积大于 10 平方千米的河流有 13 条，大于 100 平方千米的只有 5 条，分别为深圳河、茅洲河、观澜河、龙岗河和坪山河。深圳市现有蓄水工程 164 座，包括中型水库 12 座，小(一)型水库 62 座，小(二)型水库 90 座，全市总集雨面积达 568 平方千米，蓄水工程总库容 6.05 亿立方米。

1. 饮用水源

2011 年，深圳市城市集中饮用水源地水质达标率为 100%，水质优良，与上年持平。深圳水库、梅林水库、铁岗水库、清林径水库、赤坳水库、松子坑水库、径心水库、铜锣径水库、枫木浪水库和三洲田水库水质为优，达到国家地表水Ⅱ类标准；其他水库水质良好，达到Ⅲ类标准。与上年相比，铁岗水库水质类别由Ⅲ类变为Ⅱ类，水质有所改善，罗田水库水质类别由Ⅱ类变为Ⅲ类，水质有所下降，其他水库水质基本保持稳定。营养状态指数评价表明，所有水库均为中营养。从平均综合污染指数来看，径心水库、枫木浪水库和三洲田水库水质相对较好，石岩水库水质相对较差。

2. 河流

2011 年，全市部分河流上游河段水质相对较好，盐田河水质类别为Ⅲ类，水质良好；其他河流的水质类别均为劣Ⅴ类，属重度污染，主要污染物为氨氮、总磷和生化需氧量。两条监测断面总数大于 5 的河流中，深圳河Ⅰ～Ⅲ类水质的断面数占总断面数比例为 16.7%，劣Ⅴ类断面比例为 83.3%；龙岗河Ⅰ～Ⅲ类断面比例 20.0%，劣Ⅴ类断面比例为 80.0%；两条河流水质状况均为重度污染。与上年相比，新洲河水质综合污染指数下降 52.5%，污染程度显著减轻；茅洲河、福田河、龙岗河、布吉河污染指数下降幅度为 26.5%～44.7%，污染程度明显减轻；皇岗河、大沙河、西乡河、深圳河污染指数下降幅度为 14.6%～20.4%，污染程度有所减轻。观澜河、坪山河污染指数变化幅度在 10%以内，水质基本保持稳定。凤塘河、沙湾河污染指数分别上升 20.6%和 19.5%，污染程度有所加重。盐田河因上年定类因子石油类浓度由 0.08 毫克/升下降至 0.03 毫克/升，按单因子评价的全年水质类别由Ⅳ类变为Ⅲ类，水质有所改善，但其氨氮、总磷浓度较上年分别上升 143.3%和 79.9%，水质综合污染指数上升 43.0%。

3. 近岸海域

2011 年，深圳市东部海域水质良好，符合《海水水质标准》(GB3097－1997)Ⅰ类标准；西部海域水质受到生活污水污染，劣于Ⅳ类标准，主要污染物是无机氮和活性磷酸盐。与上年相比，东部海域水质保持稳定，西部海域水质有所改善。

3.2.2.2 大气环境质量

2011 年，深圳市空气质量 API 范围为 13～109，达到Ⅰ级(优)空气质量的天数为 161 天，达到Ⅱ级(良)空气质量的天数为 201 天，合计占全年总天数的 99.2%；空气质量为Ⅲ级(轻微污染)的天数为 3 天，占 0.8%。其中，二氧化硫、二氧化氮、可吸入颗粒物年均浓度分别为 0.011 毫克/米^3、0.048 毫克/米^3 和 0.057 毫克/米^3，符合国家环境空气质量Ⅰ级标准(0.06 毫克/米^3、0.08 毫克/米^3 和 0.10 毫克/米^3)；臭氧年均浓度为 0.057 毫克/米^3，小时均值最高为 0.428 毫克/米^3，小时均值超标率为 1.0%。全市降尘量年均值为 4.20 吨/(千米^2·月)，符合广东省推荐标准(8 吨/(千米^2·月))；硫酸盐化速率年均值为 0.16 毫克三氧化硫/(100 厘米^2·碱片·日)，符合国家推荐标准(0.25 毫克三氧化硫/(100 厘米^2·碱片·日))。与上年相比，二氧化硫、二氧化氮、可吸入颗粒物、降尘和硫酸盐化速率年均值均有所下降，全市总体空气环境质量有所改善，可吸入颗粒物是空气中的首要污染物，其次为二氧化氮。

2011 年，全市降水年均 pH 为 4.80，低于酸雨临界值，酸雨污染较为严重，表现为硫酸型酸雨特征。与上年相比，降水年均 pH 上升了 0.01，降水酸性略有减弱，酸雨频率为 60.4%，比上年下降 4.0 个百分点。

3.2.2.3 声环境质量

2011 年，深圳全市区域环境噪声平均值为 56.7 分贝，与上年持平，处于轻度污染水平；全市道路交通噪声等效声级加权平均值为 69.0 分贝，比上年下降 0.2 分贝，达标率为 69.8%。2011 年功能区噪声监测中，1 类区昼间达标率为 87.5%，夜间达标率为 62.5%；2 类区昼间达标率为 100%，夜间达标率为 100%；3 类区昼间达标率为 100%，夜间达标率为 100%；4 类区昼间达标率为 100%，夜间达标率为 0。

3.2.2.4 固体废弃物产生及处理处置

2011 年，深圳市城市生活垃圾产生总量为 481.82 万吨，无害化处理处置生活垃圾总量为 457.73 万吨，处置率为 95.0％；一般工业固体废物产生量为 132.59 万吨，处置利用率为 99.81％；工业危险废物产生量为 36.93 万吨，处置利用率为 100％；医疗废物产生量 7 934.48 吨，集中处理率为 100％。

3.2.2.5 辐射环境质量

2011 年，深圳市辐射环境质量状况良好。环境电离辐射水平保持稳定，重点核技术利用设备周围环境电离辐射水平未见明显变化；环境地表 γ 辐射剂量率处于天然本底水平范围内，气溶胶、水源水中总 α、总 β，以及土壤中铀-238、钍-232、镭-226、钾-40 等放射性指标均处于正常水平。环境电磁辐射水平基本良好。

3.2.2.6 生态环境质量

2011 年，深圳市已建成生态风景林和水源涵养林 14 282.8 公顷，全市森林覆盖率 45.2％；人均公共绿地面积为 16.5 米^2/人，建成区绿化覆盖面积为 45.04％，绿地率为 39.15％，建成区绿化覆盖面积中乔、灌木所占比例为 81.2％。

3.3 资源环境与经济协调性分析

环境库兹涅茨(EKC)曲线是 20 世纪 50 年代诺贝尔奖获得者、经济学家库兹涅茨用来分析人均收入水平与分配公平程度之间关系的一种学说。研究表明，收入不均现象随着经济增长先升后降，呈现倒 U 形曲线关系。当一个国家经济发展水平较低的时候，环境污染的程度较轻，但是随着人均收入的增加，环境污染由低趋高，环境恶化程度随经济的增长而加剧；当经济发展达到一定水平后，也就是说，到达某个临界点(或称“拐点”)以后，随着人均收入的进一步增加，环境污染又由高趋低，其环境污染的程度逐渐减缓，环境质量逐渐得到改善，这种现象被称为环境库兹涅茨曲线。由于 EKC 曲线所处的阶段一定程度上表现了环境与经济水平的协调程度，本节将使用 EKC 曲线分析深圳市目前的经济增长与资源环境协调性，从而总结深圳经济与环境的发展特征。

3.3.1 资源消耗与经济增长

1. 水资源消耗与经济增长

1994～2011 年，深圳市总用水量与人均 GDP 呈半倒 U 形趋势，尚未出现拐点，从 1994 年起深圳市用水量(55 385 万吨)随人均 GDP 的增加连续攀高，到 2011

年深圳全市总用水量已增至19.55亿吨(图3.6)。按照目前的发展趋势,深圳市的总用水量近期内仍将保持在较高水平。

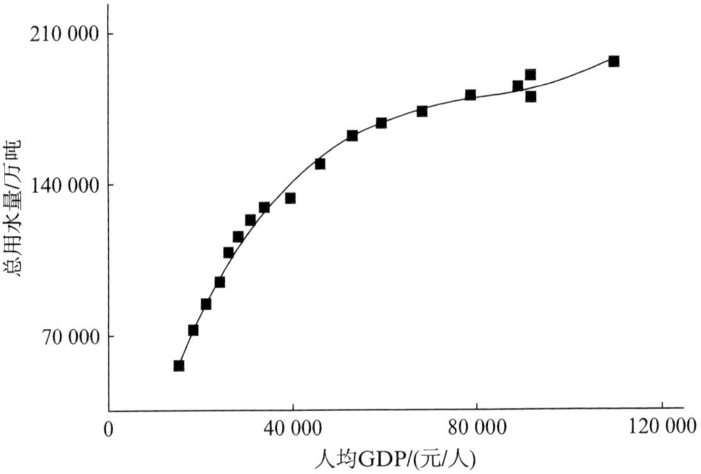

图3.6 深圳市总用水量EKC拟合曲线

2. 能源消耗与经济增长

1990～2011年,深圳市总能耗与人均GDP呈半倒U形趋势,拐点尚未出现,有即将出现的可能,从1990年起深圳市能耗为245.49万吨标准煤,随人均GDP的增加持续增加,2011年深圳总能耗已达到5 429万吨标准煤。按照目前的发展趋势,深圳市近期内的能耗有稳定在高位而后降低的趋势,不排除总能耗继续升高的可能(图3.7)。

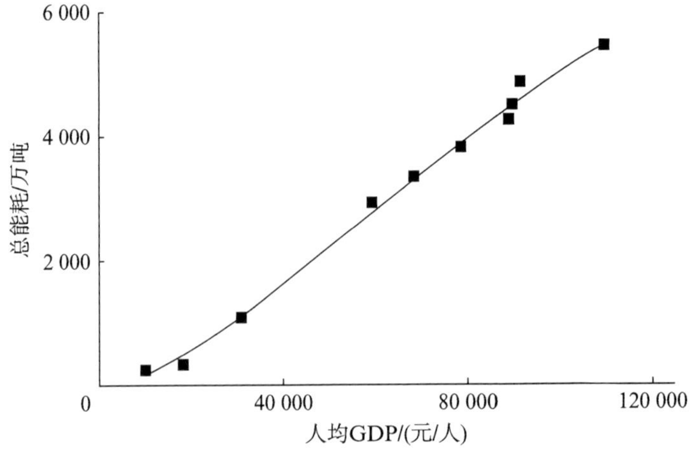

图3.7 深圳市能耗EKC拟合曲线

综上分析结果，虽然深圳市单位 GDP 能耗、水耗逐年降低，但水资源、能源消耗总量目前仍处在随经济增长而增长的阶段，近期仍有稳定在高水耗高能耗的趋势，表明目前深圳经济增长对水资源、能源仍有依赖。

3.3.2 环境与经济协调分析

3.3.2.1 大气污染排放与经济增长

1. 工业废气

1989～2011 年，深圳市工业废气与人均 GDP 呈半倒 U 形趋势，从 1989 年起深圳市工业废气排放量呈现随着人均 GDP 的增加而逐步增加的趋势，近年来工业废气排放增长放缓，2011 年工业废气排放 1 871 亿立方米，比上年增加 11.1%。按照目前的发展趋势，深圳市的工业废气排放量近期内仍将随着人均 GDP 的增加而增加的趋势近期内很难得到抑制（图 3.8）。

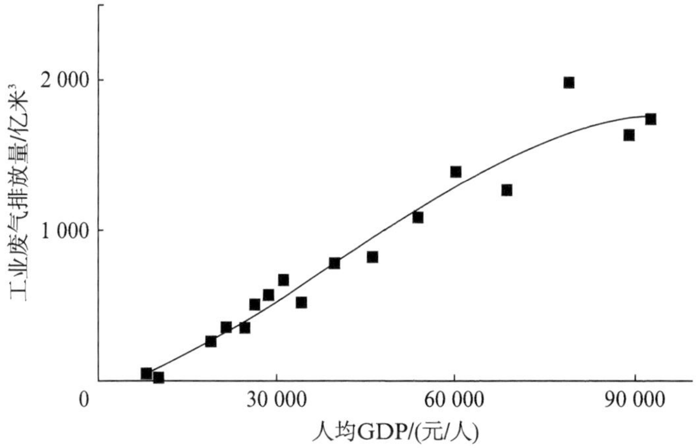

图 3.8 深圳市工业废气 EKC 拟合曲线

2. SO_2

1989～2011 年，深圳市 SO_2 排放量与人均 GDP 呈倒 U 形趋势，拐点出现在 2005 年前后，人均 GDP 为 6 万元左右，SO_2 排放量最高点为 43 633 吨。拐点之前，SO_2 排放量随着经济发展逐年增高，拐点之后，则逐年降低。2011 年，深圳市 SO_2 排放量为 29 741 吨。按目前的发展趋势，SO_2 排放量将持续降低（图 3.9）。

3. 工业烟（粉）尘

1996～2011 年间，深圳市烟（粉）尘排放量与人均 GDP 呈倒 U 形趋势，拐点出现在 2005 年前后，人均 GDP 为 6 万元左右，工业烟尘排放量最高点为 6 468 吨。拐点之前，工业烟尘排放量随着经济发展逐年增高，拐点之后，则呈下降趋势。

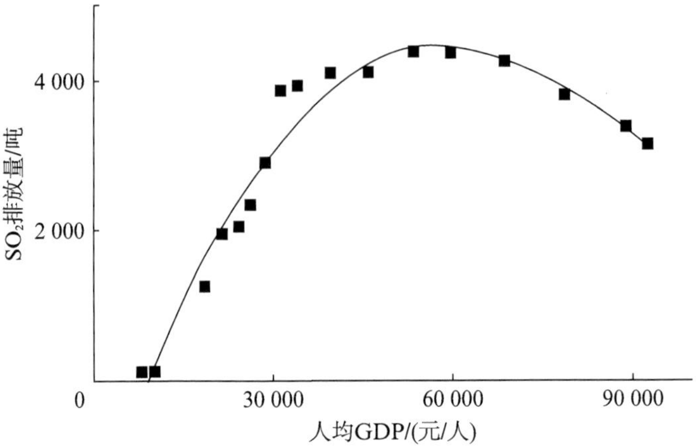

图 3.9 深圳市 SO_2 排放量 EKC 拟合曲线

2011 年，深圳全市工业烟尘排放总量为 1 154 吨。按目前的发展趋势，工业烟尘排放量将持续降低（图 3.10）。

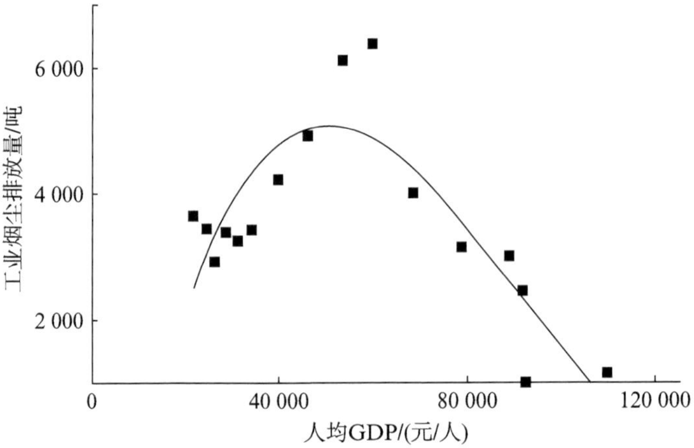

图 3.10 深圳市工业烟尘 EKC 拟合曲线

4. 大气污染物小结

综合以上分析，伴随着工业废气总量的持续增长，SO_2 和工业烟尘排放量随经济增长已经出现下降趋势，这表明经济增长与主要大气污染物排放已出现“脱钩”迹象，废气排放量已处于拐点临界点，未来将会随经济增长出现下降。

3.3.2.2 水污染排放与经济增长

1. 工业重点污染源污水排放量

2000～2011 年，深圳市工业重点污染源污水排放量随人均 GDP 的增加呈上升趋势,从 3 201 万吨增加到 10 473 万吨,工业污水排放量增长 2 倍之多,从 EKC 曲线来看,增长态势还将持续(图 3.11)。

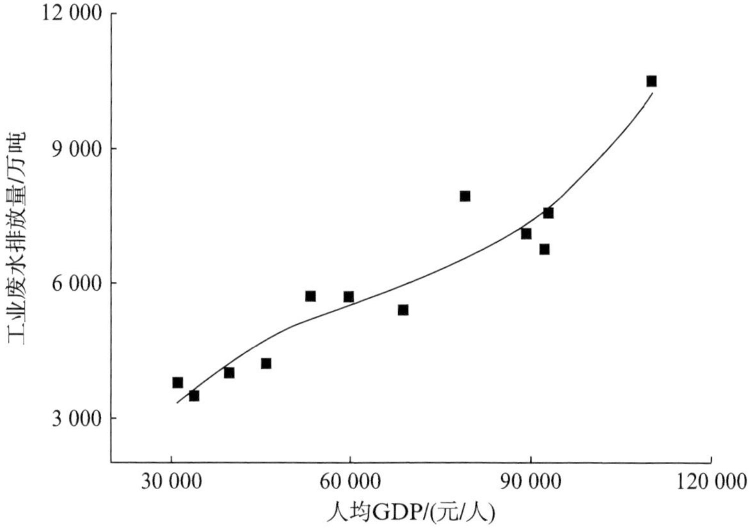

图 3.11 深圳市工业污水排放量 EKC 拟合曲线

2000～2011 年,工业废水中的 COD(化学需氧量)排放量随人均 GDP 呈上升趋势,2000 年工业污水中 COD 的排放量为 3 201 吨,2011 年达到 9 716 吨,继续保持增长态势(图 3.12)。

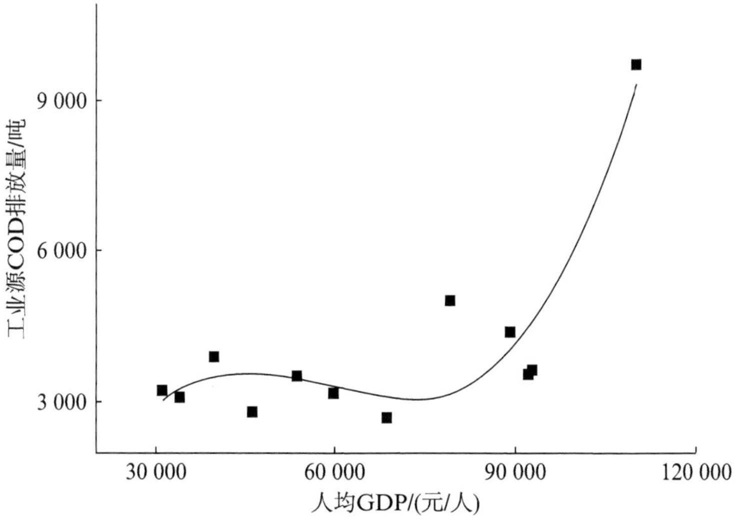

图 3.12 深圳市工业源 COD 排放量 EKC 拟合曲线

2. 生活污水

2001～2011 年，生活污水排放量从 31 286 万吨增至 110 000 万吨，生活污水排放量持续增长中，未出现拐点，表明深圳生活污水排放量将继续升高(图 3.13)。

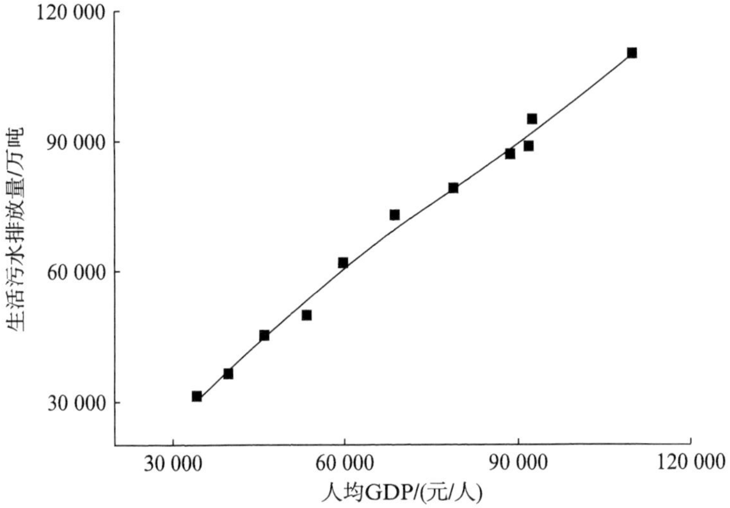

图 3.13　深圳市生活污水排放量 EKC 拟合曲线

生活污水中的 COD 排放量呈现先降低后升高态势，目前来看，生活污水中的 COD 排放量低点出现在人均 GDP 80 000 元/人阶段，排放量为 4.35 万吨，从目前趋势来看生活 COD 排放还将继续升高(图 3.14)。

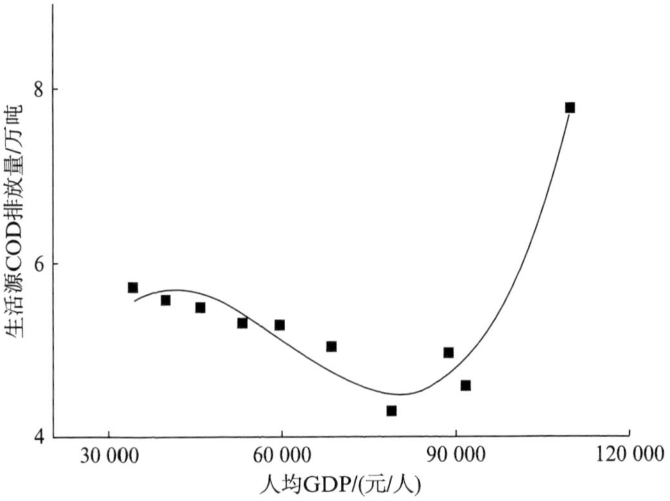

图 3.14　深圳市生活源 COD 排放量 EKC 拟合曲线

3. 水污染物小结

通过拟合近10余年深圳市工业污水和生活污水排放情况与人均GDP的对应关系,以及代表性污染物COD的排放量,可以看出污水及水污染物整体均处于上升阶段,尚未产生“脱钩”现象。

3.3.2.3 固体废弃物产生与经济增长

1. 工业废弃物

1990～2011年,工业废弃物产生量与人均GDP呈半倒U形趋势。1990年,工业废弃物产生量2.19万吨,2007年人均GDP 7.6万元时达到最高点,产生量为161.82万吨,此后数年间,工业废弃物产生量一度出现下降趋势,降至2011年的132.59万吨。目前基本可以看出经济发展与工业固废的“脱钩”点已产生,将继续下降趋势(图3.15)。

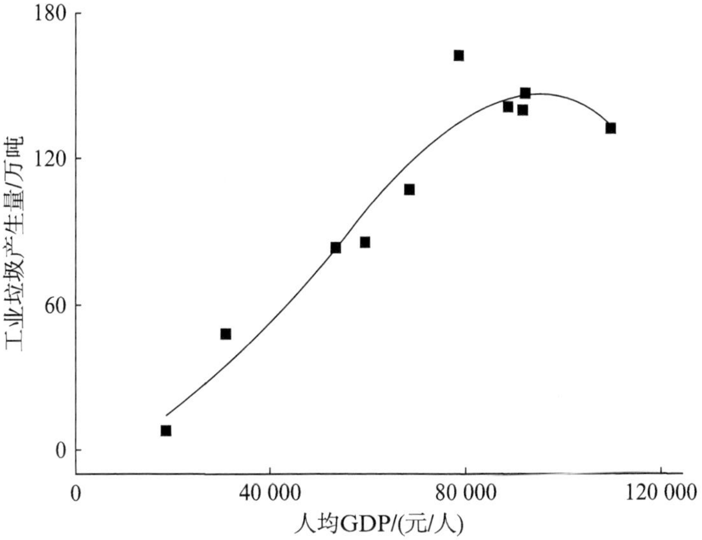

图3.15 深圳市工业固废产生量EKC拟合曲线

2. 生活垃圾

1995～2011年,深圳市生活垃圾清运量随人均GDP呈持续上升趋势,生活垃圾清运量从1995年的157.2万吨至2011年的481.82万吨,目前还不可估计拐点出现时段,预计未来仍将保持增长态势。

3. 固废小结

工业废弃物防治初现成效,出现“脱钩”现象,生活垃圾清运量仍处于持续增长态势中。

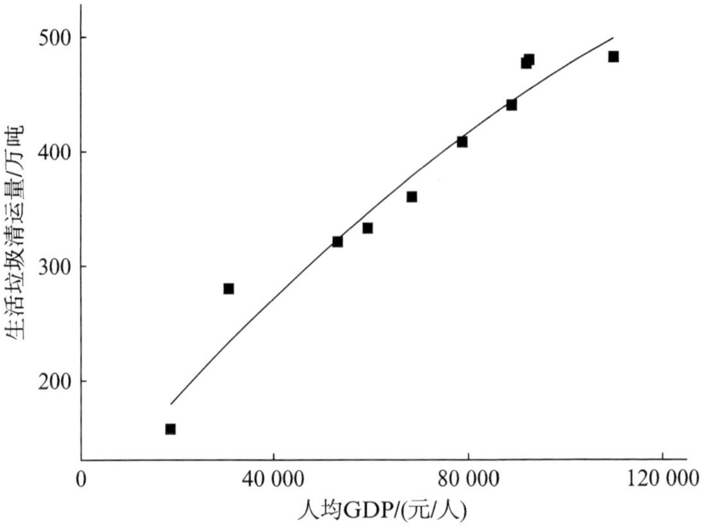

图 3.16 深圳市生活垃圾清运量 EKC 拟合曲线

综上所述,深圳市水资源消耗和能耗与经济增长尚未“脱钩”,仍将保持继续增长态势;SO_2 和工业烟尘等主要大气污染物排放量,与经济增长已出现“脱钩”现象;工业废水和生活废水排放及代表性污染物均处于增长态势,尚未出现拐点;工业固废已出现拐点,生活垃圾还将继续增长。总体而言,深圳目前的发展对水资源、能源依赖性仍较大,水污染物排放以及生活垃圾排放增长态势未得到遏制。

3.4 深圳市生态文明建设存在挑战

3.4.1 城市急剧扩张带来巨大的土地承载压力

深圳市建市后的 31 年时间里,建设用地规模从 1979 年 3 平方千米(原罗湖镇)增加到 2010 年年底的 917.74 平方千米,已接近全市总面积的一半。与国内其他主要城市相比,深圳建设用地比例全国最高,北京只有 20%,上海为 30%,毗邻深圳的香港也只有 24%。同时,深圳土地利用结构不合理,2008 年深圳工矿仓储用地比例达 31%,远超出新加坡、纽约、伦敦、东京等城市不到 10%的水平;而商服用地比例为 4%,公园绿地比例为 3%,都低于新加坡、东京等国际先进城市。这种特征主要体现在特区外,商服用地,特别是公园绿地的比例明显低于全市平均水平,配置严重不足。

按照现行的经济发展和资源利用模式,土地资源承载力遭遇瓶颈,土地资源为制约发展的短板。在不改变土地利用结构、土地利用效益、产业结构等因素的情景下，2020 年深圳市土地资源可承载的人口、经济规模分别为 1 000 万人、0.9 万亿元。2020 年深圳市 GDP 将达到 1.78 万亿元，人口初步估算将达到 1 100 万人。现行模式下，2020 年土地资源将难以承载预期规模的人口，也难以实现预期规模的经济产出，土地资源承载力遭遇瓶颈。

按照社会经济优化发展模式，土地资源的经济承载规模挖潜空间巨大，而对人口增长的约束依然存在。本着发展的眼光，以国际先进城市为标杆城市，或以城市发展规划有关目标为参照，设定深圳未来的社会经济发展情景，得出该情景下 2020 年深圳土地资源可承载的经济规模高达 2 万～3 万亿元，大大超过现行模式下的土地资源可承载的经济规模，可保障国民经济和社会发展"十一五"规划中提出的 2020 年经济目标的实现。由此说明，如果改变当前粗放的土地利用模式、优化产业结构，深圳土地资源经济承载力的挖潜空间巨大。另外，无论是从保障居民居住、出行、就医、上学等生活要素来看，还是保障居民就业来看，土地资源可承载的人口规模都为 900 万～1 100 万人，已经超过目前深圳总人口规模。经济优化发展模式下，土地资源对人口增长的约束依然存在。

土地资源的空间优化、整合任务艰巨。从土地资源的人口承载力来看，特区外生活用地的配置和人口的分布不相匹配，人均生活用地水平低下，居民的居住，或就医，或休闲等生活配套供给存在短缺现象，基本生活用地保障不足。从土地资源的经济承载力来看，特区内外的二元化、低产值工业用地零散地大范围分布、街道间土地经济产出的不平衡等，都表明了土地资源经济承载力的空间非均衡状态。因此，在控制人口规模不超出土地承载阈值、在提升土地经济产出加强土地经济承载功能之余，合理引导人口流动，合理配置生活用地、集聚整合产业用地，以实现土地资源的空间优化，非常有必要且任务艰巨。

3.4.2 粗放发展模式导致对资源、能源快速消耗

自改革开放以来，深圳市工业发展十分迅速，工业产值占 GDP 比重逐年增加，规模大幅扩大，工业一直为深圳的主导产业。尽管自 20 世纪 90 年代中期开始，深圳市对产业结构进行了一定程度的优化，但经济增长方式尚未从根本上转变。经济快速增长的同时消耗大量的能源和资源，主要表现为：单纯依靠生产要素的数量投入或扩大再生产规模来维持经济的增长，资源高投入、高消耗，虽然经济量显著增长，但经济结构和增长方式不合理，拉动经济增长更多的是靠资本和劳动力的增加，而不是技术和生产力。这种增长方式和经济结构导致了深圳市社会经济的发展对环境资源的依赖和过度攫取，是造成城市环境状况变化的主要原因(图 3.17)。

与中国香港、新加坡及其他发达国家或地区相比，土地资源利用效率、水资源

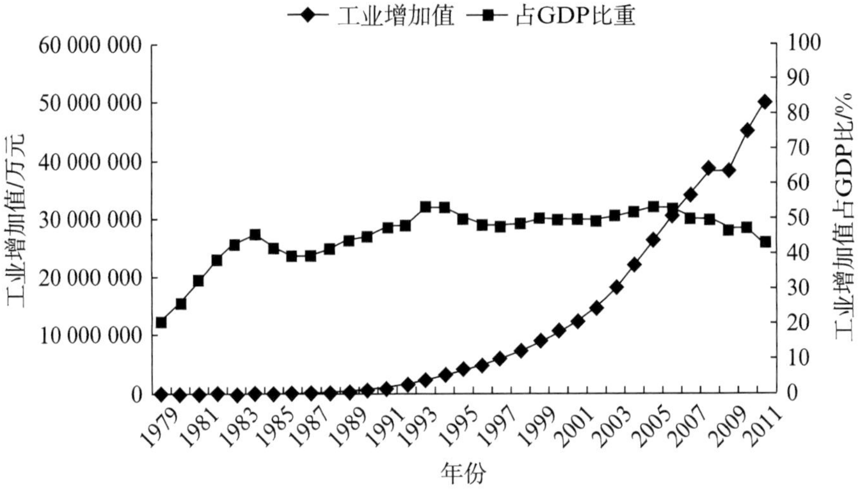

图 3.17　深圳市历年工业产值及占 GDP 比重

利用效率、能源利用效率较低下，呈现出明显的粗放特征。据统计，与 2000 年相比，2011 年深圳市总用水量达到了 19.55 亿吨，增长 3.55 倍；总用电量达到 583.76 亿千瓦·时，增长 3.07 倍；燃煤量达到 494 万吨，增长 2.13 倍；燃油量达到 190 万吨，增长 1.65 倍。资源能源的快速消耗，促进了经济社会发展的同时，也给生态环境带来了严重的压力，造成污染排放增多，资源能源供不应求。此外，深圳属于水资源严重匮乏的城市，2011 年人均水资源量为 138 立方米，低于国际规定的人类生存最低标准线 300 立方米，资源、能源短缺也已成为制约深圳城市发展的重要因素（图 3.18、图 3.19）。

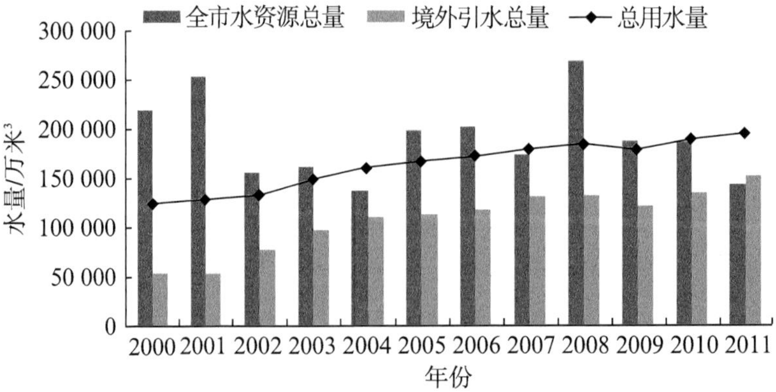

图 3.18　深圳市总用水量历年变化情况

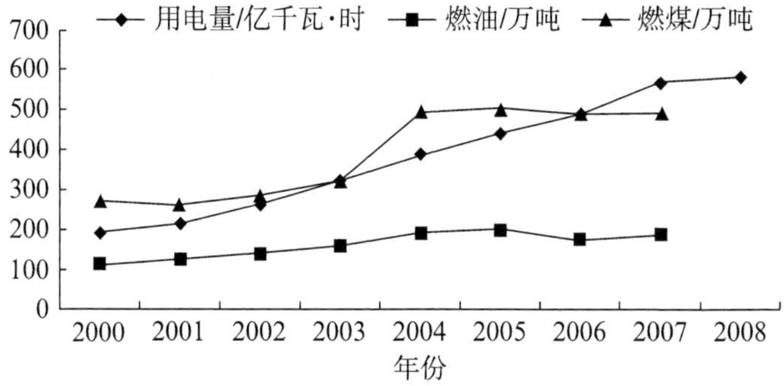

图 3.19 深圳市能源消耗历年变化情况

3.4.3 环境承载力严重透支

从环境容量来看，深圳自身环境容量先天不足，主要污染物的排放量已接近甚至超过数倍环境容量。深圳水环境容量 COD 为 6.2 万吨/年，NH_3-N 为 0.45 万吨/年。2011 年，深圳 COD 实际排放量为 10.23 万吨，NH_3-N 为 1.5 万吨。NH_3-N 排放超容量 233.3%，水体富营养化非常严重。COD 容量富余主要体现在近岸海域的水环境容量，而该部分容量很大程度上是由于西部近岸海域环境功能区调整而获得的，实际水环境质量已不容乐观，因此该部分容量仅作为水环境承载力的参考。深圳大部分的废水排放到河流中，因此不考虑海域环境容量的话，深圳 COD 排放超容量 462.7%，NH_3-N 排放超容量 4 660.3%，深圳的地表水污染已十分严重，水环境质量问题十分突出，急需加大治理投入(图 3.20)。

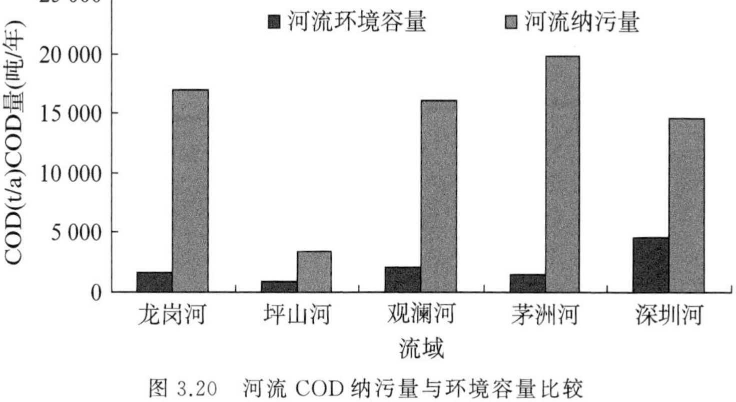

图 3.20 河流 COD 纳污量与环境容量比较

根据《制定地方大气污染物排放标准的技术方法》，结合深圳各大气功能分区对应执行标准，计算结果表明：深圳大气主要污染物环境容量分别为：$SO_2$4.87 万吨/年、NO_x 6.38万吨/年、TSP16.16万吨/年、PM10 8.08万吨/年。2011年，深圳主要污染物的排放量分别为 SO_2 1.09万吨、NO_x 11.37万吨、烟尘0.12万吨。可见，深圳大气环境对 SO_2 及烟尘还有一定的承载空间，但 NO_x 排放超过环境容量近2倍。

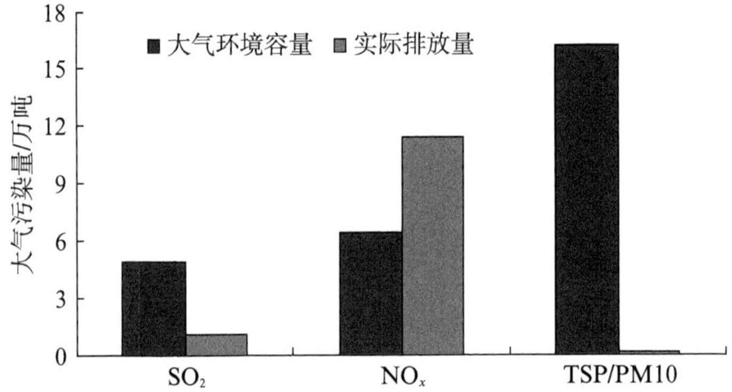

图 3.21 大气污染物实际排放量与环境容量比较

3.4.4 污染物排放压力增大

1. 水污染物

(1) 生活源。经预测，2020年深圳市常住人口数量约为1 480万人。根据第一次全国污染源普查城镇生活源产排污系数手册，深圳市居民生活污水产生系数为185升/(人·日)，COD、NH_3-N和TP产生系数分别是79克/(人·天)、9.7克/(人·天)和1.16克/(人·天)。根据各流域人口数量和主要污染物排放系数，估算2020年各流域生活源主要污染物排放情况，见下表。

表 3.9 2020年各流域生活源主要污染物排放情况

序号	流域名称	人口（万人）	COD（吨/日）	NH_3-N（吨/日）	TP（吨/日）
1	深圳河流域	295.38	233.34	28.66	3.43
2	深圳湾流域	258.77	204.42	25.11	3.01
3	观澜河流域	261.78	206.80	25.40	3.04
4	龙岗河流域	140.11	110.68	13.59	1.63
5	坪山河流域	30.20	23.87	2.92	0.35
6	茅洲河流域	246.29	194.58	23.89	2.85

（续表）

序号	流域名称	人口（万人）	COD（吨/日）	NH_3-N（吨/日）	TP（吨/日）
7	宝安西部流域	199.31	157.46	19.33	2.31
8	大鹏湾、大亚湾流域	48.15	38.04	4.66	0.56
合计		1 480.00	1 169.20	143.56	17.17

（2）工业源。经预测，2020 年深圳市工业增加值约为 9 740 亿元。由于 2011 年工业污染源排放情况采用环境统计数据得出，各企业污染源排放情况与企业产值呈一定的正比例关系，因此 2020 年工业污染源预测在 2011 年基础上，根据工业增加值增长率进行计算，计算结果见下表。

表 3.10　2020 年各流域工业源主要污染物排放情况

序号	流域	工业废水（万吨/日）	COD（吨/日）	NH_3-N（吨/日）	TP（吨/日）
1	深圳河流域	14.62	4.898	0.300	0.045
2	深圳湾流域	7.06	3.296	0.180	0.045
3	观澜河流域	32.51	13.512	1.932	0.105
4	龙岗河流域	28.25	3.895	0.345	0.045
5	坪山河流域	7.52	4.120	0.270	0.045
6	茅洲河流域	43.64	24.507	1.573	0.240
7	宝安西部流域	36.34	8.284	0.629	0.075
8	大鹏湾、大亚湾流域	3.24	0.037	0.000 12	0.000 4
合计		173.17	62.542	5.228	0.600

（3）面源。面源污染物排放是采用不同土地利用类型地表径流的污染物浓度和面积输出速率进行估算。根据《深圳市城市总体规划（2010—2020）》中 2020 年建设用地规模及深圳市建设用地现状，考虑 2020 年城市建设用地整体变化不大，面源污染物排放仍按照现状情况进行核算。

面污染源主要受降雨径流条件和地表污染物积聚数量的影响。前者取决于降雨量、降雨强度、地表透水性，后者取决于土地使用功能、土地利用类型等人类活动强度和方式。根据《龙岗区水环境改善策略研究报告》和《珠江广东流域水污染综合防治研究》在研究大量文献资料后给出了不同土地利用类型情况下，地表径流的污染物浓度和面积输出速率的变化范围，估算面源污染源污染物排放量，排放COD、NH_3-N和TP分别为351.95吨/日、23.48吨/日和6.83吨/日。

表3.11 各流域面源污染物排放情况

序号	流域名称	COD（吨/日）	NH_3-N（吨/日）	TP（吨/日）
1	深圳河流域	35.62	2.33	0.70
2	深圳湾流域	37.12	2.37	0.73
3	观澜河流域	58.16	3.58	1.16
4	龙岗河流域	56.58	3.88	1.09
5	坪山河流域	19.81	1.51	0.36
6	茅洲河流域	62.61	4.10	1.22
7	宝安西部流域	58.62	3.79	1.15
8	大鹏湾、大亚湾流域	23.43	1.92	0.41
合计		351.95	23.48	6.83

（4）小结。按生活、工业和面源等主要污染物排放量汇总，全市2020年共排放COD、NH_3-N和TP分别为1 362.5吨/日、145.11吨/日和21.34吨/日。各流域估算结果见下表。

表3.12 2020年各流域主要污染物总负荷

序号	流域名称	COD（吨/日）	NH_3-N（吨/日）	TP（吨/日）
1	深圳河流域	273.86	31.29	4.17
2	深圳湾流域	244.84	27.66	3.78
3	观澜河流域	278.48	30.91	4.30
4	龙岗河流域	171.16	17.82	2.76
5	坪山河流域	47.80	4.70	0.75
6	茅洲河流域	281.70	29.57	4.31
7	宝安西部流域	224.36	23.75	3.54
8	大鹏湾、大亚湾流域	61.51	6.58	0.97
合计		1 583.69	172.27	24.60

2. 大气污染物

(1) 机动车保有量增长。深圳市机动车保有量一直呈现高速增长趋势,2000年以来的年增长率达到 17.5%。截止 2014 年底,全市机动车保有量达 312 万辆,道路车辆密度居全国第一,达到 560 辆/公里。深圳市于 2014 年 12 月实施了小汽车增量控制政策,2015 年起机动车增长速度将明显放缓,预计"十三五"期间机动车保有量年增长率约为 4%,2020 年将达到 424 万辆。其中,对机动车污染排放贡献较大的货车暂无控制政策,考虑深圳市物流业发展和港口发展导致的货运量增加,按照年均增速 8%计算,预测到 2020 年将达到 54 万辆。

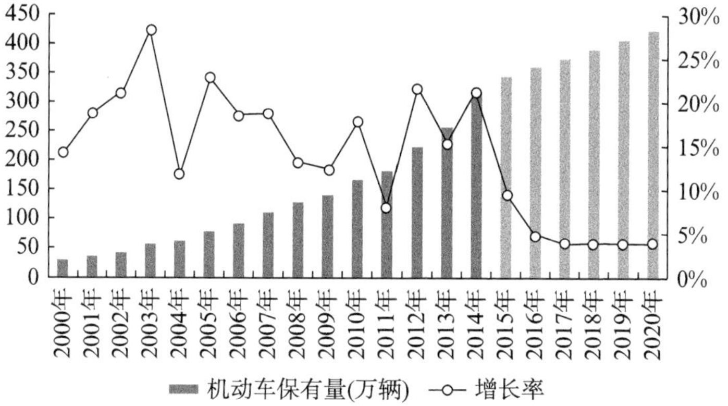

图 3.22 深圳市机动车保有量变化趋势预测(万辆)

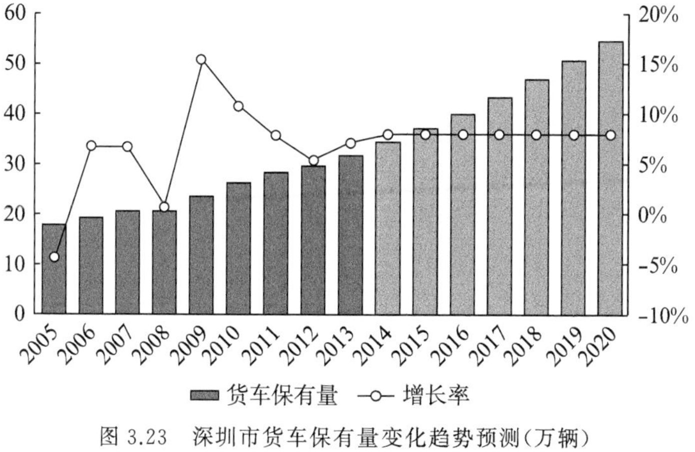

图 3.23 深圳市货车保有量变化趋势预测(万辆)

(2) 港口吞吐量增长。深圳港的吞吐量经过"十一五"的快速增长后,增长率放缓,近年基本以 2%左右的速度增长。考虑到世界经济和航运业的发展,估计深圳港的吞吐量会持续维持低速增长,按 2%年增长率计算,预测 2020 年深圳港的货物吞吐量达到 2.7 亿吨，集装箱吞吐量达 2 674 万标箱。

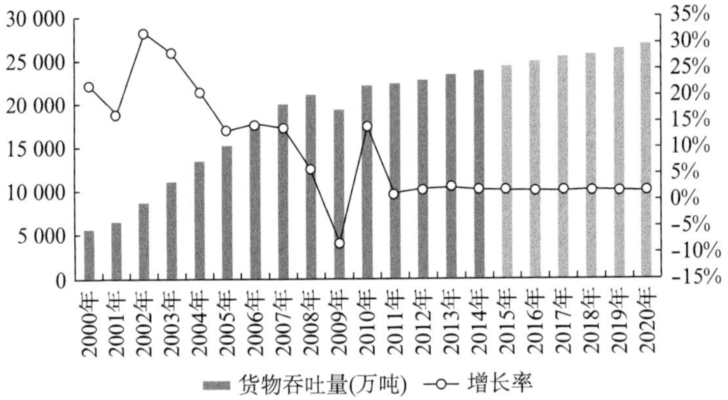

图 3.24　深圳港口货物吞吐量趋势预测（万吨）

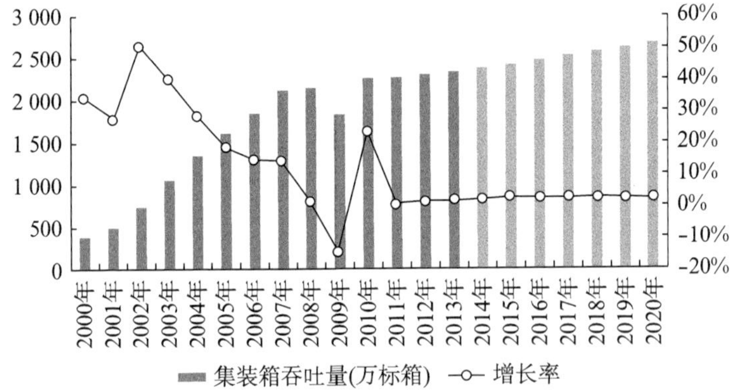

图 3.25　深圳市港口集装箱吞吐量趋势预测（万标箱）

(3) 机场吞吐量增长。根据深圳宝安国际机场相关规划，预计到 2020 年深圳市机场起降航班将达到 37.5 万架次。

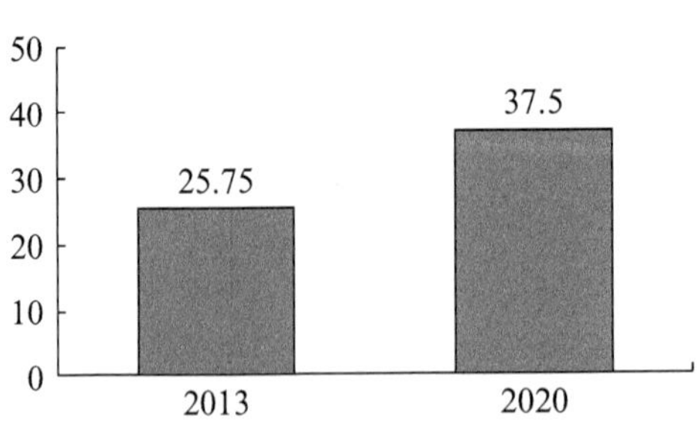

图 3.26　深圳市机场航班起降数量变化趋势预测（万架次）

(4) 建筑施工面积增长。深圳市房屋建筑施工面积呈持续上升趋势，城市开发建设力度较大。尤其 2011 年后每年新开工面积达到 3 000 万平方米以上，房屋建筑施工面积年均增长率达到 20%以上。未来深圳市仍将不断完成城市格局和交通，预计 2030 年前将完成 16 条地铁线建设，但房屋建筑开发建设力度预计将有所放缓，若按前半期增长率为 10%和后半期增长率为 5%计算，到 2020 年房屋建筑施工面积将达到 1.9 亿平方米。

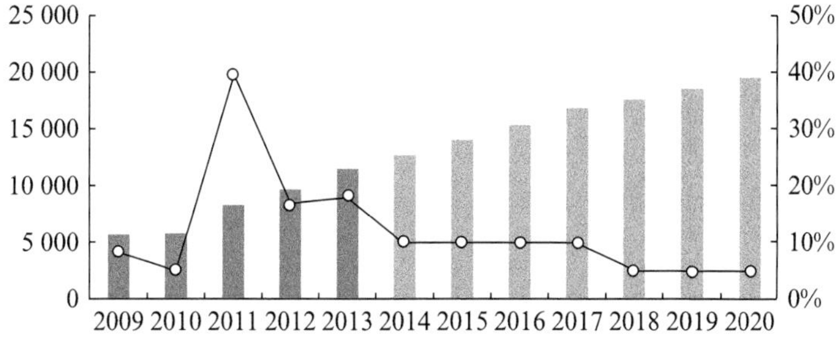

图 3.27 深圳市房屋建筑面积变化趋势预测(万平方米)

(5) 当前治理政策下的污染排放预测。《深圳市大气环境质量提升计划》是深圳市当前大气污染治理的纲领性文件，提升计划对 2013～2017 年期间的大气污染治理工作进行了部署，且大部分任务基本要求于 2015 年底前应完成。结合污染源增长预测结果和提升计划的实施进展和今后落实的可能性，预测到 2020 年完成大气提升计划的既定措施后，深圳市二氧化硫、氮氧化物、细颗粒物、挥发性有机物排放量的年变化趋势如图 4.3－9 至 4.3－12 所示。可以看到，由于 2015 年之后没有后续措施跟进，随着污染源排放的增加，2020 年污染物排放量将较 2015 年有所反弹，根据估算，各污染物排放量预计将增加 9%～51%。

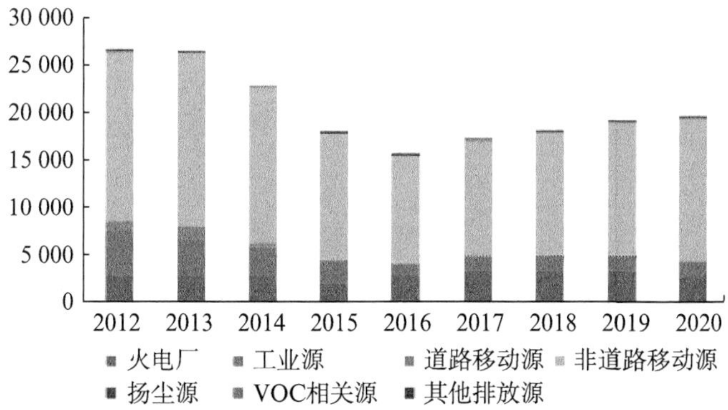

图 3.28 深圳市未来二氧化硫排放总量变化趋势预测(单位：吨)

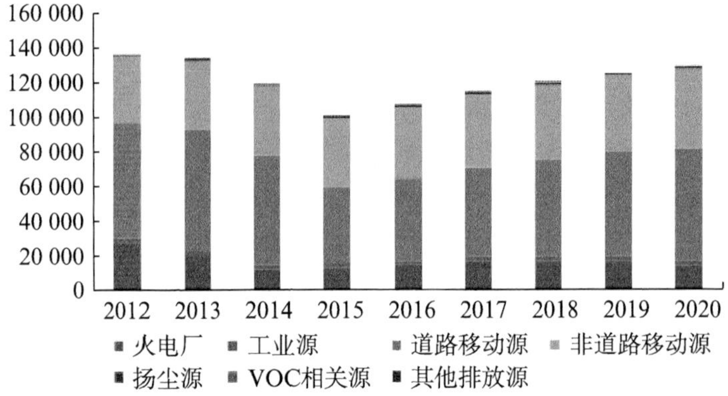

图 3.29 深圳市未来氮氧化物排放总量变化趋势预测(单位:吨)

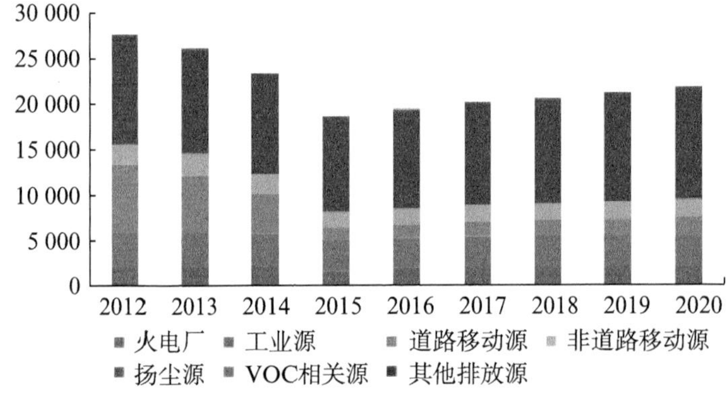

图 3.30 深圳市未来细颗粒物排放总量变化趋势预测(单位:吨)

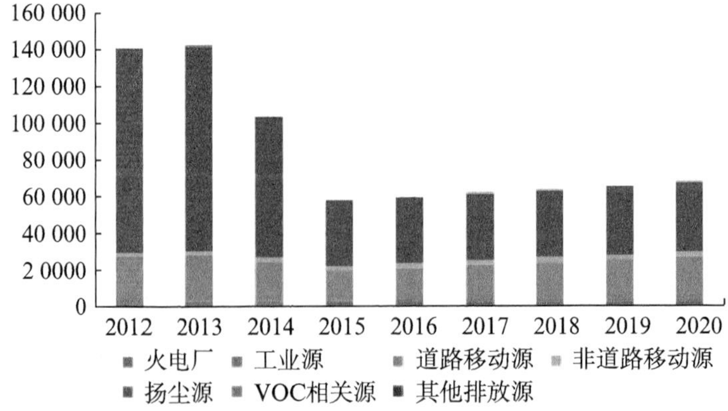

图 3.31 深圳市未来挥发性有机物排放总量变化趋势预测(单位:吨)

3. 固体废弃物

(1) 生活垃圾。采用人均指标法、平均增长率法、趋势外推法和RTCE模型法预测规划期限内深圳市的生活垃圾产生量，取它们的平均值作为最终结果，至2020年，深圳市生活垃圾年产生量将达到20 882吨/天，见表3.13所示。

表3.13 深圳市2020年生活垃圾产生量预测

年份	2014年	2020年
人均生活垃圾产生量(千克/人·日)	1.376	1.411
人口规模(万人)	1 077	1 480
生活垃圾产生量(吨/日)	14 825	20 882

表3.14 深圳市各区生活垃圾产生量预测结果

序号	组团	范围	2020年产生量(吨/日)
1	中心组团	福田区	2 631
2		罗湖区	2 036
3	南山组团	南山区	2651
4	盐田组团	盐田区	486
5	宝安中心组团	新安、西乡及福永南	2 254
6	西部高新组团	沙井、松岗、福永北	2 464
7	西部工业组团	光明、公明、石岩	1 320
8	中部综合组团	龙华、观澜、坂雪岗	2 200
9	中部物流组团	布吉、横岗、平湖	2 077
10	龙岗中心组团	龙岗、坪地	1 355
11	东部工业组团	坪山、坑梓	880
12	东部生态组团	葵涌、大鹏、南澳	528
合计			20 882

(2) 危险废物

工业危险废物

2014年深圳市GDP总量为16 001.98亿元，工业危险废物产生量为58.08万吨。十三五期间，深圳市产业结构将进一步优化调整，现代服务业等第三产业占比进一步加大，按照单位GDP危险废物产生量年均下降5%来计算，到2020年，深圳市危险废物产生总量69.33万吨/年。结果见表3.15：

表3.15 深圳市工业危险废物产生量预测结果

年度	预测年万元GDP危险废物产生量(吨/万元)	产生量(万吨)
2016	0.003 274	62.86
2017	0.003 11	65.00
2018	0.002 955	66.78
2019	0.002 807	68.21
2020	0.002 667	69.33

焚烧飞灰

垃圾焚烧飞灰是垃圾焚烧过程中产生的，在烟气处理系统中收集得到的二次污染物，成分非常复杂，主要含有重金属、二噁英等危害环境及人体健康的成分。采用焚烧产灰系数法对市"十三五"期间全市焚烧飞灰产生量进行预测，计算公式如下：

$$Q=M\times k$$

Q——垃圾焚烧飞灰产生量，吨/日

M——垃圾焚烧量，吨/日

k——垃圾焚烧飞灰产生率，经验值为3%～5%，本书取4%。

目前深圳市生活垃圾焚烧设施规模共计7 425吨/天，会产生焚烧飞灰297吨/天；到2020年，拟新增南山垃圾焚烧厂二期、老虎坑垃圾焚烧厂三期和东部环保电厂三座垃圾焚烧处理设施，并取消龙岗中心城垃圾焚烧厂，共计新增处理规模10 000吨/天，将新增飞灰产生量400吨/天。届时全市生活垃圾焚烧处理设施规模将达到17 425吨/天，满负荷运行时飞灰产生量为697吨/天。

医疗废物

根据医疗废物的预测模型，即下式：

$$Q_1=365BPQ_d/100C$$

式中，Q_1为医疗废物年产量，t/a；B为病床床位数，张；Q_d为病床使用率；P为床均医疗废物日产量，kg/(张·d)。预测中认为病床使用率达100%。

2014年，深圳市2014年实有床位共31 042张，万人平均拥有床位数28.8张，共产生医疗废物 10 480 吨/年。到 2020 年,深圳市常住人口总数将达到 1 480 万人,医疗事业将有较大幅度发展,万人平均病床数将达到 41 张。按照这一发展目标,根据上述公式对深圳市"十三五"期间的医疗废物年产量进行估算,其结果如表 3.16 所,到 2020 年,深圳市医疗废物产生量将达到 19 933.38 吨/年。

表 3.16 深圳市医疗废物产生量预测结果

年份	年末常驻人口（万人）	每万人拥有床位数(张)	预测床位数（张）	产废系数（Kg/d,床）	医疗废物产生量(t)
2014	1 077.89	28.8	31 042	0.92	10 480
2016	1 211	33	39 963	0.9	13 127.85
2017	1 278	35	44 730	0.9	14 693.81
2018	1 345	37	49 765	0.9	16 347.80
2019	1 412	39	55 068	0.9	18 089.84
2020	1 480	41	60 680	0.9	19 933.38

污泥

1) 污水处理厂污泥

污水处理厂污泥产生量由全市污水处理厂总规模和产泥率决定,并按照下式进行计算:

$$Q = M \times k \times (1 - g),$$

其中:Q——湿污泥量

M——污水厂处理规模,万吨/日

k——产泥率,tds/万吨,根据深圳实际情况取 1.3

g——污泥含水率,%

"十三五"期间,深圳市仍将继续新建污水处理厂,并对现有运行负荷较高的污水厂进行升级改造,到 2020 年,全市污水处理厂规模总计达到 684.3 万吨/天,全市污水厂污泥产生量计算结果见表 3.17。

表 3.17 2020 年全市污水厂污泥产量

年份	污水厂规模（万吨/日）	干污泥量（吨/日）	湿污泥(含水 40%)（吨/日）	湿污泥(含水 80%)（吨/日）
2020	684.3	889.59	1 482.65	4 447.95

到 2020 年,全市污水处理厂干污泥产生量将达到 889.59 吨/日,折合 80%含水率的污泥年产生量为 162.35 万吨。

2）给水厂污泥

给水厂污泥产生量计算公式与污水处理厂相同，其中产泥率取值为0.35tds/万立方米水。2020年，全市新鲜水耗约为26.23亿立方米，污泥产生量计算结果见表3.18。

表3.18　给水厂污泥产量预测

需水量（亿 m^3）	干污泥量（万 tds）	湿污泥（含水40%）（万吨）	湿污泥（含水80%）（万吨）
26.23	9.18	15.3	45.9

到2020年，全市给水厂干污泥产生量将达到9.18吨/年，折合80%含水率的污泥年产生量为45.9万吨。

综上，以80%含水率湿污泥计算，到2020年全市污泥产生总量将达到208.25万吨/年。

建筑废弃物

根据《深圳市余泥渣土受纳场专项规划（2011—2020年）》中的预测值，2020年深圳市建筑垃圾产生总量将达到960万吨，工程弃土总量约为1 040万吨，合计2 000万吨。

电子废弃物

根据深圳市总户数及居民平均每百户年末耐用消费品拥有量中的彩电、冰箱、洗衣机、手机、电脑的拥有量以及按彩电、冰箱、洗衣机、电脑、手机使用的报废年限，假设报废率为100%，可估算出深圳市2016—2020年电子废物量（见表3.19），结合电子废物的平均质量（见表3.20），得出“十二五”期间深圳市电子废物产生量。

表3.19　“十二五”期间深圳市电子废物量（万台）

年份	彩电	冰箱	洗衣机	手机	微型计算机
2016	79.1	43.4	48.3	197.8	63.3
2017	82.8	46.5	51.5	207.9	67.3
2018	83.5	48.9	45.8	218.0	71.0
2019	84.1	50.6	43.0	226.5	75.3
2020	85.0	53.1	41.6	231.2	78.1

表3.20　电子废物平均质量（kg/台）

类别	彩电	冰箱	洗衣机	手机	电脑
质量	5	13	10	0.1	10

根据表3.19和表3.20，可估算出“十二五”期间深圳市电子废物的产生总量，其结果如表3.21所示，到2020年，全市电子废弃物产生量约25.15万吨/年。

表3.21 深圳市“十三五”期间电子废物产生量预测结果

年份	2016	2017	2018	2019	2020
电子废物产生量(万吨)	20.64	21.98	22.08	23.97	25.15

3.4.5 环境基础设施建设滞后于社会经济发展

从环境基础设施看，全市环境基础设施建设欠账多，滞后于社会经济的发展和人口的增长，且污染物排放增加，主要表现为：总量上，目前全市建成的污水收集管网总长约4 200千米，缺口达3 500千米以上；建成的生活垃圾无害化处理能力约9 000吨/日，缺口约4 200吨/日；建成的建筑废弃物综合利用能力8 200吨/日，缺口约19 200吨/日。由于部分环境基础设施处理能力的不足，生活垃圾、污泥等固体废弃物的处理处置基本依靠设施的超负荷运行勉强维持。结构上，原特区内污水收集管网较为完善，但是原特区外污水收集管网严重不足，近年来新增的基本为配套干管和沿河截污管渠，污水支管网建设基本没有开展。尽管全市已有26座污水处理厂投入运行，总处理能力达到421万吨/日，与污水产生量基本匹配，但存在区域不平衡问题，茅洲河等流域污水处理能力尚有不足。标准上，有部分设施建设标准不高，如早期建成的污水处理设施脱氮除磷效果较差；生活垃圾无害化处理设施渗滤液处理普遍达不到规定的要求；建成的污泥处置设施多为过渡性设施，采取简单固化填埋工艺，建设标准较低。此外，目前路面行驶机动车约160万辆，汽车尾气造成的污染十分严重，此外，工业废气污染物排放增多，尤其是电力行业工业燃料消耗影响严重。

3.4.6 生态文化体系尚未成型

近年来，深圳通过“深圳市民环保奖”评选活动和生态“细胞工程”创建，极大地提升了全民环境意识，提高了公众的环境意识和环境素质，对推动深圳人居环境事业发展、建设宜居生态城市产生了积极影响。然而，生态文化建设依然相对滞后，社会转型期社会道德文化失衡，金钱、物质至上的社会观念和消费文化过度泛滥，部分市民对生态文明理解不深，少数企业生态责任意识淡薄，部分群众还缺乏绿色生活消费观，全社会深厚的生态文化氛围尚未真正形成。“经济强市，生态贫市”的偏失概念依旧存在，“唯GDP论”的传统发展观、政绩观、价值观尚未从根本上扭转，城市生态文化水平亟待提升。

3.4.7 体制机制障碍仍然存在

生态文明建设各部门各自为营，没有形成全市层面的生态文明建设统一部署，尚未形成有效的综合决策合力。部门间沟通交流有限，统筹协调不足，推进力度有所欠缺。生态文明制度体系与生态文明建设的要求还不相适应，法制不够健全，立法未能完全适用形势需要，有法不依、执法不严的现象还比较突出。法律和经济手段促进生态环境保护作用尚不明显，仍然以行政干预办法代替经济和法律手段。资源环境有偿使用制度尚不健全，市场价格机制体现不出应有的作用。社会资本参与生态环保投资的积极性不高，政府资金的引导作用有待加强。监督、评价考核机制不够完善，党政领导和干部综合考评机制、生态补偿机制等体现生态文明要求的制度尚未得到全面有效的实施。

第 2 篇
深圳市生态文明建设规划

4 规划总则

4.1 指导思想和基本原则

4.1.1 指导思想

深入贯彻落实科学发展观,按照尊重自然、顺应自然、保护自然的理念,坚持节约优先、保护优先、自然恢复为主的方针,紧紧围绕建设美丽深圳、深化生态文明体制改革,强调发展质量,以可持续地满足人民群众日益增长的物质文化需求作为出发点和落脚点,以改革开放和科技创新为根本动力,以提高资源利用效率和生态环境质量为重点,着力加强生态保护与修复、优化国土空间开发格局、转变经济发展方式、创新体制机制、动员全社会力量共同参与,将深圳建设成为国家生态文明示范市,发挥科学发展、先行先试的排头兵作用。

4.1.2 基本原则

1. 尊重规律,统筹兼顾

尊重自然规律、经济规律和社会规律,统筹兼顾当前与长远、经济与社会、人与自然的协调发展,将生态文明建设融入经济建设、政治建设、社会建设、文化建设各个方面和全过程,协调好各方面的利益关系,形成人与自然和谐相处的现代化建设新格局。

2. 绿色发展,生态优先

建立生态优先的决策机制,实行严格的环境保护制度,建立改善环境质量、增进民生福祉的倒逼机制,充分发挥环境保护优化经济发展的综合作用,把生态环境保护要求传导到经济转型升级上来,着力推进绿色发展、循环发展、低碳发展,构建低碳生态的城市新景观。

3. 创新引领,彰显特色

深入解放思想,发挥创新精神,带动思路创新、改革创新、体制创新,健全国土空间开发、资源节约利用、生态环境保护的体制机制,充分发挥优势,扬长避短,重点突破,不断提升城市独特品位和文化内涵,探索体现深圳特色的生态文明发展模式,不断开创新时期生态文明建设的新局面。

4. 区域合作,共同推进

推动生态文明国际交流合作平台和机制建设,深化与周边地区的互动与合作,以互惠互利、合作共赢为基础，深入开展深港、深莞惠、珠三角城市等生态文明领域的交流合作，共同推进修复自然生态和治理环境，构建多层次区域发展体系与合作机制，努力创造一个共享、共建、共生、共济的生态社会，实现共同发展和共建生态文明。

4.2 目标与指标

4.2.1 目标设计

总体目标。通过生态格局、生态经济、生态环境、生态文化、生态制度“五大体系”建设，将深圳建设成为人与自然和谐相处、产业结构低碳高效、生态环境优美宜居、生态文化鲜明繁荣、体制机制完善健全的美丽家园。到 2020 年，将深圳建成国家生态文明示范市和美丽中国典范城市。

生态经济发达。建成绿色发展大市和低碳发展强市，万元 GDP 能耗达到 0.366 吨标准煤，万元 GDP 水耗 10 立方米，万元 GDP 二氧化碳排放 0.45 吨，绿色建筑占新建建筑比重 80%。

生态格局完善。建立起生产空间集约高效、生活空间宜居适度、生态空间山清水秀的城市空间格局，生态用地占国土面积比例不低于 50%，生态红线区域以更强的刚性和约束力得到严格遵守。

生态环境优良。城市总体环境质量大幅提升，居国内大中城市前列，水环境、环境空气、声环境按环境功能区实现达标，PM2.5 年均浓度力争达到 25 微克/立方米，主要污染物排放量控制在国家、广东省下达的指标内。

生态文化繁荣。全社会普遍参与生态文明实践，生态文化浓郁、繁荣，生态文明知识普及率 95%以上。生态制度健全。生态文明制度体系完善，生态环境保护机制体制健全，形成最严密的生态环境法规体系、考核评估体系和责任追究体系。

4.2.2 指标体系

按照国家生态文明建设有关要求，结合深圳经济发达及快速城市化发展特色，围绕生态格局、生态经济、生态环境、生态文化与制度四个方面，研究确定了 31 项规划指标，包括 19 项控制型指标、12 项引导型指标，其中，深圳特色指标 4 项（表 4.1）。

表 4.1 深圳市生态文明建设目标指标体系

一级指标	二级指标	序号	三级指标	单位	指标类型	目标值（2020 年）
生态格局	生态安全	1	受保护地占国土面积比例	%	控制型	不低于现有水平
		2	生态用地比例	%	控制型	≥50

（续表）

一级指标	二级指标	序号	三级指标		单位	指标类型	目标值（2020年）
生态格局	生态安全	3	生态恢复治理率		%	控制型	≥64
		4	本地物种受保护程度		%	控制型	≥98
	城市宜居	5	新建绿色建筑比例		%	引导型	≥90
		6	公众对城市环境满意率		%	引导型	≥85
生态经济	资源节约	7	单位面积土地产出 GDP		亿元/千米^2	引导型	≥9.1
		8	单位工业用地产值		亿元/千米^2	控制型	≥55
		9	单位 GDP 水耗		米^3/万元	控制型	10
		10	单位 GDP 能耗		吨标准煤/万元	控制型	0.366
		11	清洁能源占一次能源消费比例		%	引导型	≥60
	产业绿度	12	高技术产业增加值占 GDP 比重*		%	引导型	≥40
		13	碳排放强度		千克/万元	控制型	≤450
		14	主要污染物排放强度	化学需氧量（COD）	千克/万元	控制型	≤0.47
				氨氮（NH_3-N）			≤0.05
				二氧化硫（SO_2）			≤0.05
				氮氧化物（NO_x）			≤0.45
生态环境	环境质量	15	地表水环境功能区水质达标率		%	控制型	100
		16	近岸海域环境功能区水质达标率		%	控制型	100
		17	PM2.5 年均浓度*		微克/米^3	引导型	≤27
		18	土壤环境功能区达标率		%	控制型	100
	环境建设	19	城市再生水利用率*		%	引导型	≥60
		20	再生资源循环利用率		%	控制型	≥65
		21	污染土壤修复率		%	控制型	≥80
		22	绿化覆盖率*		%	控制型	≥45
		23	生态环保投资占财政收入比例		%	控制型	≥15
生态文化与制度	意识行为	24	生态文明知识普及率		%	控制型	≥95
		25	绿色出行率		%	引导型	≥70
	制度建设	26	环境影响评价率		%	控制型	100
			环保竣工验收通过率				
		27	碳交易与排污权交易制度		—	引导型	健全
		28	环境损害赔偿与风险评估制度		—	引导型	健全
		29	生态补偿制度		—	引导型	健全
		30	生态文明建设党政实绩考核制度		—	控制型	健全
		31	信息公开与公众参与制度		—	引导型	健全

注：表中标*指标为深圳特色指标。

基于上述指标体系对深圳生态文明建设现状开展评估，评估结果可以看出，生态经济类指标在人均产出、地均产出、能耗、水耗方面在国内处于领先水平，但是与发达国家尚有较大差距；生态环境质量总体稳定，空气质量优良，但地表水受到重度污染，噪声处于轻度污染，生态安全情况有待进一步提高。生态意识参差不齐，尚未形成浓郁的生态文化氛围；在生态制度建设方面开展了创新探索，有待进一步形成深入系统的生态文明制度体系。

4.3 总体战略

以可持续发展和城市生态学为指导理论，坚持创新、协调、绿色、开放和共享五大发展理念，以建设美丽深圳为目标，以生态产业建设为经济生态系统建设重点，以人工生态系统与自然生态系统高效和谐、持续发展为根本，以生态调控力强、结构合理、功能有效的生态系统良性循环为建设中心，以生态文化建设为社会生态系统建设的基础，以健全、完善的生态制度体系建设为重要保障。

5 深圳市生态文明建设规划重点领域

5.1 构建合理的生态格局

5.1.1 优化城区空间布局

以资源环境承载力优化国土空间开发格局。深圳生态红线确定为基本生态控制线范围,依照基本生态控制线的配套政策实施有序管理。按照分级、分类控制的要求,对红线内的不同区域实施分门别类的保护和管理。建立资源环境承载能力监测预警机制,对水土资源、环境容量和海洋资源超载区域实行限制性措施。各区依据资源禀赋、环境容量和生态状况,制定不同的环境目标、政策和标准。加快推进前海深港现代服务业合作区、光明新区、坪山新区、龙华新城、大运新城、大鹏半岛滨海旅游度假区六大新型功能区开发,促进区域整体性开发、组团式发展。以前海深港现代服务业合作区、大空港区、深圳北站和深圳东站枢纽区、大运新城、龙岗中心区等战略规划区域为重心,寻找城市新的发展极。

鼓励城市低碳更新、绿色更新。城市更新应体现绿色、生态理念,有计划、有重点地推进城市更新改造与环境综合整治,提高土地利用效益,鼓励低碳更新、绿色更新,进一步完善城市功能,改善人居环境。根据《深圳市城市更新办法实施细则》等有关规定,坚持综合整治、功能改变和拆除重建三种更新模式并举,推进城中村和旧住宅区改造,加快旧工业区转型升级,高水平实施旧商业区更新,重点推进罗湖金三角片区、盐田港后方陆域片区、宝安松岗片区、龙岗深惠路沿线等重点区域的城市更新。到 2017 年,初步完成农村城市化历史遗留违法建筑和违法用地的处理,基本完成福田、罗湖、南山、盐田的城中村改造或转型整治,基本完成宝安、龙岗、光明、坪山、龙华、大鹏主要地区的城中村整治。

建设绿色交通体系。加强绿色交通基础设施建设,加快建设以人为本的低碳综合交通体系,建设绿色生态的一体化都市公交体系,创新交通管理思路和方式,提供安全、舒适、准时、绿色的交通出行服务。建设智能公交系统、交通规划决策支持系统、交通信息共享平台,加快智能交通科技应用,提升综合交通管理能力。重点结合轨道站点、大型公交场站、商住区等不同区域的慢行交通需求构建慢行交通系统,完善步行和自行车设施,推广公共自行车租赁服务,解决公交出行“最后一千米”问题。结合山海资源和各级绿道网络,推行慢行休闲廊道建设,发挥慢行交通的休闲健身功能。

强化城市功能培育。推广TOD(以公共交通为导向的开发,transit-oriented development)模式,以高铁站、地铁站、火车站、汽车站、博览城、大学城、商贸城、旅游区、产业集聚区等主体功能平台建设为契机,按照布局紧凑、功能复合、集约发展的要求,建设培育一批大型城市综合体。以综合体为核心进行高强度开发,完善城市配套功能建设,缩小市民出行半径、降低城市居民生活成本和企业商务成本,降低建筑、交通、能源、产业、水及固废等系统的碳排放,提高城市运行效率。统一规划、建设与管理城市生态基础设施,强化生态服务,努力打造"多功能、多空间、多业态"复合型城市生态单元。

5.1.2 构建生态安全体系

加快推进"四带六廊"建设。推进羊台山—梧桐山—坪山河生态廊道坪山河段、观澜河—福田中心区生态廊道观澜河段、西部沿海—深圳河生态廊道深圳河段建设,总长42千米。完成连通平湖东区域绿地与梧桐山、羊台山—凤凰山与塘朗山、塘朗山与鸡公山、梧桐山与梅沙尖、大鹏半岛南北重要山体、平湖东区域绿地与鸡公山等生态节点的建设,保证重要植被斑块之间的连通,确保生态安全格局的完整性。

大力保护海洋生态环境。全面实施"海陆统筹、优化环境、协调发展"的发展策略。建立陆海统筹的生态系统保护修复和污染防治机制,对重点近岸海域进行生态修复,推进海洋生物资源恢复工程和深圳湾、大鹏湾、大亚湾等重点海域生态环境综合整治工程,加强滨海湿地生态系统建设、海洋生物多样性保护和海洋养殖污染控制。保护和拓展红树林区,修建重点河口海岸带滩涂湿地,通过建设海洋生物资源恢复工程和生态建设工程等,使近岸海域生态环境得到有效治理,生物资源得到逐步恢复。

加强重要功能区的生态恢复重建。加强自然山体水土流失治理,积极推进采石场、取土场、崩岗、无业主裸露山体与边坡的整治。对已保留的采石取土场,开展环境整治和生态修复,完成已关闭采石场的复绿工程。基本控制人为水土流失,水土流失面积占全市土地总面积比例控制在3%以下,建设项目水土保持方案申报率达到90%,实施率达到80%,验收率达到70%以上。

加强生物多样性保护与管理。加快广东内伶仃岛-福田国家级自然保护区建设,打造成全国森林类型和野生猕猴种群保护的典型区域,推进大鹏半岛、铁岗-石岩湿地、塘朗山仙湖苏铁、田头山等自然保护区的建设,制定《深圳生物多样性保护战略与行动计划》。高水准办好第19届国际植物学大会,并以此为契机,提升物种资源保护科研和管理水平,促进桫椤、苏铁、兰花等特有物种的保护工作。开展保护管理和种群恢复工作,建立仙湖苏铁等2～3个不同级别的珍稀植物群落自然保护小区，重点扶持苏铁种质资源保护中心和兰科植物种质资源保护中心建设，抢救性保护重要生境和珍稀植物物种资源。全面开展外来物种入侵情况的深入调查和研究，建立深圳地区外来物种数据库，确定危害等级，并建立预警机制。

5.1.3 推进生态人居建设

营造城市生态单元。强化城市生态设计，优化城市生态单元。结合城市功能特征，加强对街区规模的控制引导，推动城市功能结构与城市形态、城市活力的相互促进，优化细部设计与引导控制，注重近人尺度的城市细节设计，加强可渗透地面铺装、街头绿化、小品设置，规范和完善城市广告设施等景观环境工程建设。开展道路生态化改造，广泛采用透水路面和节能、环保、吸音材料，结合慢行系统开展林荫道建设。结合城市热岛、风环境、声环境等重要因素，在城市设计中加强对城市生态单元的优化与改善。

优化提升绿地系统生态功能。推进"森林（郊野）公园—综合公园—社区公园"三级公园体系，将深圳打造为"公园之城"。加强对自然保护区、森林公园的幼林抚育，优化森林结构，提高森林质量，不断增强森林生态产品的供给能力。开展屋顶、房屋垂直面和桥梁的绿化，强化建筑群立体平台、立交桥护栏绿化，增加城市绿量。依据植物物种的生态、环境和景观功能设计绿化方案。推进城市主干道两旁第一重山的林相结构统一规划设计和改造工作。

深化宜居创建与示范。通过总结经验、典型带动，全面推动宜居城市建设。充分利用盐田区"国家生态区"和光明新区"国家级绿色建筑示范区"的有利条件，以及两区得天独厚的自然环境资源，在盐田区和光明新区开展宜居创建试点示范，率先打造宜居、安居的现代化城区；各区政府根据区域条件，选择1～2个环境良好、具有典型意义的街道，开展宜居街道创建试点工作。选择一批条件较好的社区确定为创建对象，到2020年，创建500个宜居社区。

5.2 发展高效的生态经济

5.2.1 全面推进绿色发展

推进经济结构战略性调整。大力发展新能源、互联网、生物、新材料、文化创意、新一代信息技术、节能环保等新兴产业，结合深圳特色构建产业核心竞争力，推动战略性新兴产业健康发展。巩固和强化高技术产业优势地位，提升制造业信息化和数字化水平，加快现代金融业、现代物流、网络信息、服务外包、商务会展等现代服务业发展，坚持高技术产业和现代服务业"双轮驱动"，推进产业向价值链高端延伸，进一步强化“高、新、软、优”产业特色。推进传统产业升级改造，加快推进传统产业集群化发展，调整产业结构，实现产业合理布局。分区分级制定相应的生态环境保护、建设活动限制及产业准入政策。以茅洲河、坪山河、观澜河、龙岗河流域为重点，采取强有力的综合性措施加大重污染企业和落后产能淘汰关停力度，为四大支柱产业、战略性新兴产业和未来产业的发展腾出空间和容量。

实施创新驱动发展战略。围绕创建国家创新型城市，以全球视野谋划和推动创新，提高原始创新、集成创新和引进消化吸收再创新能力。组织实施科技登峰计划，着力增强源头创新与核心技术创新能力，强化基础研究、前沿技术研究和社会公益技术研究，推进核心技术创新和产业化，抢占科技发展战略制高点。推动科技与经济紧密结合，着力构建以企业为主体、市场为导向、产学研相结合的技术创新体系，推动从产品输出向技术输出、研发服务延伸，支持领军企业实现从模仿跟随到超越引领的战略转变，提高企业自主创新能力。大力推进深港和国际科技合作，引进和集聚一批世界水平的科学家、领军人才和高水平创新团队，培养和造就规模宏大、布局合理、素质优良、创新能力强、竞争优势突出的人才梯队，建设人才宜聚城市和人力资源强市。持续塑造敢闯敢试、多元包容的移民城市文化品格，优化适宜创业的发展环境。

增强节能环保产业绿色支撑能力。将节能环保产业列为战略性新兴产业，出台产业振兴发展规划和政策。支持骨干企业做大做强，建设一批节能环保企业加速器、孵化器，助推中小企业快速成长。结合深圳国家自主创新示范区建设，加大节能环保产业创新能力建设，加快节能环保产业科技创新载体建设，2020 年前新建 100 个以上国家级、省市级节能环保工程实验室、重点实验室、工程(技术)研究中心和企业技术中心，成为我国重要的节能环保产业基地和创新中心。布局建设节能环保产业创新载体基地等 5 个产业基地和集聚区，形成配套齐全、特色鲜明的产业链和产业集群。到 2020 年，节能环保产业总产值超过 3 000 亿元。

5.2.2 加快推动循环发展

构建高效安全的水资源利用体系。统筹规划水资源，加强雨洪利用、再生水利用、海水利用等非常规水资源开发利用，继续推进节水型城市建设。制定雨洪利用的管理办法和技术规范，以宝安、龙岗、光明新区为雨洪利用的重点区域，开展城区雨水收集利用工程及山区雨洪资源利用工程建设。编制重点示范片区再生水利用工程实施方案，推进污水处理厂再生水利用工程建设，提供河道生态补水及工业、市政、景观用水。编制再生水利用管理暂行办法，对再生水设施的规划、建设、运营、水价与费用管理等予以规定。重点推进南山区、大鹏半岛等海水利用工程前期研究，选择 2～3 个海水淡化技术项目进行示范，开展海水资源综合利用，培育海水利用产业链，进而带动海洋资源产业化发展。积极鼓励电力等重点行业以及具备条件的企业充分利用海水资源，大力推广应用海水直流冷却和循环冷却。到2020年再生水利用率达到80%以上。

促进土地资源高效利用。创新土地整备体制机制，加快建立责权清晰、利益共享、分工合理、运转高效的市区土地整备机制。加紧编制土地整备规划，加强重大项目用地和重点开发区域的土地整备。积极盘活存量土地资源，实现用地增长模式由增量扩张为主向存量改造优化为主的根本性转变。以前海、光明、坪山等区域为试点，加大重点开发区域和重大项目用地的土地整备力度。积极推进城市地下空间的综合利用，在城市公共活动中心、地铁及交通枢纽、中央商务区(CBD)等地规划建设一批地下空间开发工程。完善土地管理体系，将环境地质管理与土地管理有机结合，避免在地质灾害中等发育区域安排重载荷、大跨度、覆盖广的建筑或构筑物。加快土地管理制度改革，探索高度城市化地区土地资源、资产、资本综合管理模式，建立供应引导需求模式下的土地利用计划管理制度，实行差别化的地价标准。

大力推进资源回收与综合利用。推广生活垃圾分类收集，建立完善的垃圾分类收集体系，提高垃圾分类收集率和资源化率。以社区为单位整合社区资源，结合市场机制和规范化管理，鼓励社区实行分类处置生活废弃物和自主建立再生资源回收网点，建立再生资源回收网络，加强提高资源利用效率。实施建筑节材和建筑废弃物源头减量化战略，研究出台建筑废弃物排放收费政策，推进建筑废弃物再生利用项目建设，新增2～3个建筑废弃物综合利用示范项目。强力推进国家餐厨废弃物综合利用试点城市建设，逐步建立餐厨垃圾单独收运处理系统，推进罗湖、福田、宝安、龙岗、坪山等5座餐厨垃圾综合利用厂和市城市生物质废物综合利用厂等的建设，加强对餐厨垃圾特别是潲水油和地沟油监管力度，杜绝非法流通，逐步建立餐厨垃圾回收、处理和处置体系，实现餐厨垃圾专门收集、统一清运。研究制定相关政策，将绿化废弃物纳入城市垃圾分类处理系统，逐步建立园林绿化废弃物收集、处置、加工、再利用的产业链。到2020年餐厨垃圾综合利用率力争达到60%。推进建筑废弃物综合利用设施和余泥渣土收纳场建设，鼓励建筑废弃物源头减量与回收利用新技术、新材料、新设备的研究、开发和使用。

加强循环经济载体建设。积极构建循环经济产业链，促使产业链上下游企业通过生产装置互联、原料产品互供，逐步形成企业、产业之间的循环体系。重点推进循环经济工业园、循环经济加速器和循环经济示范基地等循环经济示范园区建设，培育“城市矿产”示范基地。按照集约发展、效益优先原则，以循环经济产业园区建设项目为支撑，推进产业园区循环化改造，建设一批具有代表性和示范意义的循环经济产业园区，逐步引导深圳产业园区向循环型和低碳型发展。规划建设宝安老虎坑、坪山等循环经济环境园。开展垃圾焚烧厂灰渣综合利用项目建设，完成下坪二期、老虎坑环境园填埋气回收利用工程设施建设。在环境园规划中统筹规划资源综合利用设施，建立新型再生资源回收处置体系。

5.2.3 着力促进低碳发展

合理控制能源消费总量。推进工业节能，成立专门机构、组建专业执法队伍，引导企业开展节能技术研发和改造，大力提倡高效节能机电产品的使用，加速淘汰高能耗设备和产品，加强能源监测和核查。工业、商业、公建和政府机关大力推进合同能源管理，加大灯具、能耗设备及围护结构的节能改造力度，推进清洁能源使用，加强能耗统计与监测等日常节能管理，在城市道路、大型公共建筑逐步推广高效节能、技术成熟的节能灯具。推进能源供应管理，试点发展规模适宜的用户型或园区型天然气热电冷联供系统，提高能源利用效率，促进常规能源与可再生能源互补发展。加快推进电网结构优化和设备节能技术改造，优化电压层级，降低供电线损，试点推进建设智能电网，支持分布式电源和可再生能源便捷接入电网，提供个性化、互动化供电服务。到 2020 年，万元 GDP 能耗达到 0.366 吨标准煤。

优化能源消费结构。优化能源结构，建立低碳高效能源体系。稳步推进天然气、核能、太阳能、生物质能和风能等低碳清洁能源利用。实施以引进天然气为主的石油替代战略，大力推进西气东输二线深圳境内工程和液化天然气应急调峰站、接收站的建设，拓展天然气资源供应渠道。把握全球新能源发展战略机遇，大力开发利用核能和可再生能源。利用深圳核电发展优势，加快推进岭澳核电二期、三期工程和核电产业园区建设，建设国家级新能源（核电）产业基地。研究推进示范风电场项目建设，适时启动海上风电项目前期工作。发挥技术和产业优势，在垃圾焚烧发电、生物柴油等领域加快推进生物质能开发利用。

打造绿色建筑之城。完善绿色建筑配套政策法规与技术标准体系，优化管理机制、管理模式，建立深圳特色的绿色建筑考核体系。建立健全绿色建筑相关的优惠制度，完善绿色建筑激励机制，充分调动市场各方参与的积极性，为绿色建筑的开发与建设构建良好的发展环境。打造一批主题鲜明的绿色建筑典范，重点推进南方科技大学、深圳大学新校区、深圳职业技术学院等绿色校园示范工程和保障性住房绿色建筑规模示范工程；各区每年建成 3～4 个绿色建筑示范项目；2015 年前 1 万平方米以上的公共建筑、3 万平方米以上的居住建筑均纳入绿色建筑项目建设监管。

强化主要污染物减排。重点抓好工程减排，发挥工程减排骨干作用。进一步推进污水处理设施建设，完善污水收集系统。推进电厂降氮脱硝，开展锅炉综合节能改造和污染治理。同步推进结构减排和管理减排，全面挖掘减排潜力。完善污染减排相关制度体系建设，推进污染减排相关机制体制改革。加强减排重点工程项目以及重点行业的监督管理工作。切实加强机动车污染防治。

5.3 提供优质生态产品

5.3.1 改善水体环境质量

保障饮用水源水质安全。对全市水库实施分级分类管理，重点对库容较大、有供水功能及备用水源功能的水库实施保护和建设工作。加强面源污染综合防控措施，加快实施征地补偿、退果还林，优先完善流域内污水管网收集系统，开展饮用水源保护区集雨区内雨污分流工作，提高饮用水源水库流域的污水处理能力。继续推进主要水源地一级保护区隔离围网建设，加大供水水库及入库支流的污染控制和生态修复工作，2017 年完成西丽水库、茜坑水库等 5 座水库生态滞留沟等设施建设，2020 年，基本完成深圳水库、铁岗水库、西丽水库、石岩水库等水库入库支流的综合治理，集中式饮用水源地水质达标率 100%。构建水源地水质监测预警体系，强化饮用水水质应急管理和突发水污染事件应急预案，提高突发水污染事件应急处置能力。

打造健康的河流生态系统。以重点流域、河流黑臭水体为重点，开展河流水环境的全面整治。坚持"流域治理、综合治理、生态治理"理念，加快推进茅洲河、观澜河、龙岗河、坪山河、深圳河等流域综合整治，大幅改善河流水质，逐步恢复河流生态功能。采取控源截污、清淤疏浚、生态修复等措施，加大以河流为重点的黑臭水体治理力度。2020 年，全市水环境质量得到总体改善，主要河流水质达到环境功能要求，跨市河流交接断面水质基本达标，建成区黑臭水体控制在 10%以内。

大力推进污水管网基础设施建设。加快完善原特区内污水支管网，重点推进原特区外污水支管网建设及雨污分流改造，构建沿河截污、污水干支管网建设、排水户接驳三个层次的污水收集系统。以片区为单元，分批、分步推进主要集中式饮用水源区域、人口密集区域、重点发展区域的污水管网建设，着力推进排水管线连网成片及重点区域雨污分流改造。2020 年前着力推进旧城中心区的雨污分流改造，基本建成路径完整、接驳顺畅、运转高效的污水收集输送系统，原特区外雨污分流区域达到 70%以上。

加快污水处理厂建设和提标改造。加快完善污水处理系统布局，结合城市更新改造，有序推进片区污水处理厂改扩建。采用新技术、新工艺实施污水处理厂提标改造，制定提标改造技术规范，其中水源型河流流域污水处理厂出水达到准Ⅳ类，其他污水处理厂出水标准达到一级 A 以上。到 2020 年，全市城污水收集处理率达到 98%以上。开展先进污泥处理处置技术研究，进行污泥深度脱水设施建设试点，逐步提高污泥处理处置设施技术水平，实现污泥减量化、无害化和资源化。

着力打造美丽湾区环境。高品质的湾区环境是打造国际一流湾区城市、建设

21世纪海上丝绸之路枢纽港的重要基础和特征亮点。滨海地区城市更新与开发建设坚持海陆并举原则，优化生产、生活和生态岸线功能，制定陆源污染控制规划，严格控制入海排污总量。强化对深圳湾、珠江口、前海湾的陆源污染控制，实施总氮排放总量控制，规范入海排污口设置。加强大鹏湾、大亚湾湾区环境保护和生态修复，建立近岸海域生态环境监测体系，遏制生态系统健康的恶化趋势，制定近岸海域环境污染事故应急联动方案，推进灾害预警预报体系建设。

5.3.2 强化大气污染控制

推进区域联动和协同防控。建立珠三角多城市、多因子、多手段的大气污染协同控制机制。制订多污染源、多污染物联合控制方案，开展二氧化硫、氮氧化物、颗粒物、VOCs、臭氧等多污染物的协同控制，降低大气复合污染水平。建立完善灰霾天气的监测、预报、预警和防控体系，到2020年，环境空气质量优良率达到95%以上，PM2.5年均浓度达到30微克/立方米以下，臭氧超标天数有所减少。

强化机动车污染控制。加大黄标车限行力度，2017年起，实施相当于“欧Ⅵ”阶段汽油、柴油车排放标准，实现与欧洲接轨。全面执行在用机动车简易工况排气检测新标准，加大污染物高排放车辆监管力度。研究柴油车总量控制方案，推动柴油车辆使用新能源车或LNG车辆替代，分阶段实施柴油车加装颗粒物捕集器。

积极推行绿色航运。加强主要港口岸电建设，制定低硫油补贴政策，鼓励靠港船舶使用岸电或转用低硫燃油，推动着珠三角港区率先建立低硫油排放控制区。到2020年，全市港口码头内拖车和装卸设备全部完成“油改气”或“油改电”。推进拖轮等港口作业船舶改用LNG，鼓励新增拖轮全面改用LNG，配套建设足量船用LNG加注站。

持续推进工业源污染防控。全面完成燃油锅炉清洁能源替代，全面淘汰污染工业锅炉。大力推进燃气管网建设，提高管网覆盖率，到2020年，全市燃气管网覆盖率达80%以上。开展妈湾电厂超洁净改造，达到燃气电厂排放标准，推进烟气汞在线监测系统建设，采用综合脱汞技术，实现妈湾电厂汞排放量大幅下降。加大挥发性有机物污染防治力度，对挥发性有机物新增排放量实行现役源2倍削减量替代。完成家具、自行车、汽车、电子产品、家用电器制造等行业现有涂装生产线的改造治理。开展印刷行业污染治理，整治汽车维修行业喷漆车间有机废气污染，强化建筑行业排放控制。重点企业开展挥发性有机物在线监测并与环保部门联网。

深化扬尘和工程机械污染治理。加强施工工地扬尘污染管理，将扬尘防治措施列入文明施工检查重点内容，大型工地须安装扬尘自动监测设备，安装视频监控设施，推广余泥渣土运输车辆自动喷淋系统，利用工地基坑回用废水清洗余泥渣土运输车辆。推进砂石建材堆场、电厂煤场和混凝土搅拌站的料仓与传送装置密闭化改造和场地整治。提高城市道路机械化清扫率，到2020年，全市市政道路机扫率稳定在90%以上。提前实施非道路移动机械国Ⅳ排放标准，未达到排放标准的工程机械安装颗粒物捕集器。

推进社会生活源废气污染整治。强化餐饮业和家庭油烟等生活污染源控制，规模以上(6个炉头以上)饮食服务经营场所安装在线监控装置，强化对露天烧烤等无油烟净化设施污染行为的环境监管。

5.3.3 积极防治土壤污染

推动土壤污染防治与修复。开展土壤环境基础调查，摸清全市土壤环境质量和土壤污染整体状况，掌握旧工业区、城中村、"菜篮子"基地等重点区域的土壤质量状况。功能区加强土壤环境监管基础能力建设，开展工业污染场地再利用的环境风险评估。以重污染企业、集中治污设施周边、重金属污染防治重点区域、饮用水源地周边、废弃物堆存场等场所和受污染农田为重点，开展污染场地土壤污染治理与修复试点示范。对责任主体缺失等历史遗留场地土壤污染要加大治理修复的投入力度。开展"以奖促保"政策试点，加强土壤环境保护。

严格防控重金属污染。严格实施重金属污染分区防控，对沙井、松岗、坪地、龙岗街道等电镀重点防控区实施"治旧控新、总量减排"的策略，全面推进重金属污染综合防治，对其他非重点防控区实施"循序渐进、防治结合"策略。淘汰涉及重金属污染排放的落后产能，提高准入门槛、严格限制相关建设项目，实现重金属源头削减。加强对涉重金属企业的日常监管，将涉重金属企业纳入重点污染源管理，建立环境监督员制度、监督性监测和检查制度。

5.3.4 严格控制噪声扰民

加强道路交通噪声防治。优化交通路网体系，着重调整和优化城市交通格局，减少交通需求和交通流量。建设过境货运专用通道，避免或减少过境货柜车对城区声环境的影响;在交通路网规划和干线道路选线时注意避开学校、医院、居住区等噪声敏感目标;新建公路和已有道路改造时，充分考虑周围敏感声环境目标的保护要求，推广使用低噪路面材料;对道路两侧敏感噪声目标超标路段，采取种植绿化带、建设声屏障、安装降噪装置等综合措施减轻噪声污染。将机动车噪声水平列入车辆年审的管理指标，实行不同噪声水平机动车分区限时行驶管理，限制不能满足城区行驶噪声要求的车辆在辖区内的销售和使用。

加强区域噪声污染的防治。严格防控工业、社会生活和建筑施工噪声，加强噪声达标区的建设，提高噪声达标区覆盖面积，达到国家、广东省的相关要求。新建工业企业应尽量远离医院、学校、居住区等噪声敏感目标，对厂界噪声不达标的工业企业限期治理，并严格征收排污费。视工业噪声声源的类型、性质和声传播途径采取消声、吸声、隔声等措施进行防治。加强对达标率低的重点时段和敏感区域的噪声控制，强化对商业网点、娱乐场所、饮食业户等主要生活噪声源的管理，减少经营活动造成的噪声滋扰，加强对高音喇叭、音响设备、机动车防盗报警器的监管，减少噪声扰民现象。严格执行建筑施工排放污染物申报登记和噪声许可证行政审批制度，加强施工现场监督管理和执法工作，对在建施工工地开展综合执法，严格按章处罚、从严处罚。

5.3.5 健全风险防控体系

强化危险废物处理处置。加强对危险废物产生源和经营单位的管理，提高现有危险废物处理设施的技术水平，使危险废物能全部按照“资源化、减量化、无害化”的要求得到妥善处理处置，为现有和规划建设的垃圾焚烧设施配套建设飞灰安全填埋场，严格控制并减少危险废物的二次污染，完善危险废物污染应急体系。严格规范电子废弃物的收集活动，建立有效的电子废弃物回收制度。续建宝安区老虎坑污泥处理工程、寮坑污泥生物干化处理厂工程，加快建设上洋污泥焚烧厂，开展关于启动老虎坑污泥处理工程二期及上洋污泥处理厂二期工程的前期研究。继续高标准扩建医疗废物焚烧设施，完善医疗废物收集体系，确保医疗废物百分百得到处理。

加强核与辐射的安全监管。加强对放射性和电磁辐射装置的申报登记和许可证管理，从源头控制和防范安全隐患。构建核与辐射安全监管技术支撑平台，以大亚湾核电站、深圳辐射中心等重点辐射污染源为重点，对全市其他生产、应用放射性同位素源和放射线装置的各有关单位进行定期监督性监测，及时反映监管范围内的辐射污染源的动态状况。改进核电机组监管模式，研究、应用运行安全指数体系和风险指引型监管方法，提高核安全监管的有效性。强化放射源、射线装置、高压输变电及移动通信工程等辐射环境管理。完善以核电站事故应急为主，涵盖核与辐射事故应急、反核与辐射恐怖袭击的核应急管理机制，确保运行和在建核电项目安全。

5.4 培育繁荣的生态文化

5.4.1 大力弘扬本土生态文化

传承和发扬优秀的传统文化。植根于岭南文化、客家文化等传统文化土壤，充分利用好深圳特有的观念优势、体制优势和区位优势；积极挖掘体现深圳特区历史、山海资源、人文艺术、城市特质等特色文化符号和元素；弘扬岭南地区兼容革新的认知文化、朴实重效的景观文化、务实进取的工商文化等传统文化中闪耀的生态文化理念。积极推进南头古城、大鹏所城二期等体现岭南特质和深圳特色的历史文化保护；切实做好改革开放历史文物保护工作，不断丰富《深圳改革开放史》的展陈内容，努力把深圳市博物馆建设成为中国改革开放史研究的重要基地；推进咸头岭遗址博物馆、大梅沙遗址博物馆和三洲田庚子首义纪念馆建设；加大岭南特色和深圳特色的非物质文化遗产保护力度，做好客家文化、广府文化的调查、挖掘和保护工作，传承深圳优秀民俗文化。

创新和发展现代的生态文化。创新兼容革新的认知文化，立足“敢为天下先”的特区本土文化精神，重点传播“十大观念”“深圳质量”和“大运精神”，弘扬“想干、敢干、快干、会干”的创业精神；加快建设新兴知识城市，促使青春时尚、先锋创意、开放多元、包容并蓄的移民文化、创新型智慧型力量型的现代都市文化更加富有特色，把改革开放历史文化保护打造成的深圳独特的文化品牌，推动生态文化建设与文化建设协调发展。挖掘朴实重效的景观文化，立足深圳山海城市特征，强化“因水得名、傍水而灵、缘水而盛、理水为景”的城市水文化特质，彰显“生态控制线”“绿道网”等城市景观文化内涵，保护好“大芬油画村”“观澜版画村”等城市文化名片，重点打造“四带”“六廊”山、林、水景观文化走廊，突出自然生态景观和本土文化原真性的有机保护。发展务实进取的工商文化，立足生态文明新理念，做大做强文化创意产业；突出“图书馆之城”特点，深入推进学习型城市建设，争创“世界图书之都”；以“全球视野、时代精神、民族立场、深圳表达”为宗旨，推动“深圳学派”建设；深化“设计之都”品牌建设，加强文化艺术、动漫、影视出版和文化创意等各类会展和商贸活动。

5.4.2 加强生态文明宣传教育

建立生态文明教育体系。制订生态文明宣传教育计划，完善宣传教育网络，创新宣传教育方式，有计划、多层次地开展生态文明宣传教育。以青少年、党政干部、企业经营者为主要对象，广泛、深入、细致地宣传生态文明理念和环境保护知识，使其上课本、进社区、入工厂，开展多形式、多层次普及生态环境知识，提高全民的环境意识。规划建设生态文明教育基地和场馆，建设10个以上生态文明教育基地，将生态文明知识和课程纳入国民教育体系，各级、各类学校应当针对不同年龄阶段学生的认知特点，开展有关低碳、绿色、环保、生态等理念的生态文明教育工作。国家机关、事业单位、社会团体、重点企业应当按照各自职责或结合本行业工作特点，定期组织生态文明建设知识培训。鼓励社区开展形式多样的生态文明宣传活动，普及生态文明知识。以“世界环境日”“地球日”“无车日”“全国土地日”等各种主题日和科普宣传周等为宣传载体，广泛开展系列主题宣传教育活动，扩大社会影响力，积极举办环境文化节、环保嘉年华等文化活动，设立“生态文明号”“生态文明使者”“生态文明学校”荣誉称号，激发社会各界的生态文明意识，树立新时期模范。

丰富生态文明的宣传形式。创新生态文明宣传的载体和形式。创建多种形式的生态文明宣传展示基地，在互联网、报刊、电视、广播等媒体以及户外公益广告中开辟“生态文明”专栏，加强门户网站、环保网站、环保刊物以及环保信息屏、显示屏等宣传平台的建设和运用，采取专题讲座、研讨会、成果展示会、发放指南等形式，组织生态文明理念宣传活动和科普活动，鼓励各类社会团体和民间组织开展各类丰富的生态环保宣传活动。积极探索环保社工制度，开展群众喜闻乐见的环境宣传活动。鼓励文化和文艺工作者特别是知名的作家和文艺家创作一批优秀的生态文学作品、生态诗歌、生态歌曲、生态电视剧等作品，促进全社会认识生态文明的重要性。

构建宣传普及长效机制。建立政府、社会组织，以及生态环保知识和技术研发机构相互合作的宣传普及长效机制，充分发挥政府的组织作用、社会组织的桥梁作用、生态环境技术研发机构的专业作用，结合实际充分研究，增加宣传的实用性，开发丰富深化生态文明知识宣传的形式和深度，根据不同阶层、教育程度及行业类别开展针对性的研究和宣传，促进生态、环保知识为社会公众所掌握的牢固度，从而促进生态文明意识向生态文明行为的转化，同时促进技术研发机构的公益性类研究水平和政府与公众的良性沟通。

倡导生态文明行为新风。深入实施政府绿色采购，扩大通过低碳认证、环境认证的政府采购范围，逐年扩大政府绿色采购比例。全面推广政府绿色办公，政府部门和新建政府投资项目强制使用节能节水节材产品，逐年降低各级党政机关人均综合能耗。强化企业环保责任和义务，严格限制塑料购物袋的生产销售和使用，督促企业生产耐用、易于回收的塑料购物袋。要求上市企业和龙头企业率先实施绿色供应链管理，实现供应链体系的产品绿色设计、绿色生产、绿色包装、绿色销售以及回收处理。倡导低碳环保的生活方式，全面推广绿色消费，引导市民选购节能节水型产品和自然健康食品，使用节能节水设备，自觉抵制高能耗、高排放产品和过度包装。提倡家庭垃圾分类投放，加大垃圾分类设施的投入力度，强化资源回收意识。倡导绿色出行，提倡使用公共交通工具，减少不必要的汽车使用。

5.4.3 深入开展系列创建活动

大力推动生态文明示范区建设。持续开展国家生态区创建活动，继续推进龙岗国家生态区建设。加快深圳国际低碳城建设，推进前海、光明、坪山、大运城和大鹏半岛低碳生态示范城区建设，推进光明综合型循环经济城区建设，发挥示范城区的辐射带动作用。选择基础较好、特色鲜明的盐田区、福田区、罗湖区、南山区率先开展生态文明建设试点，创建国家生态文明示范区，推进龙岗区、宝安区、坪山新区、光明新区、龙华新区、大鹏新区生态文明示范区建设。

全面深化“细胞工程”创建。深入实施“细胞工程”创建活动，加快深圳生态街道、生态工业园区、生态旅游示范区示范创建。推动深圳市首批省级绿色升级示范工业园区创建工作，加快建设低碳服务业园区、低碳产业园区、“城市矿产”基地、低碳物流园区，以园区低碳示范带动产业低碳发展。以低碳住区、低碳商区、低碳校区为重点，大力推进低碳社区示范创建工作，普及低碳发展理念和低碳生活方式。完善绿色机关、绿色学校、绿色社区、绿色企业、绿色景区等绿色家园系列管理、评估及考核机制，推动绿色系列创建活动持续深入开展。推进民治坂田片区低碳绿色发展以及观澜街道创建循环经济示范街道建设。

5.5 建立完善的生态制度

制度的创新与完善是生态文明建设的重要保障，建设生态文明，必须建立系统完整的生态文明制度体系，建立包括综合评价、目标体系、考核办法、奖惩机制、空间规划、责任追究等科学的决策和责任制度；建立包括管理制度、有偿使用、赔偿补偿、市场交易、执法监管等有效的执行和管理制度；建立包括宣传教育、生态意识、合理消费、良好风气等内化的道德和自律制度。建立和完善环境保护的道德文化制度，构造全社会环境保护的“自律体系”，形成持久的环保意识形态，广泛动员社会力量参与环境保护，增强环境保护的软实力。

5.5.1 建立科学的决策和责任制度

构建生态文明取向的综合决策机制。探索建立重大决策、项目可持续发展评价机制，推行战略环评制度，从产业布局、经济结构调整等重大决策的源头上控制资源环境问题的产生。围绕和服务生态文明建设，不断完善环境形势分析会制度，将其打造成为加强环境保护、建设生态文明的全新平台。建立严格的科学民主决策制度，让全方位的社会监督始终伴随决策，使保护优先、绿色发展成为决策者的思维习惯。

完善生态文明建设考核制度和责任制度。建立和完善体现生态文明要求的考核办法和奖惩机制，完善发展成果考核评价体系，加大资源消耗、环境损害、生态效益等指标的权重，改变单纯以经济增长速度评定政绩的倾向，大鹏新区取消地区生产总值考核，生态文明建设考核结果作为领导干部任免奖惩的主要依据。建立生态资产审计制度，启动盐田区、大鹏新区、光明新区和坪山新区自然资源资产核算，探索编制自然资源资产负债表，对领导干部实行自然资源资产离任审计，逐步推广到全市其他各区。建立生态环境损害责任终身追究制度和环境损害赔偿制度，对造成生态环境损害的责任者严格实行赔偿制度，依法追究刑事责任。

5.5.2 建立有效的执行和管理制度

健全自然资源资产产权制度和用途管制制度。对水流、森林、山岭、滩涂等自然生态空间进行统一确权登记,构建归属清晰、权责明确、监管有效的自然资源资产产权制度。建立空间规划体系,划定生产、生活、生态空间开发管制界限,落实用途管制。健全能源、水、土地节约集约使用制度。健全自然资源资产管理体制,统一行使全民所有自然资源资产所有者职责。完善自然资源监管体制,统一行使所有国土空间用途管制职责。

健全生态环境保护管理体制。建立和完善严格监管所有污染物排放的环境保护管理制度,独立进行环境监管和行政执法。建立陆海统筹的生态系统保护修复和污染防治区域联动机制。构建融合数字监管,卫星遥感、卫星定位、航拍、实景影像、智能传感、图像智能识别、大数据挖掘分析、舆情监控等多项技术"空地一体"的生态环境实时监控体系。健全环境保护目标责任制和环境影响评价制度,通过对区域发展、行业发展等规划环评,优化区域、行业产业结构;推行建设项目环评审批"总量指标"和"容量许可"双重控制制度,把区域污染物排放总量指标和环境容量作为项目审批的前置条件,强化节能环保市场准入标准,推动建立全过程资源节约管理机制,健全全过程环境监管制度和"全防全控"的环境风险防范体系。

完善资源有偿使用制度和生态补偿制度。按照"谁受益、谁补偿,谁污染、谁治理"的原则,建立完善对生态基本控制线和水源保护区等重点生态功能区的生态补偿实施办法,确定相关利益主体间的权利和义务,建立生态环境补偿的绩效评价体系,形成奖优罚劣的生态补偿机制。以碳排放权交易试点为契机,分别依托深圳排放权交易所和深圳市排污权交易管理中心,加快建立碳交易与排污权交易制度体系,研究开展节能量、排污权、水权交易试点,研究开展碳金融试点,完善绿色信贷、环境污染责任保险政策,培育交易平台和中介服务体系,推进生态产品市场化,推动环境污染第三方治理。健全环保市场,发展壮大环保产业。建立健全绿色建筑发展激励机制。建立有效调节工业用地和居住用地合理比价机制,提高工业用地价格。

建立健全法律法规及标准体系。研究制定深圳市生态文明建设法规和标准,并依据生态文明建设的要求,对深圳现有的法规、规章进行调整和完善,对不利于生态环境保护、生态产业发展的有关内容和不够完善的法规、规章进行修订完善。积极推进促进绿色发展、资源节约、城市更新、自然生态保护、化学品环境管理、生物安全管理、环境损害赔偿责任、机动车污染防治、固体废物污染防治、土壤污染防治、排污许可证管理、重金属污染防治等领域法规规章的制定和修订工作。加快制定垃圾分类的相关法规、政策和标准,编制垃圾分类收集指南,出台垃圾分类收集管理办法。探索建立碳审计相关标准与规范,加强技术法规类绿色标准建设,大力推进绿色环保产品类环境标准建设。

5.5.3 建立内化的道德和自律制度

树立绿色政绩观，强化政府推动。将生态价值观纳入社会主义核心价值体系，形成资源节约和环境友好型的执政观、政绩观。加强政府引导，依靠政府的力量进行传播、引导、规范，营造生态文明建设的良好氛围。紧紧围绕生态文明建设，积极开展政府规范性文件审查制定工作，将加强生态文明建设的规范性文件优先列入深圳市委、市政府制订计划，推动生态文明建设政策措施及时发布实施。强化各级各部门党政主要领导生态文明建设的责任，加大对生态不文明和违法行为的处罚力度。全面落实《政府信息公开条例》规定的各项职责，强化信息公开，扩大公开范围，完善公开方式，对涉及民生、社会关注度高的环境质量监测、建设项目环评审批、企业污染物排放等信息及时公开，2015 年政府环境信息主动公开率达到 100%，保证公众的知情权、参与权和监督权。

强化企业责任，实施生态管理。强化企业的社会责任感和荣誉感，形成“保护环境引以为荣”的道德风气。对企业家进行环境知识启蒙教育和可持续发展教育，激励激发企业家的环境“慈善”之心。逐步制定和完善企业责任制度，明确企业的生态环境责任，提高企业环境守法意识，规范环境管理制度，健全企业环保奖惩机制，强化节能减排自觉行动，提高资源利用效率，发挥企业在微观环境管理中的主导作用。延伸企业产品的环境污染责任，建立废弃产品回收、安全处置、资源化利用的企业产品环境管理体系。建立资源回收利用制度，鼓励企业建设废物回用设施。建立企业污染减排制度，推动企业积极开展清洁生产和环境标志认证。建立企业环境信息公开制度，定期向社会公布企业环境行为评估结果，实现企业强制性信息公开率达到 100%。试点推行企业的生态物业管理，定期监测、审计、管理企业生态资产。

创新社会监督，激励公众参与。培育公众的现代环境公益意识和环境权利意识，繁荣环境公益文化创作，承担引领社会意识、推动社会进步的职责。创新社会管理，培育和发展政社分离、权责明确、依法自治的生态环境保护类社会组织，将其作为公众参与生态文明建设的重要力量。加大公众对政府环境保护工作的监督力度。聘请公众作为生态文明建设的监督员，负责监督政府部门的工作。畅通公众参与生态文明建设的渠道，健全生态文明举报制度，鼓励社会公众对生态环境违法行为的监督。充分发挥非政府环保组织、工会、共青团、妇联等人民团体和各民主党派、工商联的作用，动员社会各界人士积极投身生态文明建设，形成社会各方共同参与的新局面。创建绿色消费文化，建立生态消费意识。

6 规划实施支撑体系研究

6.1 加强规划组织实施

6.1.1 加强组织领导

成立市生态文明建设工作领导小组，负责生态文明建设的统筹推进，审议生态文明建设重大规划、政策和行动计划，协调解决生态文明建设中遇到的重大问题，领导小组由市委、市政府主要负责同志任组长，各区、各部门负责人为成员。领导小组下设办公室，设在市人居环境委，负责领导小组的日常工作，承担生态文明建设的组织协调、督促推进、检查考核等具体工作。

6.1.2 统筹协调推进

实施全市生态文明建设规划，明确生态文明建设的总体目标、主要任务和保障措施。编制实施生态文明建设年度行动计划，明确各项任务和项目的具体内容、责任单位和进度要求。各区、各部门要根据《生态文明建设规划》的要求，制定本地区、行业领域的任务分解表，将有关要求进一步细化、实化，并层层落实到具体岗位和工作人员。

6.1.3 加强重大项目管理

建立生态文明建设项目库，对全市涉及河流污染治理、大气污染防治、饮用水源保护、固体废物污染防治、生态建设与生态修复等项目统一入库管理。编制年度重点工程项目方案。政府年度投资计划应当根据重点工程项目方案统筹安排生态文明政府投资项目。强化重大项目前期论证，完善重大项目联动协调机制，建设项目纳入市治污保洁工程平台协调推进，加快项目落地。健全政府投资管理制度，强化项目监管，完善后评价制度，提高政府投资管理水平和投资效益。

6.2 强化规划评估考核机制

6.2.1 完善规划评估制度

健全规划中期评估制度，在规划实施的中期阶段，由市政府、各区（新区）组织全面评估，检查规划落实情况，形成中期评估报告。完善规划调整制度，按规定程序依法对规划进行调整或修订。

6.2.2 严格监督考核

把生态文明建设作为党政领导班子和主要市直部门及重点企业领导干部实绩考核的重要内容，将《生态文明建设规划》和行动计划的建设任务纳入生态文明实绩考核体系，每年进行考核，生态文明建设考核结果作为评价领导干部政绩、年度考核和选拔任用的重要依据之一，形成有利于《生态文明建设规划》实施的激励约束机制。市监察局和督查部门要加强检查监督，对推进不力的单位和责任人进行问责，确保《生态文明建设规划》的贯彻实施。

6.2.3 加强信息报送

各区、各有关部门在下一年初要将上年度负责或推进《生态文明建设实施方案》或《生态文明建设年度计划》中的目标指标、任务措施、重点项目的完成情况、存在问题及下一步计划报送市生态文明建设工作领导小组办公室，由其汇总后上报市政府。每年对各区、各有关部门落实情况进行检查，对实施不力的单位以及存在问题督促整改。

6.3 规划实施保障机制

6.3.1 加大资金投入

在资金投入机制上体现生态优先，公共财政支出逐年加大对生态环境的投入比重，对生态环保领域的资金需求予以优先保障。建立吸引社会资本投入生态环境保护的市场化机制，国有资本投资运营更多投向生态环保领域。建立有效的资金使用和监管制度，严格落实专款专用、先审后拨和项目公开招投标制度。对资金的使用全过程加强监督，严格执行投资问效、追踪管理，对资金使用中出现的违规违纪行为实行责任追究。

6.3.2 加强科技支撑

加强生态文明理论和方法体系研究，丰富生态文明建设与经济建设、政治建设、文化建设和社会建设“五位一体”的科学内涵。加强生态文明建设管理类技术方法标准体系的研究，开展不同层次生态文明示范科技实践，提升生态文明建设科技支撑能力。营造绿色科技创新环境，构建节能环保产业创新研究平台，加强绿色科技研究开发，推进重点领域关键技术突破，完善产学研结合体系，推广应用绿色科技成果。

6.3.3 深化区域合作

推动生态文明战略与政策研究、跨境环境问题研究、节能环保产业与技术、生态文化建设等国际交流合作平台建设。深化深港环保合作，推进两地船舶空气污染治理及持久性有机污染物控制，保护和改善深圳河、深圳湾、大鹏湾等水体的生态环境。加强深莞惠(3+2)环保合作，构筑区域自然生态安全体系，促进区域环境基础设施共建共享，推进深莞惠大气污染联防联治和界河、跨界河水污染综合整治，建立区域污染事故应急协调处理机制。加大区域联合执法力度，构建生态保护信息共享平台，建立区域监测网络和应急响应体系，推动珠江口东岸经济圈建设，促进珠三角区域、泛珠三角区域一体化，进一步强化全国经济中心城市和国家创新型城市的辐射带动作用，实现共同发展和共建生态文明。

第3篇

深圳市生态文明建设策略专题

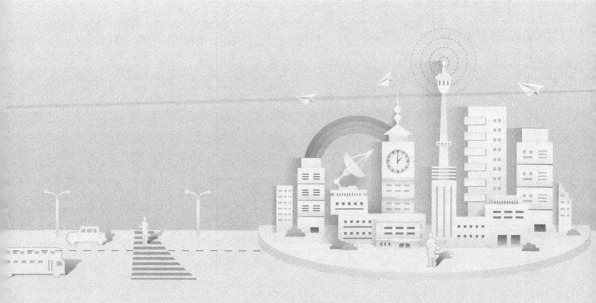

7 深圳市生态格局优化策略研究

国土是生态文明建设的空间载体，生态格局优化是推进生态文明建设的前提。党的十八大报告中提出了优化国土空间开发格局的思想，要按照人口资源环境相均衡、经济社会生态效益相统一的原则，控制开发强度，调整空间结构，促进生产空间集约高效、生活空间宜居适度、生态空间山清水秀，给自然留下更多修复空间，给子孙后代留下天蓝、地绿、水净的美好家园。

随着深圳市经济、社会的高速发展，区域发展中的主要矛盾也在变化，资源与环境已经成为深圳实现可持续发展的硬约束，生态格局和生态安全影响着社会稳定和经济安全，是深圳市实现生态文明建设的基础条件。深圳将以资源环境承载力优化国土空间开发格局，构建科学合理的城市格局；全面加强城市规划设计，在城市更新中坚持改造与保护并举原则，创新和完善城市开发建设模式；完善生态安全格局，构建区域性生态廊道，提升重点生态功能区的生态价值。应该将推进生态安全格局的实施纳入法定规划体系，生态安全格局的最终成果应该通过立法和相关政策实现永久性的保护，使之成为保障国土、区域和城市生态安全的永久性格局，并引导和限制无序的城市扩张和人类活动，并成为划定生态用地、完善和落实生态功能区划、主体功能区划等区域调控政策的有效工具，在各个尺度上达成一致，成为生态保护的关键性格局。

7.1 深圳市城市格局发展历程

7.1.1 深圳市城市规划历程

为适应城市动态发展的需要，面对社会经济的跳跃式快速发展，规划采取了“小步快走”的快节奏调整方式，不断地探寻如何与经济发展相适应，超前引导城市建设，其过程如下：

1979 年深圳市成立后，对先行开发的深圳镇、蛇口、沙头角三个点进行规划，以发展来料加工工业为方向，规划建成区面积 10.65 平方千米，人口 20 万～30 万人。

1980 年深圳经济特区成立后，进一步修订特区城市规划，确定了“建设以工业为主，工农相结合的边境城市”的发展方向，建成区规模扩大至 60 平方千米，规划人口 60 万人。

1981 年 7 月中央颁发 27 号文件，明确指出深圳特区要建成以工业为主，兼营商业、农牧、住宅、旅游等多功能的综合性经济特区。为此深圳市政府于 1982 年组织编制了《深圳经济特区社会经济发展大纲》，并在此基础上进一步调整了城市布局，确定将城市组团式结构作为深圳特区总体规划的基本构架，编制了总体规划图，并确定到 2000 年特区人口规模为 80 万人。

1984 年开始，深圳市政府组织编制了《深圳经济特区总体规划（1986—2000）》，将城市规模定为 122.5 平方千米，110 万人口，并对 1986～2000 年特区城市发展做出了全面安排，于 1986 年获广东省人民政府批准实施，成为特区城市建设的里程碑。

1988 年，深圳市政府组织编制了《深圳市国土规划》，这是全市总体层次最早的一次规划。1989 年根据特区发展的新形势，对总体规划进行了局部修改，将 2000 年城市规模调整为 150 平方千米，人口 150 万。

1990 年，深圳市政府编制了《深圳市城市发展策略》，对全市整体发展提出了完整的构思和导向性安排。

1992 年，深圳开始作为撤县改区的重要准备工作，政府批准了《宝安区城市总体规划》和《龙岗区城市总体规划》。

1993 年起，宝安区和龙岗区分别着手编制《宝安区分区规划》（1995 年获市政府批准实施）和《龙岗次区域规划》，该规划的重要特点是将各镇规划纳入整体，反过来再落实到各镇的发展。

1993 年 6 月起，深圳市政府开始组织编制新一轮总体规划《深圳市城市总体规划（1996—2010）》，首次将城市规划区范围扩大到全市域行政辖区范围，对跨世纪全市域的土地空间进行统筹安排，规划 2010 年人口规模 430 万人，建设用地 480 平方千米。于 1996 年完成编制工作，2000 年获国务院正式批准，成为深圳市首个由国务院批准的总体规划，至今仍对城市建设发挥着重要指导作用。

2001 年，配合深圳市“十五”计划的实施，深圳市政府组织开展了《深圳市总体规划检讨与对策（2001—2005）》的研究工作，对总体规划进行了局部调校。以此研究为基础，贯彻落实国务院 13 号文以及九部委加强城市规划监督工作通知的指示精神，于 2003 年组织编制《深圳市近期建设规划（2003—2005）》，规划 2005 年城市人口 560 万人，建设用地 570 平方千米。

2002 年，作为国土资源部的试点，深圳市政府组织编制了《深圳市国土规划（2002—2020）》，对全市域资源的可持续利用进行全面规划。

2005 年，深圳市政府组织完成了《深圳市 2030 城市发展策略》，确立了“建设可持续发展的全球先锋城市”的城市发展目标，提出了多项发展策略与行动计划，为新一轮总体规划修编提供了重要工作基础。

2006 年，深圳市政府组织编制了《深圳市近期建设规划（2006—2010）》，规划

2010 年城市常住人口 950 万人，建设用地 790 平方千米，并开始推行近期建设规划年度实施计划制度，进一步强化城市规划对“十一五”期间城市发展建设的统筹协调功能。

2007 年起，深圳市开始了新一轮总规修编工作，并编制了《深圳市城市总体规划(2010—2020)》。新的总体规划根据特区一体化发展的新要求，将深圳城市性质确定为“我国的经济特区，全国性经济中心城市和国际化城市”。同时，新的总体规划对城市布局做了调整。以中心城区为核心，以西、中、东三条发展轴和南、北两条发展带为基本骨架，形成“三轴两带多中心”的轴带组团结构。以前海深港现代服务业合作示范区建设为契机，建立三级城市中心体系，包括 2 个城市主中心、5 个城市副中心、8 个组团中心。

回顾深圳过去 37 年的城市发展建设历程，深圳城市人口从 3.1 万人增加到超过 1 000 万人，GDP 从 2 亿元增加到 14 500 亿元。深圳在早期的城市建设过程中采用了带状组团式的发展模式发展为“三轴两带多中心”的轴带组团结构，深圳城市性质从最早的“出口加工区”发展成为华南地区重要的中心城市，宏观层面的城市规划，特别是城市总体规划对城市发展发挥了重要的引导作用。其中《深圳市城市总体规划(1996—2010)》和《深圳市城市总体规划(2010—2020)》的作用和成效尤为突出。同样，城市规模和经济的快速发展的过程也对城市规划不断提出新的要求。

7.1.2 主要总体规划回顾

7.1.2.1 《深圳经济特区总体规划》(1982)

深圳经济特区成立之初，20 世纪 80 年代中叶编制的《深圳经济特区总体规划》确定了深圳市的“组团式”城市基本结构，规划了未来城市中心区，确定了深圳市的总体布局，此后十年深圳的建设，基本上是按照这个总体构想来发展的。

1980～1985 年，特区成立初期阶段，选择罗湖、蛇口、沙头角三个点，约 10 平方公里的土地先行开发起步，发展来料加工工业，建设“出口加工区”。之后，市政府进一步明确了建设以工业为主，兼具商贸、旅游等多功能“综合性经济特区”的城市性质，初步提出了“多中心、组团式”布局，成为深圳发展成综合性大都市的开篇之作。并于 1982 年市政府组织编制了《深圳经济特区社会经济发展大纲》及与其配套的“深圳市城市总体规划图”，规划城市建设规模为 98 平方公里土地、80 万人口，指导了特区的早期开发。

7.1.2.2 《深圳经济特区总体规划(1986—2000)》

1985～1990 年(深圳经济特区成立的第二个 5 年)，特区工业迅速发展，城市建设全面铺开，罗湖、上步基本形成，东西两翼逐步拓展。1984 年，根据《深圳经济特区社会经济发展大纲》所规定的原则，在 1982 年总体规划方案基础上，结合特区 5 年来发展情况，开始编制特区第一个全面系统的规划——《深圳经济特区总体规划(1986—2000)》，到 1986 年完成。根据当时的实际情况，《深圳经济特区总体规划》对 1986～2000 年特区城市发展做出了计划和规划，奠定了特区建设的框架。1989 年，经广东省人民政府批准《深圳经济特区总体规划(1986—2000)》实施。该规划是深圳历史上第一个具有法律效力的总体规划，对深圳的城市发展产生了深远的影响，成为特区城市建设的里程碑，主要体现在以下几个方面：

1. 城市性质与目标

该规划明确了"以工业为重点的综合性经济特区"的城市性质，目标是：将深圳建设成为外向型的、以先进工业为主、工贸并举、工贸技相结合的，兼旅游、金融、服务、房地产和农、牧、渔等业的综合性经济特区。工业发展方向以"轻、小、精、新"为主。

2. 城市发展规模

特区人口发展规划至 2000 年总人口 110 万人，其中，常住人口 80 万人，暂住人口 30 万人。城市规划总用地规模为 122.5 平方千米。然而，由于特区建设在迅速发展，原来的总体规划已不适应形势的需要。因此，1989 年根据新的形势及时对《深圳经济特区总体规划(1986—2000)》做了调整，人口规模维持原定 2000 年常住人口 80 万人不变，但将暂住人口由原定的 30 万人增加至 70 万人，总人口规模考虑为 150 万人。城市规模调整为 150 平方千米。

3. 空间结构布局

该规划建立了"带状多中心组团式"结构布局。由东到西规划了东部、罗湖上步、福田、沙河、南头等五个组团，另将前海填海区作为 2000 年后开发的第六组团。组团内功能相对完整独立，各组团之间为宽 800 米至几百千米不等的绿化带。

4. 用地结构

《深圳经济特区总体规划(1986—2000)》规划了 15 个工业区、179 片居住区(小区)、22 个市级公园、9 个旅游区、1 个风景区和 140 千米总长的道路绿化带，同时对城市的各项基础设施做了详尽的安排。在该规划内容全面展开的同时，重点抓了福田中心区的规划构想，该构想经过 10 年的不断深化，使福田中心区成为 20 世纪 90 年代中后期城市开发的最重要区域。

另外，该规划提出了深圳城市建设的标准为国际先进水平，规划确定提供完善的城市设施配套，创造优美的城市环境，在土地开发强度上要适宜。

7.1.2.3 《深圳市城市总体规划（1996—2010）》

1990～1995 年(深圳经济特区成立的第三个 5 年)，深圳已发展成为综合实力较强的大城市。经济持续高速增长，房地产市场起步并迅速发展，人口规模持续扩大。特区内城市格局基本形成，特区外城市化的步伐迅速加快。深圳市政府敏感地意识到了全市功能整体发展的趋势，先后编制了全市性的《深圳市国土规划》和《深圳市城市发展策略》筹划全市一体化发展。1993 年开始编制全市版的新一轮总体规划，为深圳进入"第二次创业"做准备。

《深圳市城市总体规划(1996—2010)》是深圳市第一部由国务院正式批准颁布的城市总体规划，于 1996 年编制完成。尽管《深圳市城市总体规划(1996—2010)》正式得到国务院批准是在 2000 年 1 月，但事实上从 1996 年经深圳市人民代表大会审查通过后，就已对政府决策产生重要影响。该规划经过多方面的创新与探索，于 2000 年获得建设部规划设计一等奖和国务院金奖，荣获 1999 年国际建筑师协会(UIA)荣誉提名奖。《深圳市城市总体规划(1996—2010)》成为 10 年来深圳市政府在城市建设和土地利用方面的十分有效的基础性和指导性文件，对于指导深圳的城市建设和发展发挥了十分重要的作用。

1. 城市的性质与规模

通过对城市的主要职能分析，确定城市的性质是：现代产业协调发展的综合性经济特区，华南地区中心城市之一，现代化的国际性城市。

根据深圳市国民经济发展需要，以及全市的人口现状特征和环境与资源容量，确定 2010 年全市总人口控制在 430 万人以内。城市建设用地规模控制在 480 平方千米以内，人均城市建设用地标准不超过 112 平方米。

2. 土地资源的综合利用与保护对策

《深圳市城市总体规划(1996—2010)》对全市域土地进行全方位的控制和综合利用，深圳市城市总体规划将全市 1 952 平方千米土地全部纳入规划的范围，结合深圳实际情况和城市用地分类的特点，按控制用途将全市土地划分为农业保护用地、水源保护用地、组团隔离带用地、旅游休闲用地、郊野游览用地、自然生态用地、远期发展备用地和城市建设用地等八大类，对每类用地都划定用地范围并制定严格的控制和保护政策。

《深圳市城市总体规划(1996—2010)》提出到 2000 年，深圳城市建设用地规模控制在全市总面积的 1/4(380 平方千米)，其余 3/4 土地划分为农业保护用地、水源保护用地、旅游休闲用地、郊野游览用地、自然生态保护用地、组团隔离带用地以及远期发展备用地等七类进行控制(表 7.2)，确定了各类用地的分布与范围，明确保护与开发程度的定性定级，并对各类用地制定了严格的控制措施和使用条件。全市除农业保护、发展备用、城市建设等用地外，其余 1 146 平方千米的土地都做出了合理的布局和安排。其中，84 平方千米土地被列为一级水源保护区，严格控制。同进，还将 76.3%的非建设用地作为城市生态用地，与有机组织的城市建设用地相结合，建设城市的环境背景——绿地生态系统。在城市组团之间，设置了

800～1 200米宽，共约68平方千米的绿化隔离带，此外，还规划了旅游休闲用地、自然生态保护用地。有效指导了城市土地利用，促进了各类用地的合理布局和集约利用，对保护生态环境也起到了积极作用。

表7.2 深圳市土地综合利用一览表

用地名称	面积/千米^2	比例/%	用地名称	面积/千米^2	比例/%
农业保护用地	274.95	13.6	郊野游览用地	248.57	12.3
水源保护用地	83.86	4.2	自然生态保护用地	701.29	34.7
组团隔离带用地	68.40	3.4	发展备用地	119.26	5.9
旅游休闲用地	44.94	2.2	城市建设用地	478.73	23.7

资料来源：《深圳市城市总体规划(1996—2010)》

3. 城市布局结构

该规划确定了“三条轴线、三个圈层、三级城市中心、九个功能组团”的城市布局结构，并将城市布局结构融入市域土地综合利用的自然生态规划之中；确定了规划期的重大公共服务、综合交通与市政基础设施布局安排。

7.1.2.4 《深圳市城市总体规划（2010—2020）》

深圳经济特区建立30多年来，经济、社会持续快速发展，取得了令人瞩目的成就，成为世界工业化、城市化的奇迹。进入新的历史时期，深圳面临着人口、土地、资源和环境“四个难以为继”的矛盾，成为我国第一个真正面临空间资源硬约束的特大城市。在此背景下，深圳市委、市政府提出了建设“和谐深圳、效益深圳”和“国际化城市”的发展目标，要求全面落实科学发展观，率先转变发展模式，以实现城市成功转型和可持续发展。为适应城市新的发展形势和目标要求，深圳市于2006年10月正式启动了新一轮城市总体规划的编制工作，为实现城市转型和健康持续发展提供有效的路径指引。深圳特区成立30年之际，国务院于正式批复了《深圳市城市总体规划(2010—2020)》。该规划作为指导城市未来发展的蓝图，为深圳下一个30年的新发展奠定了良好的基础，将为深圳承担再当排头兵的历史使命、实现可持续发展的新目标提供指引。

1. 城市性质与规模

《深圳市城市总体规划(2010—2020)》将深圳城市性质确定为：我国的经济特区，全国性经济中心城市和国际化城市。城市发展的总体目标为：

(1) 继续发挥改革开放与自主创新的优势，担当我国落实科学发展观、构建和谐社会的先锋城市。

(2) 实现经济、社会和环境协调发展,建设经济发达、社会和谐、资源节约、环境友好、文化繁荣、生态宜居的中国特色社会主义示范市和国际性城市。

(3) 依托华南,立足珠三角,加强深港合作,共同构建世界级都市区。

根据深圳市国民经济发展需要和能力,以及全市的人口现状特征和环境与资源容量,确定2020年全市常住人口控制在1 100万人以内。城市建设用地规模控制在890平方千米以内,人均城市建设用地标准不超过81平方米。

2. 土地资源的综合利用与保护对策

在严格保护耕地和基本农田、保护生态环境前提下,促进土地利用向集约方式转变,土地利用结构与布局明显改善,土地综合利用效益显著提高,为城市经济和社会的持续、快速、健康发展提供土地保障(表7.3)。

表7.3 深圳市土地综合利用一览表

用地名称	面积/千米^2	比例/%	用地名称	面积/千米^2	比例/%
城市建设用地	890	45.57	林地	596.41	30.54
水利设施和其他建设用地	86	4.4	牧草地	0.24	0.01
耕地保有量	42.88	1.17	其他农用地	30.58	1.57
园地	280.37	14.36	未利用地	26.36	1.35

3. 城市布局

《深圳市城市总体规划(2010—2020)》根据特区一体化发展的新要求,对城市布局做了调整。以中心城区为核心,以西、中、东三条发展轴和南、北两条发展带为基本骨架,形成"三轴两带多中心"的轴带组团结构。以前海深港现代服务业合作示范区建设为契机,建立三级城市中心体系,包括2个城市主中心、5个城市副中心、8个组团中心。

7.1.3 区域土地利用变化分析

土地利用变化是自然生态系统和人类活动相互作用的最直接的体现,人类的活动方式和程度深刻地影响着自然生态系统的状态,并成为分析生态系统特征的一个重要环节。同时,土地利用类型的改变极大地影响了生态系统的服务功能,如气候调节、食物生产、土壤形成等,对区域生态环境产生一定程度的影响作用,进而又对人类的生产、生活产生影响。

为了全面回顾和认识深圳市土地利用的变化过程,本书引用"深圳市环境资源测算"课题对1980年以来深圳市土地利用变化的研究结果。考虑到数据的连续性、客观性和可对比性，本书采用1980年、1988年、1994年、2000年、2005年五期卫星遥感影像(图7.1～图7.5)为数据源，通过对影像的解译和分析，应用ArcGIS中的空间统计功能对土地利用分类图进行分析，得到各区级行政区域在城市化不同阶段的土地利用情况。

1980～2005年，深圳市土地利用结构的变化主要表现为城镇用地(主要包括居民点用地、工矿用地和交通用地)的迅速增加，农林用地(包括耕地、园地、林地及灌草地)总量的持续减少。

1980年，深圳市城镇用地仅占研究区总面积的0.63%，农林用地占86.22%。2005年，深圳城镇用地已占到研究区总面积的33.47%，而农林用地的比例下降到了50.16%。其中，中低密度城镇用地的增加最明显，从1980年的12.46平方千

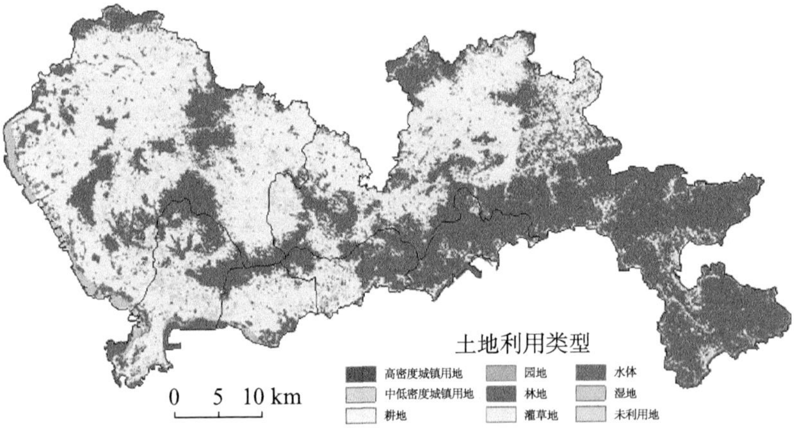

图7.1　1980年深圳地区土地利用分类图

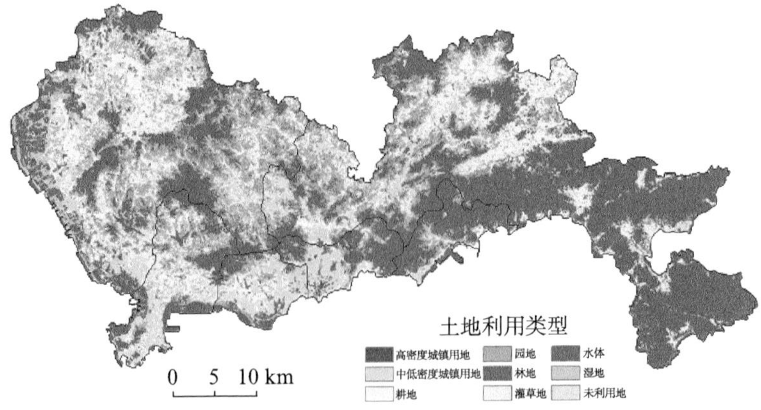

图7.2　1988年深圳地区土地利用分类图

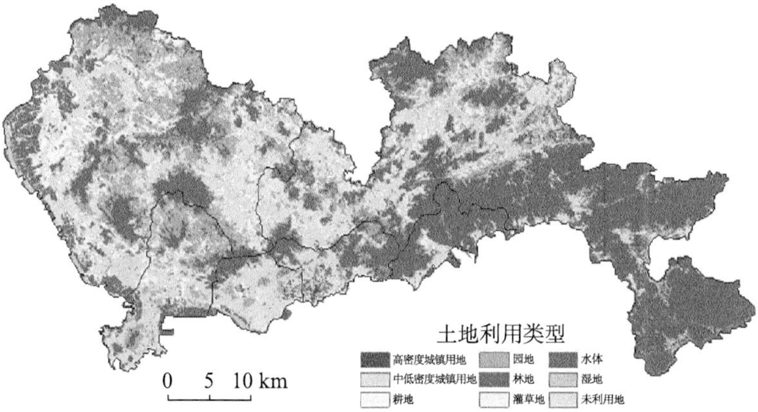

图 7.3　1994 年深圳地区土地利用分类图

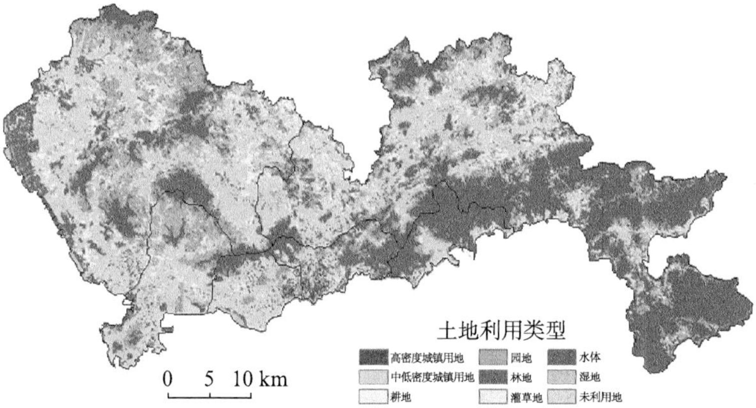

图 7.4　2000 年深圳地区土地利用分类图

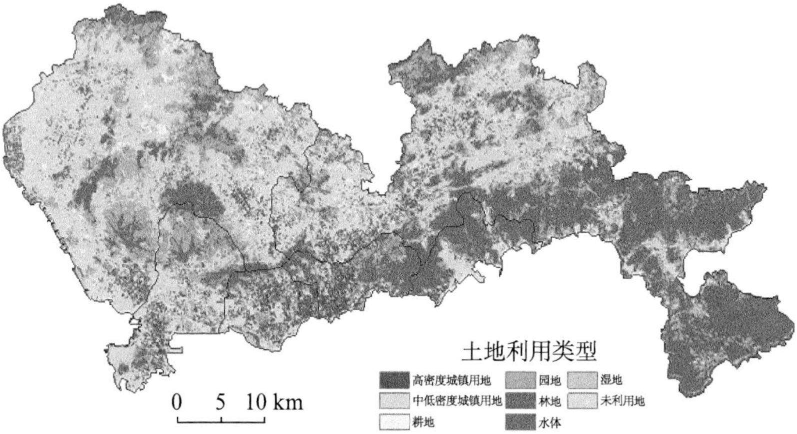

图 7.5　2005 年深圳地区土地利用分类图

米，迅速增长到2005年的629.01平方千米，占研究区面积的比例已在各类用地中跃居首位。高密度城镇用地尽管所占比例较小，但其增长亦十分迅速，从无到有，到2005年已接近30.34平方千米(图7.6)。

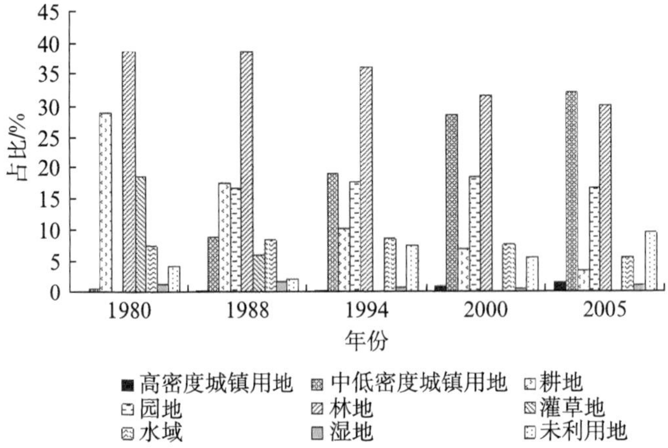

图7.6　深圳土地利用变化分析图

与城镇用地的迅速增加相反，农林用地中，除园地外，耕地、灌草地和林地均呈减少趋势，农林用地的总量从1980年的1 698.51平方千米，下降到2005年的988.23平方千米，减少了41.82%。其中，耕地的减少最为明显，所占比例从1980年的28.90%下降至2005年的3.48%，面积由569.40平方千米下降到2005年的68.57平方千米，减少幅度高达87.96%；灌草地在1980年大面积存在，是仅次于耕地和林地的第三大用地类型，随着深圳市经济的快速发展，其面积迅速减少，在深圳占地比例极低，2000年深圳市土地利用统计中不足1平方千米(《广东省深圳市环境质量报告书(1996—2000年)》，2001年)，因此在1994年和2000年的监测中不再包括该用地类型；林地的减少在城市化初期(1980～1988年)不甚明显，仅从1980年的38.71%降至1988年的38.59%，但在1988年以后，林地面积减少开始加快，至2005年已下降至29.96%，面积减少了172.28平方千米，减少幅度达22.59%；园地是在改革开放后迅速发展的一种农业用地，本身带有城市化的特点，主要为城市地区居民服务。深圳市的园地以果园用地为主。由于其经济效益高于耕地和林地，在城市化初期增长迅速，至1988年，已占研究区面积的16.75%，成为研究区主要用地类型之一，1988年后仍持续缓慢增长，尽管2000年后有所减少，但目前仍是除中低密度城镇用地和林地外的第三大用地类型。

除上述土地利用类型外，未利用地变化趋势不明显，但总体呈上升趋势，2005年未利用地所占面积达到9.56%，为五期之中最高值，究其原因：可能与近年来宝安、龙岗两区的建设加快有关。水体的变化呈先增后减趋势，尽管水体的变化主要与气候条件有关,但水体所占比例在1994年以后的减少与各区的填海造地活动也有一定关系。湿地所占比例较小,变化趋势不明显。

7.2 城市生态格局问题分析

7.2.1 生态格局现状与问题

7.2.1.1 生态用地结构不合理

生态系统功能的发挥很大程度上取决于自然生态系统的结构。结构是指系统的组分构成。组分的质量影响系统功能的发挥。

深圳市自然体系结构不合理,虽然生态用地面积占全市面积较大,但是其中1/3为园地、耕地。园地、耕地的37%分布在饮用水源地保护区,22%分布在15度以上陡坡地,5.2%分布在25度以上陡坡地。而以荔枝林为主的园地,由于林下无草被,成为水土流失的重要成因。从林分结构看,马尾松残林、桉树林、相思类纯林占林分面积的62.2%,2/3的林分极不稳定,向劣质演替的趋势明显。实际发挥较好生态功能的用地(天然次生林)面积大约只占深圳国土面积的15%。

7.2.1.2 森林资源质量低

从林分质量看,单位林分面积蓄积量为14.9米^3/公顷,大大低于广东省平均值29米^3/公顷和全国平均值78米^3/公顷(图7.11)。

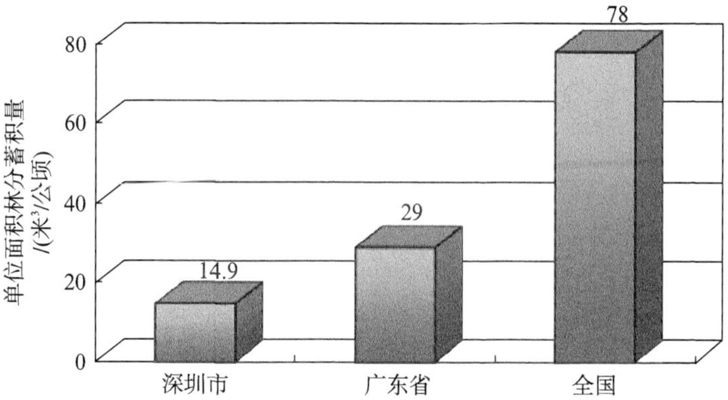

图7.11 第五次全国森林清查单位林分蓄积量

7.2.1.3 外来物种潜在威胁较大

据《深圳物种资源编目》,深圳共有植物234科,2 852种,其中归化植物78种,入侵植物 9 种。生态风景林建设中林木引种比例仍然较高，外来物种的潜在危害没有得到足够的重视。

7.2.1.4 尚未采取最严格的生物多样性保护措施

深圳市共有国家及省级珍稀濒危野生植物 20 种，分布在天然次生林、自然海岸线和农村风水林中。同时，深圳还具有良好的野生动物基础。但是目前尚未采取严格的生物多样性保护措施，管理方式单一。以郊野公园为主的保护管理方式，缺乏国家层面的法律保障，势必为以后的开发建设留下政策缺口。例如，东部华侨城的开发，圈地、修路、建设茶园，严重干扰了原有森林的恢复。另外，目前着眼保护的生态系统类型仅限于山地森林和红树林，自然海岸沙滩、岩岸等其他自然生态系统类型还未纳入保护视线。

从受保护自然区域的类型结构看，深圳市有自然保护区 1 个（内伶仃岛-福田国家级自然保护区），面积 8.58 平方千米；仅占深圳国土面积的 0.4%，远低于广东省 6%和全国 15%的水平。国家森林公园 1 个（梧桐山国家森林公园），面积 6.78 平方千米；生活饮用水地表水源一级保护区面积 129.26 平方千米。受严格法律保护的自然区域总面积仅占深圳国土总面积的 7.4%，一些生态良好的区域尚未得到有力保护。

7.2.1.5 水土流失治理仍需努力

水土保持虽然一度成效显著，从 1995 年的 190.65 平方千米，治理到 2001 年的 45.9 平方千米，但是 21 世纪初水土流失面积迅速反弹，2004 年又增加到 80.26 平方千米。近年来随着对水土流失治理的不断重视，情况有所好转，到 2011 年年底，全市水土流失面积为 45.05 平方千米，仍有待继续努力。开发项目建设和陡坡种果成为造成水土流失的两大主要原因，各占 49.01%和 23.60%（图 7.12、图 7.13）。

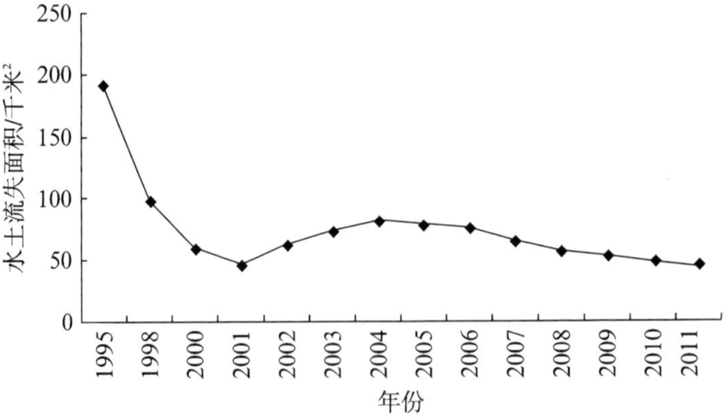

图 7.12 深圳市水土流失面积变化

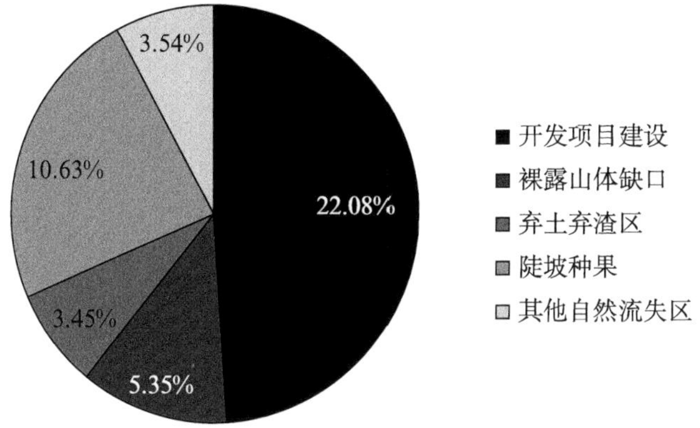

图 7.13 深圳市水土流失的成因分析

7.2.2 影响城市生态格局弱化的主要原因

7.2.2.1 城市建设严重侵占生态用地

根据 1989 年、1995 年、2000 年、2003 年四个时相的遥感监测数据，深圳市连年的高强度开发已使高功能的生态用地面积急剧减少。有林地和疏林地之和从 1989 年的 1 216.28 平方千米减少到 2003 年的 561.64 平方千米，减少量是原有森林面积的 55%。滩涂面积由 1989 年的 114.26 平方千米减少到 32.05 平方千米，减少了 72%。

深圳市城市建设不断侵入生活饮用水地表水源二级水源保护区甚至部分一级水源地。观澜河流域、深圳水库-东深供水渠流域、铁岗-石岩水库、西丽水库-长岭皮水库等生活饮用水地表源二级保护区内新建建筑不断增加。深圳水库-东深供水渠流域、铁岗-石岩水库等生活饮用水地表水源一级保护区内受石岩现有城镇的威胁很大。同时，由于交通路网与一级水源保护区频繁交叉，增加了危险化学物品运输过程中发生交通事故对饮用水源的风险(高风险区存在于机荷高速公路经过雁田水库、龙口水库路段，机荷高速公路经过铁岗水库集水范围路段，松白公路经过石岩水库的路段)(图 7.14)。

7.2.2.2 林地平均斑块面积下降

根据对 0～30 米、30～100 米和>100 米不同海拔区域的土地利用变化分析，在城市化初期，0～30 米区域范围内的土地利用变化最为剧烈，是土地利用变化的活跃区。随着城市化水平的不断提高，低海拔区域已经出现了土地资源紧张的现象。为了满足城市用地继续扩张的要求，土地利用变化由低海拔区域向高海拔区域扩展，使高海拔区域的土地利用变化也趋于活跃。在 0～30 米、30～100 米两个

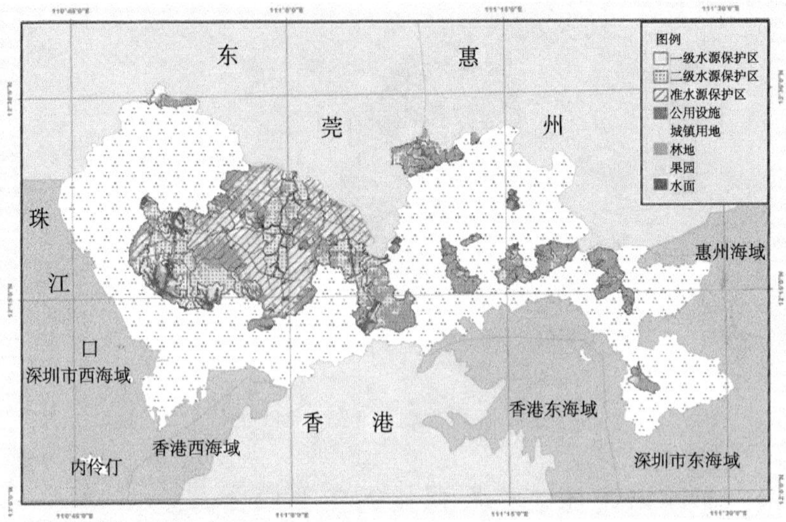

图 7.14　深圳市生活饮用水地表水源保护区内土地利用状况

区域内，土地利用变化都呈现了由变化高峰回落的整体趋势，而在>100 米区域，土地利用变化一直呈现上升趋势。随着时间的推移，中、高海拔区域的园地向城镇用地转化的比例不断提升。林业用地向城镇用地转化的高值区一直都在高海拔区域。

耕地和园地在中、高海拔区域分布面积的绝对量不断增加，1980～2000 年，耕地和园地在中、高海拔区域的分布比例分别增加了 10%和 20%。1996～2000 年，林地减少了 71.0 平方千米，而同期果园增加了 56.0 平方千米。

1980～2000 年，林业用地的平均斑块面积由 0.56 平方千米下降到 0.407 平方千米，最大斑块面积由 123.226 平方千米下降到 91.827 平方千米。大于 10 平方千米的林地斑块面积比例在 1980 年、1988 年、1994 年、2000 年四个时期，分别为 78.8%、71.17%、64.32%和 60.88%。

7.2.2.3　使连绵的自然山系被隔离成孤立山头

城镇不断向高海拔推进，沿公路网蔓延，逐步连接呈网状，连绵的自然山系被快速、无序发展的城镇围合成孤立的山头：

(1) 公明沿洋涌河向北推进，围住了公山；

(2) 观澜-龙华-石岩-光明对吊神山脉形成了围合；

(3) 石岩-龙华两镇向沿机荷高速公路的对接，隔断了羊台山与吊神山之间的连续性；

(4) 西乡鹤州立交向北沿机荷高速和内环路的延伸，影响了凤凰山与铁岗水库的联系；

(5) 南山北部西沥水库坝下，野生动物园、福光一带的开发，使得塘郎山与羊台山之间的连通性受到较大的影响；

(6) 龙岗向北部美山顶山脉的推进；

(7) 龙岗与横岗沿机荷高速公路相向对接，坪山与龙岗对接，大工业区将坑梓、坪山连成一体；

(8) 坪山沿横平公路向西延伸至碧岭。

7.2.2.4 区域绿地系统建设不均衡

近年来，随着城市基础设施的建设，深圳市人居公共绿地面积有了较大幅度提升，但仍存在区域分布不均的现象，原特区外地区相对偏低，难以满足居民生活休憩的需要。公共绿地建设中多强调展现热带风情，满足视觉景观需求，对绿地的生态功能培育不够。

暂住人口是深圳尤其是特区外的主要人口。以满足外来打工人员低廉租住为主要目的的居住用地开发，存在着盲目提高容积率以获取更大的经济效益，忽视居住环境质量的问题和倾向。在特区外，居住区实际容积率、建筑间距、停车位、有效日照时间、绿化覆盖率、居住区内工业区分布等方面与国家标准存在较大差距，居住舒适度差。

原特区内外规划和管理没有统一的思路、方法和手段。园林绿地的规划、建设、养护三分离的管理模式，一方面难以监督城市各项绿地的实施情况，另一方面由于部门之间各自分管行业较多，在实际操作规程上容易出现漏洞。造成目前特区外绿化隔离带严重占用，公共绿地和居住区附属绿地极缺的局面。

7.3 生态格局建设策略

7.3.1 以城市格局调整优化城市功能布局

7.3.1.1 统筹规划城市空间结构

1. 严格城市空间管制

以生态文明建设和可持续发展为目标，结合土地资源的实际利用状况和基本生态控制线管理要求，依据资源保护要求、工程地质状况和适宜建设标准等条件，将全市土地空间划分为禁建区、限建区、已建区和适建区，合理划定“四区”范围边界，并对各区的土地利用分别提出空间管制要求。禁建区是城市基本生态控制线范围内非经特殊许可不得建设的区域，包括一级水源保护区、风景名胜区、自然保护区、基本农田保护区、主要河流、水库、坡度大于25度的山林地、维护生态系统完整性的生态廊道、具有生态保护价值的湿地和岛屿等。对禁建区内不符合基本生态控制线管理相关法规和规定的所有现状建筑,应坚决予以清退并按相关部门要求进行永久性复绿。限建区指基本生态控制线范围内除禁建区外的所有区域,经严格的法定程序审批后可能用作特许用途,或以特许开发强度进行建设的区域。限建区内所有的新增建设和整治改造项目都必须符合基本生态控制线管理相关的法规和规定,并经严格的法定程序审批;对项目的开发功能和开发强度都必须进行严格的控制和监督,不符合基本生态控制线管理相关的法规和规定的现状建设用地,应逐步清退并按要求进行复绿建设。

根据区域生态功能区别,划定城市生态功能区划,将全市划分为重点保护区、控制开发区和优化开发区。其中,重点保护区即基本生态控制线范围,区内严格按照基本生态控制线管理的相关法规规章进行管理。控制开发区包括重点保护区以外的饮用水源地、水库、二级水源保护区、丘陵园地、主干河流集水区和沿海滩涂等,区内应控制土地开发规模和强度,优先发展环境友好型产业,限制不符合生态功能要求的产业;同时,调整生态组分结构,整体提升生态系统服务功能。优化开发区指除重点保护区和控制开发区以外的区域。区内应集约开发,提升土地的生态效益和经济效益;重视建设过程中的绿地补偿,提高公共绿地面积,提升土地生态服务价值和人居环境质量。

2. 加快形成城市中心体系

加快形成主次分明、界限清晰的城市主中心、城市副中心、组团中心三级城市中心体系,以中心城区为核心,以西、中、东三条发展轴和南、北两条发展带为基本骨架,形成"三轴两带多中心"的轴带组团结构。福田-罗湖中心和前海中心作为城市主中心,在强化福田-罗湖中心对全市综合服务功能的基础上,推进前海中心的建设,积极承接区域性高端服务业的转移,构筑区域性高端服务业集聚区。逐步形成发展有序、功能互补、区域辐射功能强大的双中心结构。加快发展龙岗中心、龙华中心、光明新城中心、坪山新城中心、盐田中心,承担所在城市分区的综合服务职能,发展部分市级和区域性的专项服务职能,带动地区整体发展。以航空城、沙井、松岗、观澜、平湖、布吉、横岗、葵涌,分别作为各城市功能组团的综合服务中心,发挥组团级的服务功能。

3. 推动城市功能新区发展

城市功能新区作为城市发展新动力,对于促进经济转型、推动一体化建设具有重要意义。高起点、高标准规划开发新型功能区,培育经济发展的区域增长极,形成科学发展的示范新区。加快推进前海深港现代服务业合作区、光明新区、坪山新区、龙华新城、大运新城、大鹏半岛滨海旅游度假区六大新型功能区开发,建设促进区域整体性开发、组团式发展。以前海深港现代服务业合作区、大空港区、深圳北站和深圳东站枢纽区、大运新城及龙岗中心区等战略规划区域为重心，寻找城市新的发展极。

7.3.1.2 绿色低碳理念引领城市更新

1. 城市更新的目的

城市更新是一种将城市中已经不适应现代化城市社会生活的地区作必要的、有计划的改建活动。城市更新的目的是对城市中某一衰落的区域进行拆迁、改造、投资和建设，以全新的城市功能替换功能性衰败的物质空间，使之重新发展和繁荣。它包括两方面的内容：一方面是对客观存在实体（建筑物等硬件）的改造；另一方面是对各种生态环境、空间环境、文化环境、视觉环境、游憩环境等的改造与延续，包括邻里的社会、网络结构、心理定式、情感依恋等软件的延续与更新。在欧美各国，城市更新起源于二战后对不良住宅区的改造，随后扩展至对城市其他功能地区的改造，并将其重点落在城市中土地使用功能需要转换的地区。城市更新的目标是针对解决城市中影响甚至阻碍城市发展的城市问题，这些城市问题的产生既有环境方面的原因，又有经济和社会方面的原因。

城市更新的对象包括城中村、旧工业区、旧工商住混合区、旧居住区。规划期城市更新的重点是分布在城市重要节点地区、轨道交通沿线及土地低效使用的城中村和旧工业区。

2. 城市更新的方式

城市更新的方式可分为重建或再开发（redevelopment）、综合整治及功能改变三种。

（1）重建或再开发，是将城市土地上的建筑予以拆除，并对土地进行与城市发展相适应的新的合理使用。

（2）重建是一种最为完全的更新方式，但这种方式在城市空间环境和景观方面、在社会结构和社会环境的变动方面均可能产生有利和不利的影响，同时在投资方面也更具有风险，因此，只有在确定没有其他可行的方式时才可以采用。

（3）综合整治类更新项目主要包括改善消防设施、改善基础设施和公共服务设施、改善沿街立面、环境整治和既有建筑节能改造等内容，但不改变建筑主体结构和使用功能，是对建筑物的全部或一部分予以改造或更新设施，使其能够继续使用。整建的方式比重建需要的时间短，也可以减轻安置居民的压力，投入的资金也较少，这种方式使用于需要更新但仍可恢复且无需重建的地区或建筑物，整建的目的不只限于防止其继续衰败，更是为了改善地区的生活环境。功能改变类更新项目改变部分或者全部建筑物的使用功能，但不改变土地使用权的权利主体和使用期限，保留建筑物的原主体结构。

虽然可以将更新的方式分为三类，但在实际操作中应视当地的具体情况，将某几种方式结合在一起使用。

3. 推进绿色城市更新

根据区域特点，实行片区有机城市更新。坚持综合整治、功能改变和重建或再开发三种更新模式并举，推进城中村和旧住宅区改造，加快旧工业区转型升级，高水平实施旧商业区更新，重点推进盐田港后方陆域片区、宝安松岗片区、龙岗深惠路沿线等重点区域的城市更新。到 2015 年，完成城市更新用地规模达到 35 平方千米，初步完成农村城市化历史遗留违法建筑和违法用地的处理，基本完成福田、罗湖、南山、盐田的城中村改造或转型整治，基本完成宝安、龙岗、光明、坪山主要地区的城中村整治。城市更新过程中要融入绿色、生态设计理念，有计划、有重点地推进城市更新改造与环境综合整治，提高土地利用效率；调整城市功能结构，实现城市基础设施和公共服务设施的均衡供给；以城市更新促进转变经济发展方式、增强城市功能、改善人居环境、提升居民生活质量。

7.3.1.3 强化城市功能培育

1. 服务引导开发

城市综合体的出现是城市形态发展到一定程度的必然产物。因为城市本身就是一个聚集体，当人口聚集、用地紧张到一定程度的时候，在这个区域的核心部分就会出现这样一种综合物业。城市形态的表现：在城市核心区域为了降低综合商务成本而为之，比如，在一幢高层建筑内集合办公、餐饮、商业等服务场所的独栋式综合建筑体。这种综合建筑体也属于城市综合体。经济形态的表现：随着开发商开发规模的不断增大，规划了办公、居住、商业设施等多种独立场所，并通过一个连廊或其他各种形式将它们联结在一起，形成新型的独立式的城市综合体。

服务引导开发借用城市综合体针对特定的运行时间范围的服务功能发挥，将不同时间段的功能组织在一起，使其保持 24 小时的繁荣，提高了城市空间的使用效益。借用城市综合体内各功能在时间上的衔接，使各部分的活动组织有序，而且各部分的使用功能也能相互补充。尤其在市中心地区，城市综合体将居住、娱乐活动注入其中，使那些在非工作时间"死去"了的地区的功能得到完善。

2. 公交引导开发

TOD 模式这个概念最早由美国建筑设计师哈里森·弗雷克提出，是为了解决第二次世界大战后美国城市的无限制蔓延而采取的一种以公共交通为中枢、综合发展的步行化城区。其中，公共交通主要是地铁、轻轨等轨道交通及巴士干线，然后以公交站点为中心、以 400～800 米(5～10 分钟步行路程)为半径建立集工作、商业、文化、教育、居住等为一体的城区，以实现各个城市组团紧凑型开发的有机协调模式。

TOD是国际上具有代表性的城市社区开发模式。同时，也是新城市主义最具代表性的模式之一。但是，目前被广泛利用在城市开发中，尤其是在城市尚未成片开发的地区，通过先期对规划发展区的用地以较低的价格征用，导入公共交通，形成开发地价的时间差，然后，出售基础设施完善的"熟地"，政府从土地升值的回报中回收公共交通的先期投入。

TOD模式是面向城市轨道交通的土地开发战略，即一方面在开展城市交通规划时，以大运量、高效率、环境友好的轨道交通为骨干，配合步行及地面公交接驳，从而减少市民出行对地面交通和私家车的需求；另一方面，在开展城市规划时，要以轨道交通车站为中心，进行高密度的商业、写字楼、住宅等综合开发，使住房、就业集中在车站吸纳范围内，使周边土地价值最大化。

3. 结合多种方式引导城市功能培育

推广TOD模式，充分利用地铁站、火车站、汽车站等综合交通枢纽建设，以大型交通枢纽及博览城、旅游区、大学城、商贸城等主体功能平台建设为契机，按照布局紧凑、功能复合、集约发展的要求，建设一批大型城市功能综合体，以综合体为核心进行高强度开发，完善城市配套功能建设，减少市民出行半径、降低城市居民生活成本和企业商务成本，降低建筑、交通、能源、产业、水及固废等系统的碳排放，提高城市运行效率。努力打造"多功能、多空间、多业态"复合型城市生态单元。

4. 实施差异化绿色发展战略，明确区域定位

1）城市中心区

(1) 城市主中心。深圳市未来将建成2个城市主中心，即福田-罗湖中心和前海中心。在强化福田-罗湖中心对深圳综合服务功能的基础上，推进前海中心的建设，积极承接区域性高端服务业的转移，构筑区域性高端服务业集聚区。逐步形成发展有序、功能互补、区域辐射功能强大的双中心结构。

其中，福田-罗湖中心由福田中心区和罗湖中心区组成，承担市级行政、文化、商业、商务等综合服务职能。前海中心由前海、后海和宝安中心区组成，主要发展区域性生产性服务业与总部经济，并作为深化深港合作以及推进国际合作的核心功能区。

(2) 城市副中心。深圳市将建成5个城市副中心，即龙岗中心、龙华中心、光明新城中心、坪山新城中心、盐田中心，承担所在城市分区的综合服务职能，发展部分市级和区域性的专项服务职能，带动地区整体发展。

其中，龙岗中心包括大运新城和龙岗中心城，在发挥对东部分区综合服务职能的同时，承担市级文化体育和会展服务功能，并作为深圳辐射带动粤东地区发展的重要节点。龙华中心包括龙华新城和龙华中心区，在承担对中部分区综合服务职能的同时，还承担深圳和区域性的综合交通枢纽功能，并承接福田中心区综合服务功能的延伸。光明新城中心是深圳西部高新技术产业服务中心，是促进区域高新

技术产业协调发展的重要基地。坪山新城中心是深圳东部高新技术产业服务中心，是促进区域产业协调发展的重要基地。盐田中心是深圳东部滨海地区旅游综合服务基地、深圳东部港口与物流配套服务中心。

2）各区发展特色

（1）福田区。实施“环境立区”战略，促进辖区软硬件环境全面提升，突破空间、资源、人口等制约因素，推动经济社会发展从依赖要素投入到依靠创新发展转变，加快产业结构纵深调整，以总部经济和现代服务业为“双轮”，以CBD和环CBD高端产业带为“双翼”，发展服务经济、夯实金融、物流、商务服务等生产型服务业发展，稳步发展高端消费型服务业、高新技术产业，全面构建适应中心城区可持续发展的循环经济产业体系，维护和提升国家生态区的良好形象。

（2）罗湖区。充分发挥转型升级的先发优势，实施建设国际消费中心的发展战略，通过打造“四城一镇”（金融城、万象城、珠宝城、工艺城、艺术小镇）实现产业提升和结构优化，通过构建网络消费中心拓展发展空间，增强对外辐射力，全面促进节能减排，结合城市更新，争取更多土地资源和产业空间发展低碳绿色经济，倡导绿色生活方式，促进经济社会与人口资源环境的协调发展。

（3）南山区。充分挖掘区内的文化智力资源优势，发挥智力资源的创新能力，大力开展减量化技术、再循环技术等循环经济技术研发及应用，建设高效能源服务基地，加快区域内高新技术产业、旅游产业的生态化建设。

（4）盐田区。盐田区得天独厚的山海资源和生态环境为区域可持续发展提供了良好的条件，以发展绿色物流业、生态旅游业为支撑，积极发展高新技术产业，鼓励自主创新，实现人与自然、经济社会与环境的全面协调。

（5）宝安区。宝安区着力打造全球电子信息产业基地和科技创新成果转化基地、亚太地区有较大影响的供应链管理中心与生产服务中心、全国加工贸易转型省级示范区、珠三角低碳发展先行区、珠三角优质生活圈实践区和深圳市职业技术培训基地。

（6）龙岗区。龙岗发展的功能和定位是以国际物流为重点，以区域物流为基础，以城市配送为支撑，以项目建设为载体，加强供应链管理，加快项目建设步伐。在产业布局上，龙岗要以平湖物流园区和保税物流中心为辐射，打造平湖、南湾、横岗区域物流中心，充分发挥中部物流组团的功能作用。

（7）光明新区。建设“绿色新城、创业新城、和谐新城”是光明新区主要的发展思路，其总体定位为穗深港城市走廊上的新型都会区、深圳重要的城市副中心、珠三角经济廊道上的产业高地、创新性高新技术产业基地及其配套服务区、承接香港并辐射东莞的生产性服务业中心、深圳绿色城市示范区、深港大都会的生态旅游休闲区，努力把光明新区建设成先进制造业和专业生产型服务业的新中心，建设成深圳国际性城市的新窗口。

(8) 坪山新区。坪山新区是深圳跨越与转型发展的先行区,将围绕建设“区域合作示范区、产业引领区、智慧新城、理想新城和幸福家园”的发展要求,夯实城市发展基础,打造成为特色鲜明、功能完善、结构合理、产业高端、环境优美、人文丰富、集聚动力和充满活力的深圳跨越与转型发展的先锋城区、战略性新兴产业和自主创新基地,辐射粤东重要的生产性服务中心。

(9) 龙华新区。龙华新区的发展定位为协调珠三角、强化深港合作的枢纽地带,深圳转型升级典范区、特区一体化的示范区和现代化、国际化中轴新城。龙华新区将紧紧围绕“中轴提升、双核驱动、生态人文、城产互促”的总体发展策略,建立以先进制造业为主体、战略新兴产业和现代服务业为先导、优势传统产业为特色的现代产业体系,全力打造深圳重要先进制造业基地、珠三角生产组织中枢区、华南地区高端服务支撑区。

(10) 大鹏新区。大鹏新区的发展定位是建设集世界级滨海旅游度假区、生态与生物资源重点保护区、战略性新兴产业集聚区及全国海洋经济科学发展示范市核心区于一体的现代化国际化生态型先进滨海城区。在未来的保护与发展中,大鹏新区将坚持保护优先、海陆统筹,城湾互补、生态发展,集散有度、塑造特色,旅城结合、绿色交通的四大发展策略。将整体空间根据“三山两湾”的生态格局划分为生态保护区、海域功能区和城市建设区,建立以大旅游为主导,以生物产业为引领,海洋经济为特色的生态发展路径;引导城区分散布局、集约建设,集中发展葵涌新城、坝光生态科学小城、大鹏旅游服务小城三个核心小城;高品质打造下沙、东涌、西涌、桔钓沙四个特色旅游区;实施小尺度慢生活策略,差异化建设溪涌、土洋官湖、鹏城、新大-龙歧、南澳墟镇五个滨海小镇。

(11) 前海深港现代服务业合作区。国务院将前海地区定位为“粤港现代服务业创新合作示范区”,以充分发挥香港国际经济中心的优势和作用,推进与香港的紧密合作和融合发展,逐步把前海建设成为粤港现代服务业创新合作示范区,在全面推进香港与内地服务业合作中发挥先导作用:

现代服务业体制机制创新区。充分发挥体制机制对产业发展的促进作用,积极探索促进现代服务业发展的体制机制,营造符合国际惯例的产业发展环境,为全国现代服务业的发展探索新路径,为建立开放型经济体系创造经验。

现代服务业发展集聚区。集中优势资源,汇聚高端要素,发展总部经济,促进现代服务业的集聚发展,增强资源配置和集约利用能力,成为全国现代服务业的重要基地和具有强大辐射能力的区域生产性服务业中心,立足深圳,服务广东,引领带动全国现代服务业的发展升级。

香港与内地紧密合作的先导区。积极落实《关于建立更紧密经贸关系的安排》(CEPA)有关安排,先行先试,不断探索香港服务业与内地合作的新模式,不断拓展合作空间,在全面推进香港与内地服务业合作中发挥先导作用。

珠三角地区产业升级的引领区。深港联手打造现代服务业高地，不断增强生产性服务的辐射能力，积极输出资本、管理、技术、人才和服务，引领带动珠三角地区产业结构优化升级，加快构建现代产业体系。

7.3.2 以绿色生态理念促进城市宜居建设

7.3.2.1 完善城市绿色交通体系

1. 优化综合交通枢纽规划设计

交通系统要支撑城市功能和空间发展战略的实现，交通规划设计要与周边的用地性质相协调。因此，在规划中要引进交通与土地利用的互动机制。以交通枢纽促进城市建设的核心主张是紧凑布局、混合使用的用地形态，提供良好的公共交通服务设施，提倡高强度开发以鼓励公共交通的使用；为步行及自行车交通提供良好的环境；公共设施及公共空间临近公交车站；公交车站为本地区的枢纽。无缝衔接、零距离换乘是当前综合交通发展追求的目标，交通枢纽规划设计的好坏是影响交通运输系统效率的第一因素。高速铁路、高速公路应与城市交通系统紧密衔接，各种交通方式应通过交通枢纽实现一体化。好的交通枢纽必须做到物理空间一体化、运营管理一体化、信息服务一体化、票价票制一体化，从而最大限度地方便乘客，提高公共交通的分担率和服务水平，使综合交通枢纽成为环境温馨、方便舒适、有巨大吸引力的公共空间。

2. 推进城市公交、自行车加步行的综合交通模式

无论是可持续交通，还是绿色交通、低碳交通，其核心本质都将是建设以公交为主导的城市综合交通系统。因此，全面规划、精细设计公交系统，是城市交通发展战略的核心环节。实施公交优先应采取系统对策，公交优先的成败在于细节，精细设计上要真正落实公交优先。步行是城市居民重要的出行方式，大多数城市步行交通分担比例均在20%以上，有的甚至高达50%以上。但是，目前我国许多城市对步行系统规划不重视，很少做专项步行系统规划，对行人出行需求(人性化需求)考虑不足，现有步行系统缺乏整体性和连续性，而且存在步行空间被挤占等问题。一个与城市发展相适应，与公共交通一体化，无缝衔接的安全、舒适、方便、高效、低成本的慢行交通系统(自行车与步行)，有助于打造舒适、健康、可持续发展的高品质城市。长距离、高强度的出行需求由公共交通来完成，衔接交通、短途出行由自行车加步行的交通方式来解决，这是一种可持续发展的绿色交通模式。自行车加行人系统的“以人为本”的规划建设，为城市居民出行带来了舒适和方便，为城市交通发展融入了新的元素。重点结合轨道交通站点、大型公交场站、商住区等不同区域慢行交通需求，完善步行和自行车设置，推广公共自行车租赁服务，解决公交出行最后一千米问题。

3. 提高道路网络建设的合理性

在我国城市掀起基础设施建设高潮的同时，道路网络建设的合理性问题日益凸显。我国部分城市目前存在过分追求宽而大的道路，且对行人、非机动车交通空间轻视、蚕食的现象，这与绿色城市交通背道而驰。宽而稀疏的道路网络通行能力低、不便于交通组织、造成过多的交织行为和行人过街的极大不便。在道路网的规划设计中，首先，要强调道路性质与周边用地的协调，不同性质用地决定了道路的不同功能，进而决定了道路的横断面构成和道路交通管理方案；其次，应注重道路的级配结构和连通关系，避免左转车辆严重阻碍对向直行车流以及直行车流妨碍右转车辆进入右转专用车道等现象。发达国家经验表明，城际铁路应将铁路客站保留在大城市中心，实现最大限度地方便城市对外交通，适当兼顾城市通勤出行，同时又最大限度地减少与城市交通发生冲突，这是处理铁路与城市关系的关键问题。高速公路应该绕城设置，但与城市快速路或城市主干路要很好地衔接，实现排除过境交通和方便进出城市的双重功能。

4. 加快智能交通系统等管理科技应用

智能交通系统（intelligent transportation system，ITS）是未来交通系统的发展方向，它是将先进的信息技术、数据通信传输技术、电子传感技术、控制技术及计算机技术等有效地集成运用于整个地面交通管理系统而建立的一种在大范围内、全方位发挥作用的，实时、准确、高效的综合交通运输管理系统。

智能交通作为当今世界交通运输发展的热点，在支撑交通运输管理的同时，更加注重满足民众出行和公众交通出行的需求，构建了一个绿色安全的体系。智能交通是未来交通系统的发展方向，它是将先进的信息技术、数据通信传输技术、电子传感技术、控制技术及计算机技术等有效地集成运用于整个地面交通管理系统而建立的一种在大范围内、全方位发挥作用的综合交通运输管理系统。ITS 可以有效地利用现有交通设施，减少交通负荷和环境污染，保证交通安全，提高运输效率，因而日益受到各国的重视。

通过改造、整合现有信息系统，加快智能交通科技应用、建设职能交通管理系统，提升道路交通检测、指挥、综合调控能力，建设智能公交系统，提升公交监管、调度、信息服务水平。建设交通规划决策支持系统，提高综合交通规划建设科学决策水平。建设交通信息共享平台，实现各类交通信息资源互联互通，向市民提供出行信息服务。

5. 开展道路生态化改造

开展道路生态化改造，推广节能环保材料在道路建设中的使用，提升环保绿色道路建设水平。广泛采用透水路面，配合道路两侧林荫道路，协同控制交通路面径流污染。路面以降噪吸音材料为主，对于重点路段通过声屏障等的建设，全面控制道路交通噪声。

7.3.2.2 打造绿色建筑之都

1. 坚持制度创新

进一步完善标准法规体系。在《深圳经济特区建筑节能条例》《公共建筑节能设计标准实施细则》等法规、规范基础上，进一步完善绿色建筑配套政策法规与技术标准体系，优化管理机制、管理模式，建立深圳特色的绿色建筑指标考核体系。

进一步推进体制机制创新。建立健全绿色建筑相关的优惠制度，完善绿色建筑激励机制，充分调动市场各方参与的积极性。通过税收、补贴、信贷、土地、招标投标等方面的优惠政策，充分调动开发商、消费者、承租者、节能服务公司等服务系统的积极性；引导大型房地产企业试点推出一系列受市场认可的绿色建筑产品，为绿色建筑的开发与建设构建良好的发展环境。

2. 严格制度执行

强化绿色建筑相关规范指引作用，严格执行相关法规、规范，严格新建建筑节能审批，对既有建筑大规模节能改造，通过公共建筑起节能减排和可再生能源在建筑中应用的示范作用，全面贯彻全生命周期低碳化建筑理念，在保证正常需要的前提下，从规划设计、建筑施工、运营到拆除全过程实现资源节约与高效利用，带动建筑全生命周期低碳化。

严格新建建筑节能审批，强化新建建筑的节能节材。新建建筑严格执行建筑节能标准，公共建筑以政府办公建筑和大型公共建筑为重点，加大执行节能50%的监管力度，提高设备系统的用能效率和运行管理水平；新建居住建筑严格执行节能50%的标准，在此基础上，研究制定建筑节能65%标准；对新建建筑实施建筑能耗标识制度；发展绿色建筑，开展建筑“四节”，推行绿色施工，所有建筑工地推行垃圾分拣利用。

以大型公共建筑节能改造为引导，深化既有建筑节能改造。加速推进《深圳市既有建筑节能改造实施方案》，在开展能耗统计、能耗审计、能耗公示、能耗检测等工作的基础上，以政府机关及大型公建为重点，在科技、教育、文化、卫生、体育、医疗六个领域各选择若干单位，结合城市更新、城中村改造、大运场馆改造、建筑立面屋顶改造和房屋抗震安全加固改造，进行系统节能改造，加大推动宾馆、饭店、小区住宅等既有建筑的改造工程，全面推进既有建筑大规模节能改造，促进建筑低碳化。

全方位推进绿色建筑示范工程。打造一批主题鲜明的绿色建筑典范，重点推进南方科技大学、深圳大学新校区、深圳职业技术学院等绿色校园示范工程，以及保障性住房绿色建筑规模示范工程；各区每年建成3～4个绿色建筑示范项目；2015年前1万平方米以上的公共建筑、3万平方米以上的居住建筑均纳入绿色建筑项目建设监管。

推广应用可再生能源。率先在公共建筑、市政工程、高档住宅等新建建筑实施太阳能光伏建筑一体化工程，加快推进光伏建筑一体化示范项目。在新建建筑和具备条件的既有建筑，包括公共建筑、机关办公楼、工业区(园)、酒店、企业、住宅楼等建筑屋顶安装太阳能光伏、光热系统，带动太阳能产品应用规模化以及相关产业的发展。

3. 加快能力建设

继续提高绿色建筑规划设计、监测评估能力，推进建筑工业化，大力开展基础性研究。

绿色建筑规划和设计。以低碳、节能理念指导建筑规划和设计，并将这一理念贯穿到建筑设计、建造、使用和拆除全生命周期中。研究制定绿色建筑设计标准，从规划设计源头严把低碳关，在项目立项审查中增加低碳设计内容和相关标准，对于不能达到绿色建筑设计要求的项目不予立项。

提高绿色建筑建设效果评估能力。继续推进国家机关办公建筑和大型公共建筑节能监管平台建设，做好能耗统计、能源审计、能效公示、能效测评、能耗动态监测系统二期建设，加强建筑用能系统的动态管理。

推进建筑工业化，促进建筑行业的技术革新。大力开展住宅标准化、系列化设计与住宅性能、部品的认定认证工作；逐步实现建筑预制构配件的工厂化生产与现场装配；大力培育建筑工业化产业市场。

大力开展绿色建筑技术基础性研究。鼓励研发和使用建筑新技术、新材料。鼓励开发高性能的外墙和玻璃幕墙，高性能的屋顶与外墙的隔热构件，高效隔热透明玻璃及其组合透明窗(幕墙)，开发普通透明玻璃的隔热改造技术，采用新型墙体材料等。

4. 加大绿色建筑宣传力度

深入分析当前建筑存在的问题和能源短缺相关问题，大力宣传建筑节能改造和绿色建筑的政策和优势。开展既有建筑节能改造设计、施工、质量验收技术培训，提高建筑节能行政管理和节能工程质量监督能力，增强建筑节能政策法规和技术标准的执行力，提高行业从业人员节能减排意识和技术水平，树立绿色建筑理念，增强贯彻落实建筑节能法规政策的责任感和紧迫感。充分利用电视、广播、报刊、视频、互联网等宣传媒介，在社会各行业和主要公共场馆，广泛宣传和倡导绿色建筑建设理念，提高全社会的建筑节能意识，创造良好的舆论氛围，引导全社会参与绿色建筑建设。

在政府层面，相关部门应加快制定相应方案，对绿色建筑各个领域进行全方位宣传；在建设层面，开发商和材料供应商应响应绿色建筑建设的号召，在规划设计、建筑材料、建设过程、验收审计等方面实现低碳化；在购房方面，引导市民在绿色建筑理念的指导下，购买节能住宅和绿色住宅，并在使用过程实现建筑节能化；在既有建筑改造方面，广大市民应积极配合相关部门进行能源审计，根据建筑的特点进行相应的低碳改造；在社区层面，降低社区公共设施的能耗与废弃物排放，形成节约社区、清洁社区和低碳社区；在街道文化站、社区文化广场等非营利性工程项目上建立低碳节能样板工程，开展绿色建筑和建筑节能宣传周活动，让市民切实体会低碳节能建筑的社会效益和经济效益。

7.3.2.3 优化城市微观物理环境

城市的核心是人，面对着日益恶化的环境，人类开始反思"人定胜天"这一曾支撑着人类与自然界斗争的信念。人类亦是自然界的一分子，人类应与自然和谐共存，而这一理念对应于城市，就是营造一个健康良好的城市物理环境。

营造健康型的城市物理环境就是使声、光、热等物理环境因子对人的刺激作用调节到人们实际需要或可以容忍的程度。而城市物理环境涉及方方面面的问题，随着经济实力的发展和生活水平的提高，人们对城市在景观、人文、经济、建筑、交通、环境和生活质量方面的要求越来越高。城市建设不仅要体现科技进步，更要注重以人为本，创造更多的适宜环境，满足城市居民的生理心理需要和人居环境的可持续发展。

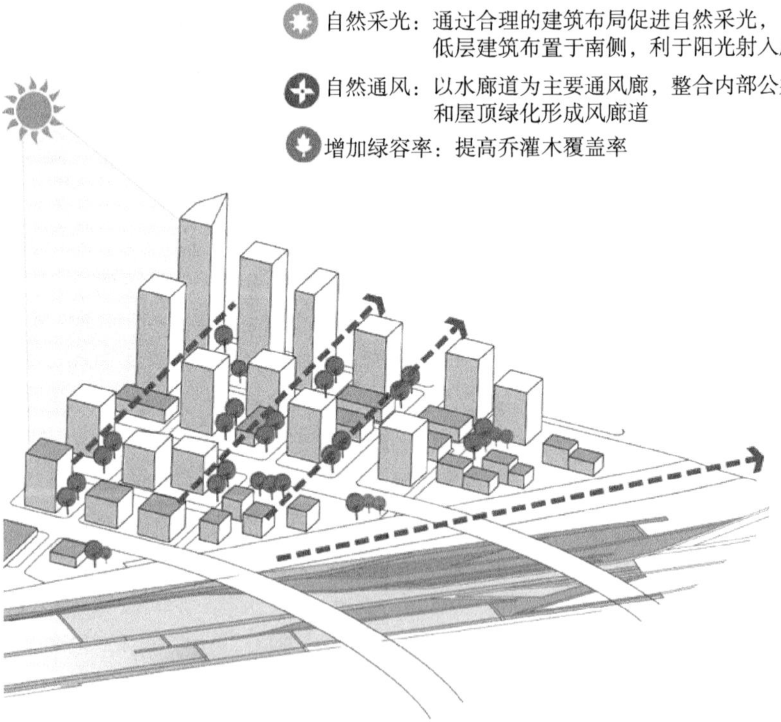

自然采光：通过合理的建筑布局促进自然采光，
低层建筑布置于南侧，利于阳光射入庭院
自然通风：以水廊道为主要通风廊，整合内部公共空间
和屋顶绿化形成风廊道
增加绿容率：提高乔灌木覆盖率

图 7.15　城市物理环境改善示意图

优化城市设计，改善微观空间环境。结合城市功能特征，加强对街区规模的控制引导，促进功能和结构与城市形态和城市活力的互相促进，优化细部设计与引导控制，将植被、遮阳设备和水体景观等均纳入到城市整体结构和街区地段规划布局的设计中。结合城市热岛、风环境、声环境等重要因素，在城市设计中加强对城市建设区微观物理环境的优化与改善。

7.3.2.4 深化宜居创建与示范

1. 开展宜居系列创建

开展宜居创建试点工作。在全市开展创建宜居城区、宜居街道和宜居社区的试点工作，通过总结经验、典型引路，不断推动宜居城市建设的深入开展。充分利用盐田区“国家生态区”和光明新区“国家级绿色建筑示范区”的有利条件，结合盐田区、光明新区得天独厚的自然环境资源，在盐田区和光明新区开展宜居创建试点示范，领先打造康居、宜居、安居的现代化城区。各区政府根据区域条件，选择 1～2 个环境良好、具有典型意义的街道，开展宜居街道创建试点工作，通过高层次规划、项目实施和经验总结，推动宜居街道创建工作的开展。

开展宜居社区创建工作。严格按照《广东省宜居城镇、宜居村庄、宜居社区考核指导指标》以及有关规定开展创建工作。各区政府和新区管委会负责组织协调本区域内宜居社区创建工作有关事宜，加强对创建工作的宣传、指导。制定创建宜居社区实施方案，启动宜居社区创建工作。明确创建工作目标、措施和分工，对各区开展创建工作进行检查、督促，每年年底组织有关专家，通过看材料、听汇报、查档案、看现场、调查问卷、社会公示等多种手段，对宜居社区的创建工作进行评定。对获得宜居社区称号的社区颁发荣誉证书，并给予资金奖励。

组织开展宜居环境范例奖申报工作。根据《广东省宜居环境范例奖申报和评审办法》，制定全市宜居环境范例奖申报方案和工作指引，组织开展全市宜居环境范例奖申报工作，从中选出优秀项目向广东省住房和城乡建设厅推荐。各部门、各区政府、新区管委会要对照省申报主题，根据全市实际情况梳理符合宜居环境范例奖申报条件的项目，认真准备整理申报材料并上报。

2. 开展宜居相关研究

开展宜居住宅和宜居社区建设研究。从居住空间、公共空间和服务设施方面打造“以人为本”的宜居社区。开展宜居住宅和宜居社区建设研究，制定相关政策。促进现有居住区居住功能的完善，提高户内环境质量。推动社区公共绿地建设，增加公共广场等开放式空间建设。推动合理配置社区服务设施，提高社区服务质量。扩大物业管理覆盖面，提高社区管理质量。推动完善社区污水收集、雨水利用、回渗或再生水回用以及垃圾分类收集，控制小区噪声源。

开展重大问题和重要课题研究。深入开展全市宜居城市建设的基础性、指引性和策略性研究课题，为创建宜居城市提供强大的理论支持。近期重点开展宜居城市现状调研，掌握城市建设的优势和挑战、关键问题等，提出全市宜居城市建设体系和实施策略。优化省宜居城镇、宜居社区考核指标，宜居城市建设指标体系研究，建立符合全市宜居城市发展和定位的指标体系。深入开展宜居社区建设研究，建立全市宜居社区建设与管理标准和技术体系。

7.3.3 以生态安全格局优化提升生态服务价值

7.3.3.1 加快推进“四带六廊”建设

1. 完善“四带六廊”生态安全体系

为维护深圳市自然生态系统的连通性，防止城市无序蔓延，以重要生态功能区和基本生态控制线为基础，以“东西贯通、陆海相连、疏通廊道、保护生物踏脚石”为生态空间保护战略，依托山体、水库、海岸带等自然区域，构建由“四带”“六廊”组成的深圳自然生态网络格局体系。该体系连通大型生态用地，隔离城市功能组团，保障区域生态安全，使内陆城区之间以自然地带相隔，实现自然融解城市的目标。“四带六廊”生态安全体系的建立，有助于解决现状连绵的自然体系被快速无序发展的城镇围合孤立的问题，提升生态用地景观斑块面积，降低生态用地空间分布的破碎化程度，提升自身生态系统的稳定性，从而实现整个城市生态系统的调节能力的加强，有效地提升城市生态系统的稳定性，加强生态系统服务功能的发挥。

2. 加快节点恢复建设

根据相关研究，“四带六廊”生态网络最小宽度应在 1 千米以上。根据自然生态网络连通性需求以及城市开发建设扩张蔓延的现状，重点控制 20 个位点的开发建设，对于其中已经蔓延对接的区域，依据相关的政策逐步腾退建筑物和构筑物，恢复自然地带。对于必须穿越自然生态区域内的“重大道路交通设施”，应以“虚线化”为原则，尽可能采用地下或空中穿越的建设方式，避免对地表植被造成干扰。对于“市政公用设施、旅游设施、公园”建设也本着简建设、少干扰的原则严格审核。

重点推进羊台山—梧桐山—坪山河生态廊道坪山河段、观澜河—福田中心区生态廊道观澜河段、西部沿海—深圳河生态廊道深圳河段建设，总长 42 千米。连通平湖东区域绿地与梧桐山、羊台山—凤凰山与塘朗山、塘朗山与鸡公山、梧桐山与梅沙尖、大鹏半岛南北重要山体、平湖东区域绿地与鸡公山 7 个生态节点的建设，保证重要植被斑块之间的连通，确保生态安全格局基本确立。

7.3.3.2 加大自然保护区建设力度

1. 推动自然保护区建设

建立自然保护区，加强对典型性自然生态系统、珍稀濒危野生动植物资源的保护。加快内伶仃岛-福田国家级自然保护区建设，打造成全国森林类型和野生猕猴种群保护的典型区域。推进大鹏半岛、铁岗-石岩湿地、塘朗山仙湖苏铁、清林径、田头山等自然保护区的建设。加强对自然保护区、森林公园的幼林抚育，优化森林结构，提高森林质量，不断增强森林生态产品的供给能力。实施城市主干道两旁第一重山的林相结构统一规划设计和改造，突出景观特色，完成山体边坡、采石场的植被恢复。

2. 完善自然保护区管理

严格保护大鹏半岛生态资源的多样性，结合自然条件、生态保护和开发建设需求，合理、科学地划定大鹏半岛、田头山自然保护区管理线。完善自然保护区管理规定，协调经济发展与生态保护的关系。加强国际合作，借鉴香港米浦湿地等自然保护区先进经验，完善自身管理体系。利用自然保护区资源建立宣传中心，开展科普教育活动，增强城市居民的生态保护意识。

7.3.3.3 打造公园之城

1. 推进城市公园体系建设

继续推进“森林、郊野公园—市政公园—社区公园”三级公园体系建设。开展羊台山、凤凰山、罗田、三洲田、光明、五指耙、观澜、松子坑等森林公园的规划建设，新建 1～3 个森林公园。继续推进儿童乐园、梅林山公园、布心山公园、红岗公园、安托山、银湖山公园、罗芳公园、滨海公园、香蜜湖公园建设，继续充分利用非建设用地和拆除违章建筑后空地，利用靠近社区、尚处于纯绿化状态的公共绿地，利用城中村或社区内空地建设或改造社区公园，在城市更新中增加绿地公共空间。全力打造“公园之城”。加快大鹏半岛国家地质公园建设，进一步完善公园的游览线路及旅游配套设施。

2. 多方面拓展城市绿量

开展屋顶、房屋垂直面和桥梁的绿化。加大绿化宣传力度，普及绿化知识，专群结合，全民参与，鼓励认养形式，多渠道拓展城市绿化空间，充分调动企业、个人积极在屋顶、阳台、空中花园等条件具备的地方推广空中和垂直面绿化，强化建筑群立体平台、立交桥护栏绿化，增加城市绿量。

7.3.3.4 加强重要功能区的生态恢复重建

1. 严格控制水土流失

按照“预防为主、防治结合、绿色生态”原则开展水土保持工作。加强自然山体水土流失治理，推进崩岗、无业主裸露山体与边坡的整治。采取生物措施、工程措施与生物措施相结合的方式治理水土流失。基本控制人为水土流失，水土流失侵蚀模数控制在 500 吨/(千米^2 · 年)以下，建设项目水土保持方案申报率达到

100%，实施率达到80%，验收率达到70%以上。对已保留的采石取土场，开展环境整治和生态修复，完成已关闭采石场的复绿工程。

2. 推动海洋岸线生态恢复

一方面，建立近岸海域生态环境监测体系，通过生态监控区内的海洋生物、海水水质、沉积物环境质量、滩涂湿地、珍稀动物，以及社会经济的监测和调查，为客观评价海域生态环境质量，加强海洋生态环境管理、海洋资源开发利用决策与规划提供科学依据。及时掌握近岸海域生态系统健康状况，遏制生态系统健康的恶化趋势，是保护近岸海域环境、维护生态系统健康和促进近岸海域资源合理开发利用、协调发展的需要。

另一方面，对重点近岸海域进行生态修复。推进海洋生物资源和重要港湾及重点海域生态环境恢复工程，加强滨海湿地生态系统建设、海洋生物多样性保护和海洋养殖污染的控制。积极引导东部海区旅游资源保护和生态产业发展，合理开发利用海洋资源。保护和拓展红树林区，修建重点河口海岸带滩涂湿地，通过建设海洋生物资源恢复工程和生态建设工程等，使近岸海域生态环境得到有效治理，生物资源得到逐步恢复。

渔业资源的恢复是一个漫长的过程，应进一步加强渔业资源的保护，努力实现渔业资源的可持续利用，应加大渔业执法力度，加强海上监督检查，提高执法管理人员的素质，严格执法过程；加强对渔民的宣传力度，提高渔民对资源可持续利用的认识，调动渔民的积极性，协助管理部门加强监督；适度发展远洋渔业；有重点地加大对远洋渔业的扶持力度，引导有条件渔民捕捞力量转移，缓解近海渔业资源压力。

基于旅游污染源的特殊性，必须从旅游管理角度采取措施才能更为有效地控制旅游对边界地区生态环境的消极影响，降低旅游所带来的负面效应。旅游开发应进行必要的环境投资，设立环保设施及环保措施，最大限度地减小旅游带来的环境损害；征收旅游排污费和资源税为受损环境的恢复投入资金；大力开展宣传绿色旅游，提高旅游开发经营者、旅游者以及旅游地居民的环境保护意识。

7.3.3.5 重视生态多样性保护与管理

1. 加强生物多样性保护

全面加强物种资源保护，不断提高生物多样性，组织开展全市珍稀野生植物种群调查摸底工作，建立资源档案，并开展保护管理和种群恢复工作，建立1个珍稀濒危野生植物救护繁育基地和仙湖苏铁等2～3个不同级别的珍稀植物群落自然保护小区，抢救性保护重要的生境和珍稀植物物种资源。进一步加强古树名木的保护与管理，加大古树名木申报工作力度，积极开展普查、鉴定、定级、督建等工作。严格保护管理名木古树，在树干外侧3～5米范围内禁止建设任何设施和堆放杂物,保持土壤透水性。树冠边缘8米范围内禁止安置热源。

全面完成濒危野生动植物救护中心及配套项目的建设,打造成粤港野生动植物保护交流合作和深圳市中小学生科普教育的基地。在森林公园或保护区开展野生动物野外种群恢复实验工程,探索构建人与野生动物和谐共存生态城市模式。

2. 防治外来物种入侵

深圳市是我国外来植物物种入侵最严重的地区之一,深圳地区共有外来植物87种,其中归化种78种。对深圳生物多样性危害较大的外来入侵种共9种,薇甘菊、五爪金龙、马缨丹、美洲蟛蜞菊、簕仔树、凤眼蓝(水葫芦)、三叶鬼针草等入侵植物均在深圳的多处公园、郊野公园、常绿阔叶林区出现,危及本地植物的生存,严重影响了本地生态系统的健康可持续发展。为了有效控制、防除入侵生物,在基础研究方面,深圳市有必要进行一次全面的外来物种的深入调查和研究,全面掌握外来物种的分布、生态状况、生态危害,建立深圳地区外来种数据库,并对危害严重的入侵物种的生物学特征进行研究,包括生长量、繁殖方式、物候、传播规律等,确定危害等级,并建立预警机制,提高风险评估技术,为有效开展综合防除提供依据。确认生物入侵状况之后,对危害较大的入侵物种进行防治和综合治理工作,采取人工防治、机械或物理防除,并将生物、化学、机械、人工等单项技术融合起来,发挥各自优势,弥补各自不足,达到综合控制入侵生物的目的。

此外,深圳应加强入侵生物的预防工作。生物入侵的途径除了海关物流输入之外,入侵植物的主要来源还有:大规模的退耕还林,大规模的水土流失控制和草料栽培过程中主要依靠从国外(特别是美国)进口草种,使用外来物种恢复植被和进行城市绿化,为观赏大量引入外来植物等。应全面完成“深圳市林业有害生物监测防控系统”建设工作,制定法律法规,严格各项审批制度,合理引种,综合防控外来种的入侵。

8 深圳市生态经济发展策略研究

党的十八大明确提出，面对资源约束趋紧、环境污染严重、生态系统退化的严峻形势，必须“树立尊重自然、顺应自然、保护自然的生态文明理念，把生态文明建设放在突出地位，融入经济建设、政治建设、文化建设、社会建设各方面和全过程”；“坚持节约资源和保护环境的基本国策，坚持节约优先、保护优先、自然恢复为主的方针，着力推进绿色发展、循环发展、低碳发展，形成节约资源和保护环境的空间格局、产业结构、生产方式、生活方式”。建设生态文明，以把握自然规律、尊重自然为前提，以人与自然、环境与经济、人与社会和谐共生为宗旨，以资源环境承载力为基础，以建立可持续的产业结构、生产方式、消费模式及增强可持续发展能力为着眼点，以建设资源节约型、环境友好型社会为本质要求。发达的生态经济是建设生态文明的物质基础，对传统产业进行生态化改造，大力发展节能环保等战略性新兴产业，使绿色经济、循环经济和低碳技术在整个经济结构中占较大比重，推动经济绿色转型。

经过30多年的高速发展，深圳创造了世界工业化、现代化、城市化发展史上的奇迹。在新形势下，中央赋予了经济特区新要求、新使命，为深圳未来发展指明了方向，要求深圳继续解放思想，坚持改革开放，努力当好推动科学发展、促进社会和谐的排头兵。早在2011年，深圳就提出打造有科学发展内涵的“深圳质量”，在全国率先推动从“速度”向“效益”再到“质量”的历史性转变，实施自主创新主导战略，全力推动包括生物产业在内的战略性新兴产业发展，构建以“高、新、软、优”为特征的现代产业体系，以实现有质量的稳定增长和可持续的全面发展。

生态经济转型是生态文明建设的命脉，是生态文明建设融入经济建设的必由之路，是在经济领域创造“深圳质量”的应有之义，在深圳推进生态经济建设就是要推动深圳经济发展进一步贯彻落实党的十八大报告关于加快转变经济发展方式和大力推进生态文明建设的相关要求，在生态文明建设融入经济建设的过程中突出优化发展，从绿色发展、循环发展和低碳发展3个层面系统推进深圳经济向资源节约、环境友好、社会繁荣型的生态经济转变；从经济层面以全新的视角创造“深圳质量”，切实推动有质量的稳定增长和可持续的全面发展，在全国率先争创生态经济发展的典范。

8.1 生态经济建设现状及问题分析

作为中国最早的经济特区，深圳市在过去30多年里经济发展速度迅猛，在全国率先推动从"速度"到"效益"再到"质量"的历史性转变，始终将建设生态城市作为一贯坚持的城市发展战略。早在1992年荣获联合国人居奖；2005年提出加强环境保护，建设生态城市；2006年做出全面推进循环经济发展的决定；2007年被确定为全国首批大型公共建筑节能建设示范城市；2008年出台生态文明建设行动纲领，提出要把深圳打造成为绿色建筑之都，同年，光明新区被确定为国家级绿色建筑示范区；2009年被确定为首批国家级可再生能源建筑应用示范城市；2010年1月被确定为国家级低碳生态示范城市；2010年8月又被确定为国家低碳试点城市。

8.1.1 建设基础

8.1.1.1 绿色经济

1. 城市意志和政府决心大力推动

深圳市提出了以科学发展为主题，以转变经济发展方式为主线、以转型发展推动经济结构战略性调整的战略决策和部署，并将"深圳质量"作为加快转变经济发展方式、推动科学发展的核心理念，指导深圳走绿色低碳的城市化、工业化道路，努力实现有质量的稳定增长、可持续的全面发展，实现从"深圳速度"到"深圳质量"的跨越。这充分体现了深圳发展绿色经济的强烈政治决心和意愿，成为绿色经济转型的核心动力。深圳市政府在创造深圳质量、转变经济发展方式多项重要计划部署和实施方案中都明确提出加快推动绿色发展。国民经济和社会发展第十二个五年规划对绿色发展进行总体部署，包含了17项与绿色经济直接相关的宏观经济与环境发展指标，推动绿色发展落到实处。

2. 经济发展水平国内领先

2011年，深圳经济总量规模首破万亿元，GDP国内排名第五位。2011年，第三产业增加值占GDP比重达到53.5%，初步形成二、三产业协调推动经济发展的良好态势。高新技术产业、现代金融业、现代物流业和文化产业四大支柱产业支撑能力明显增强，积极培育六大战略性新兴产业，加快发展现代服务业，全面推进产业转型升级，低碳产业、环保产业稳步推进，经济发展质量和绿度进一步提高，绿色经济发展水平国内领先。

3. 政策机制体制创新

深圳市较早确立了可持续发展、绿色发展战略远景和"生态立市"的基本方针，明确了生态城市建设蓝图，人居委的设立探索和建立健全大部门体制和部门协调机制，法规规章的制定和修订进一步完善立法，创新性开展环保实绩考核使之成为"绿色指挥棒"，发挥创新精神探索并制定绿色金融、绿色采购、绿色保险等系列环境经济政策，绿色发展机制和政策体系初步建立。

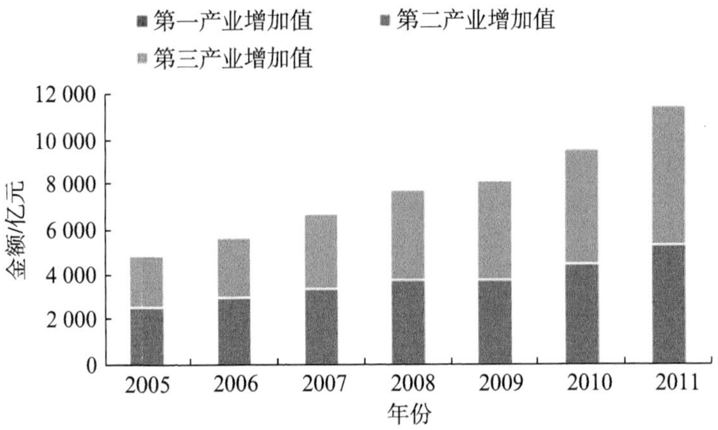

图 8.1　深圳市产业发展及产业结构调整(2005～2011 年)

资料来源:《深圳市国民经济和社会发展统计公报》(2005～2011 年)

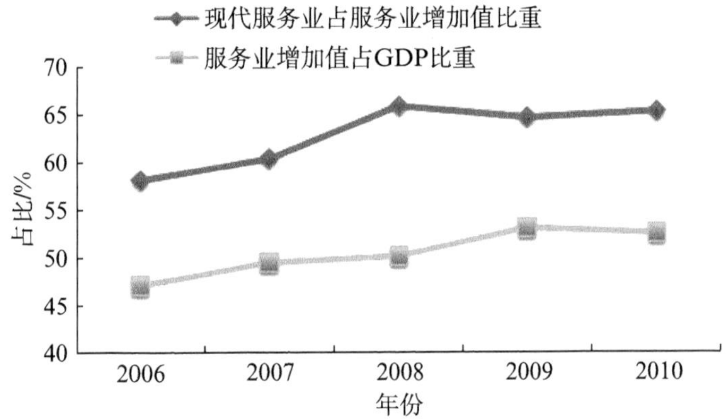

图 8.2　深圳市现代服务业及服务业比重变化(2006～2010 年)

资料来源:《深圳统计年鉴(2011 年)》

4. 科技创新支撑能力提升

创新是深圳的根,深圳的魂。深圳经济特区建立 30 多年以来,不断增强自主创新能力,着力突出企业创新主体地位,有效集聚优势创新资源,有力推进产业转型升级,成功打造高新技术产业的第一支柱地位,率先建设国家创新型试点城市,走出了一条敢为人先的自主创新之路。深圳市国民经济和社会发展第十二个五年规划中提出了形成具有国际水平的自主创新体系、率先建成国家创新型城市的目标。科技创新不仅加快了节能环保以及新兴产业发展,也对传统工业的升级与转型注入了新的活力和要求,将推动深圳多层次、多元化的产业结构转型,实现更高层次的绿色发展。

8.1.1.2　循环经济

1. 环境资源承载能力逐步提升

深圳市早在“十五”末期就意识到资源环境的硬约束，并明确要走“生态立市”之路，持续加大环保投入力度，加快环境基础设施建设，强力推进节能减排，不断强化环境监督管理，主要污染物排放总量大幅减少，深圳总体环境质量在经济社会快速发展的同时，保持了较好水平并呈现稳中好转的态势；在保持社会经济持续快速发展的情况下，全市能耗、水耗强度持续降低，全国大中城市排名第一，土地资源利用效率不断增加(图 8.3～图 8.6)。

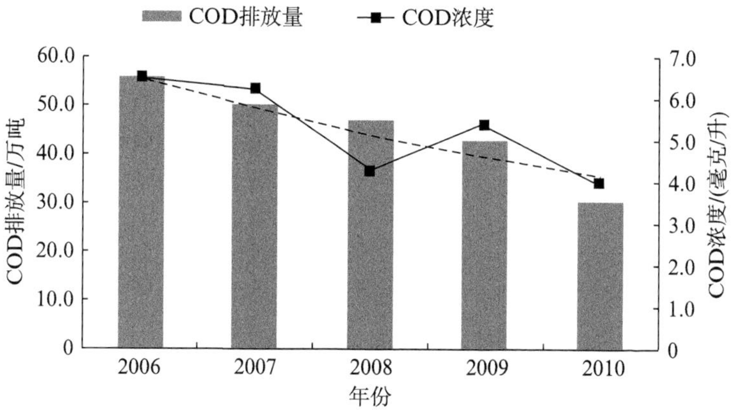

图 8.3　深圳市河流 COD 平均浓度与 COD 排放量关系(2006～2010 年)

资料来源：《深圳市环境质量报告书》(2006—2010 年)

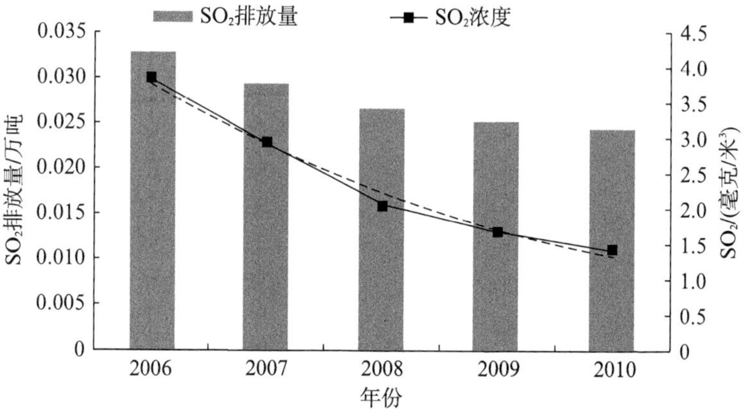

图 8.4　深圳市 SO_2 浓度与 SO_2 排放量关系(2006～2010 年)

资料来源：《深圳市环境质量报告书》(2006—2010 年)

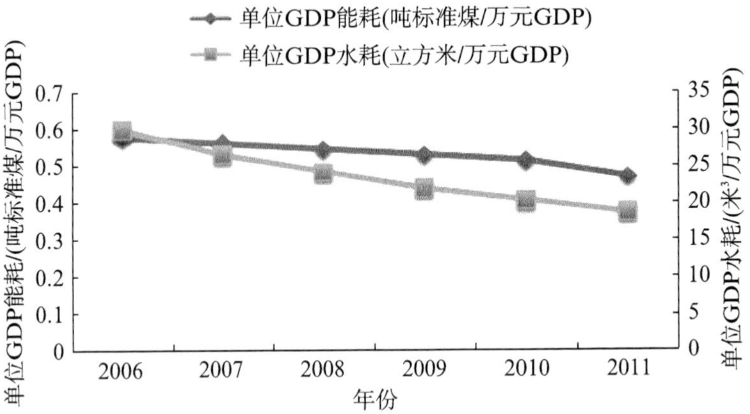

图 8.5　深圳市能耗、水耗强度(2006～2011 年)

资料来源:《深圳市国民经济和社会发展统计公报》(2006～2011 年)

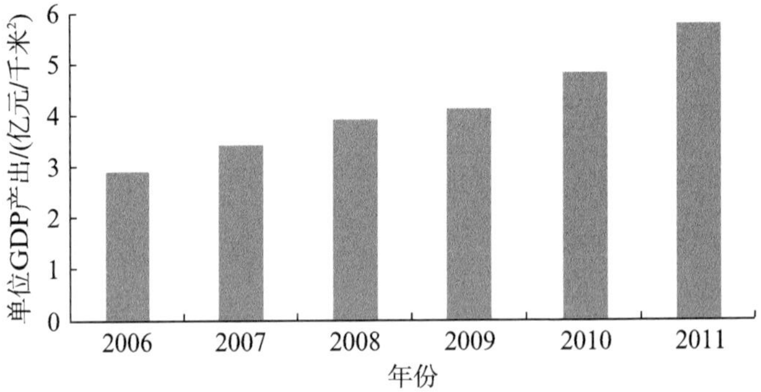

图 8.6　深圳市单位土地 GDP 产出(2006～2011 年)

资料来源:《深圳市国民经济和社会发展统计公报》(2006～2011 年)

2. 政策法规体系初步建立

深圳充分利用特区立法和较大市立法优势,在全国率先出台《深圳经济特区循环经济促进条例》,并以此为基础,初步建立起促进循环经济发展的地方性多层次法规体系:第一个层次是作为纲领性法规的循环经济促进条例;第二个层次是节能、节水、资源综合利用等专项配套法规、规章;第三个层次是与前两个层次的法规、规章相配套的各项实施办法、技术规范、产品或工艺目录等一系列规范性文件,如《中共深圳市委深圳市人民政府关于全面推进循环经济发展的决定》《深圳市全面推进循环经济发展近期实施方案(2006—2008)》等。同时,出台《深圳市循环经济"十一五"发展规划》《深圳市循环经济"十二五"发展规划》,并在此基础上编制不同领域的专项规划及各区循环经济发展规划,构建较为完善的循环经济规划体系。

3. 机制体制逐步完善

1）管理体制

2006 年，深圳成立深圳市发展循环经济领导小组，由市长任组长，成员单位包括各区政府和市直有关职能部门，负责统筹、协调和指导全市循环经济发展工作。2007 年，成立深圳市节能减排工作领导小组，同时各区成立相应机构，统筹指导各区循环经济和节能减排工作，组织有关循环经济政策的贯彻与实施。

2）价格体制

完善资源使用的定价制度，建立废弃物排放收费制度和对循环利用资源、清洁生产、治理环境的补贴制度。出台《深圳市污水处理费征收使用管理办法》《深圳市城市生活垃圾处理费征收和使用管理办法》，制定管道天然气试行价格和垃圾焚烧发电厂垃圾处理费支付标准。

3）财政专项资助制度

在全市层面划出专项资金支持循环经济发展，主要用于污水治理、污水处理厂建设、垃圾处理等项目建设方面。每年安排发展循环经济和节能减排专项资金达 5 亿元。在此基础上，各区根据自身实际情况划出相应的专项资金用于扶持循环经济的发展。

4）评价指标体系和统计核算制度

建立包括发展循环经济的软硬环境、经济发展、社会生活、政府建设、资源效益、环境效益以及生态安全等内容的指标体系，涵盖社会生活发展的方方面面。制定并实施《深圳市循环经济统计与核算管理办法》，初步拟定《深圳市单位 GDP 监测统计指标体系与监测体系实施方案》，启动绿色国民经济核算试点工作。

4. 重点领域工作有力推进

1）节能减排领域

一是编制出台《深圳市节能中长期规划》，对全市节能工作进行统筹安排；二是出台《深圳市节能减排综合性实施方案》（深府[2008]132 号）、《深圳市“十一五”期间污染减排工作方案》（深府[2008]97 号），将节能减排指标纳入市区经济发展综合评价考核体系，并作为领导干部综合考核评价的重要内容；三是进一步落实污染减排政策，加大环保执法力度，继续贯彻实施吊销排污许可证制度、公开忏悔和承诺制度、银行征信管理制度等监管机制，采取法律、行政、经济等手段，有力地打击违法排污行为；四是出台《深圳市清洁生产审核实施细则》《重点污染行业清洁生产技术指引》和《重污染行业清洁生产废水治理工程设计指引》等规范性文件，清洁生产工作取得较大成绩。

2）节水领域

一是节水法制机制初步建立。先后颁布多项节水相关配套法规与制度，如《深圳市节约用水规划（2005—2020 年）》《深圳市水资源综合利用规划》等；实施建设项目节水“三同时”，单位用户计划用水及超计划用水累进加价收费等多项管理制度；开展水量平衡测试与节水型企业单位创建活动。二是非传统水资源利用快速增长。加大非传统水资源的开发利用，侨香村、大运村雨水利用，横岭、龙华、西丽、滨河、罗芳、盐田再生水厂建设相继实施。三是创建节水型城市工作取得较好成绩，在全国 30 个节水型社会建设试点城市的评定中，深圳成为 4 个获得优秀成绩的城市之一。

3）节地节材领域

制定产业用地分类标准和项目建设用地标准，提升行业准入门槛。在全国首创划定基本生态控制线，出台《深圳市基本生态控制线管理规定》，将全市 974 平方千米土地列入生态保护范围。编制完成《深圳市绿色建筑设计导则》和《深圳市绿色住区规划设计导则》，成为在城市规划和城市管理工作中推行循环经济的重要依据。

4）资源综合利用领域

一是通过开展废旧电池分类回收活动推进全市废旧电池和电子废弃物回收利用体系建设；二是颁布《深圳市餐厨垃圾管理暂行办法》，开展餐厨垃圾集中收运和处理处置试点工作，被国家发展和改革委员会、财政部和住房和城乡建设部确定为国家第一批城市餐厨废弃物资源化利用和无害化处理试点城市；三是强力推进建筑垃圾综合利用试点工作，目前深圳市多个建筑垃圾综合利用项目已进入市场化运作阶段。

5. 试点示范效应初步显现

一是根据国家发展和改革委员会关于循环经济试点工作的总体要求完成《深圳市循环经济试点实施方案（2010—2015）》编制工作，结合《中共深圳市委深圳市人民政府关于加快转变经济发展方式的决定》，对该方案进行任务分解后实施；二是评选出第一批 37 个循环经济示范项目和 1 个发展循环经济标兵单位，通过集中开展示范项目推广活动进一步增强目的示范效应，在全市乃至全国产生较大影响；三是培育一批具有推广价值和重要示范意义的循环经济项目。

8.1.1.3 低碳经济

1. 碳排放现状

2006 年，深圳全市碳源温室气体排放总量约为 4 743 万吨二氧化碳当量，人均碳排放量 3.359 吨/人。碳汇吸收二氧化碳约为 371.91 万吨/年，约能抵消全市 7.84％的碳排放。

与新加坡、香港和上海等发达城市近年来碳排放相关数据进行横向对比。由于数据收集限制，上海、香港、新加坡数据分别为 2005 年、2009 年、2007 年。从总量上看，深圳市碳排放总量远远低于上海的 21 285 万吨，比香港略低，但略高于新加坡；从人均排放量来看，上海、香港、新加坡的人均排放量均在 7 吨/人以上，而深圳市的人均排放量仅为香港的 43.15％，新加坡的 38.62％，上海的 37.88％（图 8.7）。

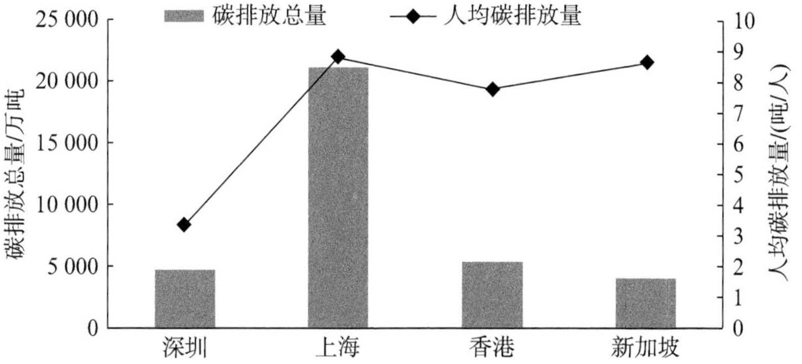

图 8.7 深圳市及其他发达城市碳排放情况对比图

资料来源：深圳市数据来自《深圳市碳源碳汇估算研究》；上海数据来自郭茹.上海市应对气候变化的碳减排研究.同济大学学报(自然科学版)，2009，(4)；香港数据来自《香港能源统计二零零九年年刊》；新加坡数据来自 *Singapore in figures*.2009

2. 碳源现状

1）总体状况

2006 年，深圳全市二氧化碳排放量为 4 355.8 万吨，甲烷排放量为 15.62 万吨(折合 359.4 万吨二氧化碳当量)，一氧化二氮排放量为 0.09 万吨(折合 27.8 万吨二氧化碳当量)。主要温室气体为二氧化碳，占温室气体排放总量的 91.84%(图 8.8)。

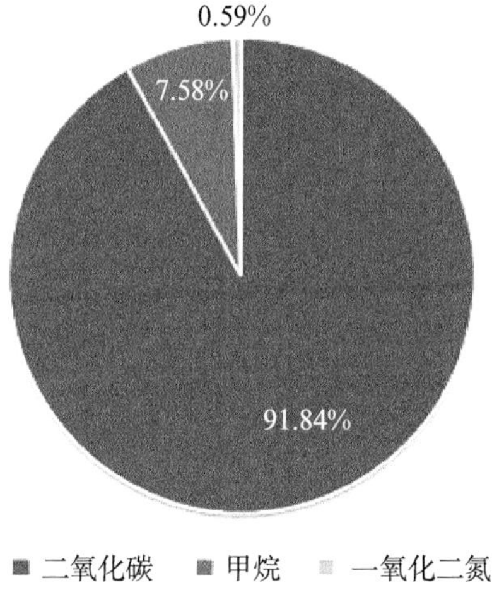

图 8.8 深圳市碳排放结构图

资料来源：深圳市碳源碳汇估算研究

全市温室气体最主要的排放源从大到小依次为：电力行业的化石燃料燃烧 44.10%，商业、生活的化石燃料燃烧 22.42%，交通的化石燃料燃烧 22.03%，废弃物处理处置 10%。因此,深圳市碳源控制的重点主要是电力行业、商业、生活和交通的化石燃料燃烧(图 8.9)。

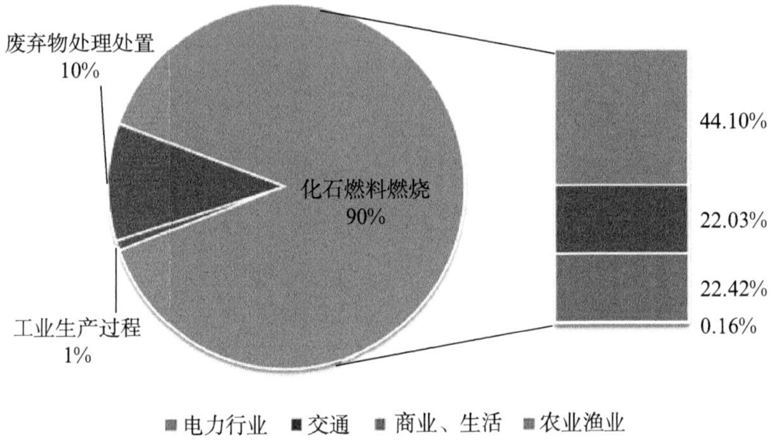

图 8.9 深圳市碳源结构汇总(2006 年)

资料来源:深圳市碳源碳汇估算研究

2)各部分现状

A. 二氧化碳排放

95.92%的二氧化碳来自化石燃料燃烧,工业生产过程和废弃物处理处置过程产生的二氧化碳均非常少。而在化石燃料燃烧过程中,电力行业贡献了 47.83%,其次是商业、生活与交通,分别是 24.35%和 23.56%,农业、渔业只产生极少量的二氧化碳(图 8.10)。

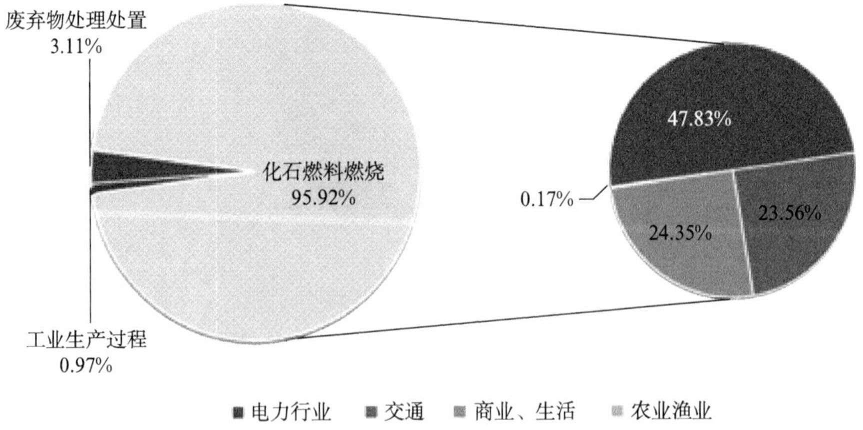

图 8.10 深圳市二氧化碳排放源结构图(2006 年)

资料来源:深圳市碳源碳汇估算研究

B. 甲烷排放源

98.57%的甲烷来自废弃物填埋过程产生的填埋气体，化石燃料燃烧产生极少量的甲烷。根据当前的计算方法，工业生产过程不产生甲烷(图 8.11)。

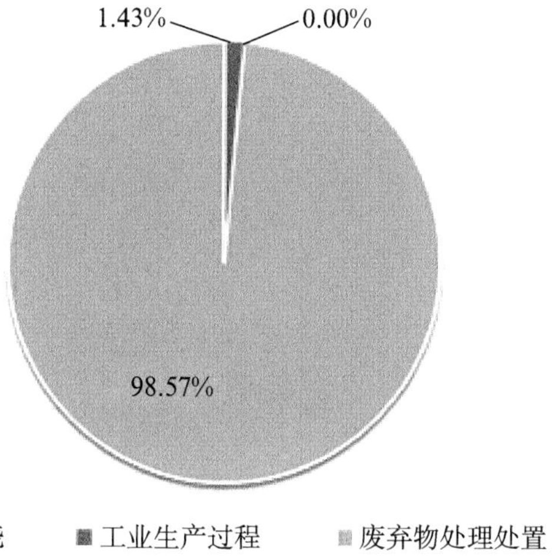

图 8.11 深圳市甲烷排放源结构图

资料来源：深圳市碳源碳汇估算研究

C. 一氧化二氮排放源

化石燃料燃烧是最主要的来源，占一氧化二氮总排放量的 86.32%，其中，53.68%来自各种机动车辆尾气，25.26%来自电力行业(图 8.12)。

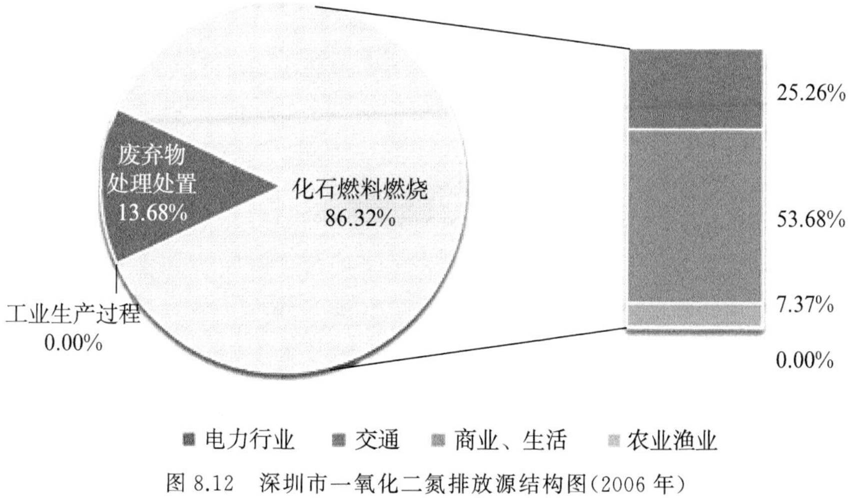

图 8.12 深圳市一氧化二氮排放源结构图(2006 年)

资料来源：深圳市碳源碳汇估算研究

3. 碳汇现状

2006 年,深圳市碳汇来源包括林地、耕地、草地、湿地。其中,碳汇总量的 85.37% 由林地提供。林地面积占全市总面积的 43.5%,碳汇建设潜力相对较小(图 8.13)。

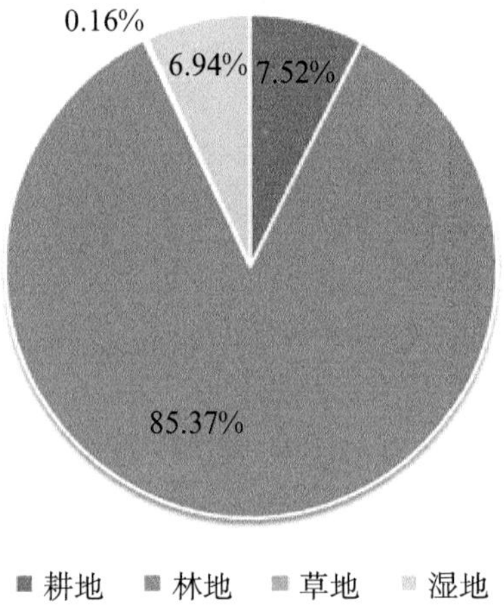

图 8.13 深圳市碳汇结构图

资料来源:深圳市碳源碳汇估算研究

4. 深圳低碳经济发展特征

1) 发展起点高

作为中国首个经济特区,深圳市在过去 30 多年里始终保持经济迅猛发展的同时,坚持经济发展与环境保护的双赢,将建设低碳生态城市定为一贯坚持的城市发展战略。近期,深圳市又成为国家首批"低碳试点城市"之一和国家首个"低碳生态示范市",在全球低碳经济建设的大潮中,又一次站在了一个全新的历史起点上,有利于获取更多国家及广东省在政策和财政等方面的支持,吸引更多国内外相关优质资源的大力注入。

2) 行政壁垒少

一是纵向方面,"低碳试点城市"和"低碳生态示范市"的建设为部市共建提供了难得一遇的平台,将极大地促进深圳市与中央政府及各相关部委的协调与衔接。二是横向方面,2009 年实施的大部制改革为深圳市建设低碳经济提供了更为优化的管理体系,各职能部门负责的领域相对集中,更有利于政策制定、措施落实和项目推进,而各职能部门现有工作职能已经涵盖了能源、产业、建筑等各个方面。

3) 发展禀赋好

一是产业结构先进。第三次产业所占比重保持持续增长,贡献率明显增强,成为推动经济增长的第一动力，后工业化阶段特征明显。高新技术、金融、物流和文化四大产业比重超过60%，新能源、互联网等战略性新兴产业快速发展。二是能源结构先进。单位GDP能耗远低于全国及广东省平均水平，并始终保持下降趋势。煤电、油电供电量比重仅为1/3左右，与目前全国仍然以煤炭为主的能源结构形成鲜明对比。

4）建设基础实

一是政策法规基础较好。深圳市充分利用自身立法优势，制定了一系列有利于低碳发展的政策，涵盖了低碳能源、低碳建筑等8个方面，《深圳经济特区环境保护条例》在国内首次以立法的形式明确鼓励发展低碳经济，为低碳经济发展提供了较为完整的行动纲领体系和政策法规支持。二是低碳建设基础较好。深圳率先从低碳城市建设、低碳交通建设、低碳生活倡导等多领域、多层次开展建设探索，形成了政府机构、企业和居民全面参与的建设格局和良好发展氛围。

8.1.2 发展形势

8.1.2.1 绿色经济

1. 国际形势

工业革命和信息革命以来，“绿色革命”已成为新一轮全球发展转型的催化剂。以绿色经济为核心的“绿色革命”正席卷全球，欧、美、日等主要发达国家和地区纷纷制定和推进绿色发展规划，此次“绿色革命”被称为人类历史上的第四次工业革命，是21世纪人类最大规模的经济、社会和环境的总体革命。2008年，联合国环境规划署(UNEP)发起了绿色经济倡议。2009年，全球领导人在G20伦敦金融峰会上达成了“包容、绿色以及可持续性的经济复苏”共识。2010年，经济合作和发展组织(OECD)发布了《绿色发展战略》报告。欧盟的“欧盟2020战略”将绿色发展作为提高竞争力的核心战略。这些国际倡议的共同主题就是将全球环境挑战融合到综合经济决策中，将发展绿色经济作为提升国家综合竞争力并使之成为占领全球制高点和领先地位的重要途径。

2. 国内形势

中国政府高度重视发展绿色经济。2010年11月14日，胡锦涛总书记在亚太经合组织第十八次领导人非正式会议上发表了题为“深化互利合作实现共同发展”的重要讲话，指出要积极应对气候变化，大力发展绿色经济，培育新的经济增长点。2009年11月30日，温家宝总理在第五届中欧工商峰会上发表了题为“发展绿色经济，促进持续增长”的重要讲话，指出要为子孙后代留下一个赖以生存和发展的地球家园，就必须推进绿色发展、循环发展和持续发展。2010年4月10日，习近平副主席出席博鳌亚洲论坛2010年年会开幕式并发表题为“携手推进亚洲绿色发展和可持续发展”的主旨演讲，强调绿色发展和可持续发展是当今世界的时代潮流。《国民经济和社会发展第十二个五年规划纲要》也明确提出，要以科学发展为主题，以加快转变经济发展方式为主线，实现绿色发展，把建设资源节约型、环境友好型社会作为加快转变经济发展方式的重要着力点，提高生态文明水平，走可持续发展之路。党的十八大报告首次写入“绿色发展”理念，提出“着力推进绿色发展、循环发展、低碳发展”，表明我国走绿色发展道路的决心。绿色发展是一种新的发展趋势和潮流，已成为引领文明的一种发展模式。

3. 深圳形势

目前，深圳步入“后经济特区时代”，要争做科学发展的“排头兵”，同时也面临着新的挑战，要保持已有的竞争优势，强化自身在区域中的地位和作用，就必须探索新的发展模式。2012 年 10 月 10 日，许勤市长在深圳市环境形势分析会上提出要在低碳绿色发展的这种新的竞争规则里、在新的发展坐标系当中赢得主动，努力抢占绿色经济制高点，推动有质量的稳定增长和可持续的全面发展。发展绿色经济是解决深圳资源、环境与经济社会发展之间日益突出矛盾的战略性选择，也是深圳应对气候变化、把握新发展机遇的必然需要。发展绿色经济已成为摆在我们面前的一个重大战略课题，成为当前推进改革发展的重中之重。

8.1.2.2 循环经济

1. 国际形势

全球应对气候变化形势对发展循环经济提出新要求。全球气候变暖造成海平面上升、极端气候事件频发等一系列灾难，已经危及人类生存和发展。减少二氧化碳排放直接关系到全球环境安全。发展循环经济，是解决经济发展与环境保护矛盾，应对气候变化的有效途径，发展循环经济的政策也必将成为我国参与全球应对气候变化战略的一部分。

2. 国内形势

全国循环经济发展进入新阶段。全国循环经济试点工作取得初步成效，“循环经济专家行”活动总结提炼的循环经济发展模式将逐步在全国推广，循环经济试点将逐步转入示范推广阶段。《中华人民共和国循环经济促进法》正式颁布实施，相关配套法规体系将逐步建立。发展循环经济，建设资源节约型和环境友好型社会已经作为一项基本国策写入国民经济和社会发展第十二个五年规划，全国循环经济工作进入了新的发展阶段，对深圳循环经济发展也提出了更高要求。

3. 深圳形势

深圳经济发展进入新的历史时期。前 30 年，深圳创造了世界经济发展史上的奇迹，后 30 年，加快转型发展成为新时期深圳实现可持续发展的必由之路。通过发展循环经济，引导产业结构调整，淘汰落后产能，实现经济发展向资源节约型和环境友好型转变。资源、能源高消耗的传统产业加速淘汰，以新能源、互联网、生物为代表的战略性新兴产业成为新一轮经济发展的竞争焦点和战略制高点，越来越受到高度关注。通过发展循环经济推进节能环保产业、资源综合利用产业、新能源产业等新兴产业发展，挖掘新的经济增长点将成为深圳转变经济发展方式、创造“深圳质量”的重要内容。

8.1.2.3 低碳经济

1. 国际形势

2007年以来，在应对全球气候变化成为全球共识，第4次国际能源发展变革逐步推进以及全球经济低迷对新兴经济增长点的迫切需求等因素的交织作用下，“低碳经济”从一个边缘概念迅速转变为风靡全球的热门词汇，成为应对全球气候变化，维护国际能源安全以及带动全球经济复苏的核心与关键途径，而发展“低碳经济”也成为我国融入国际竞争与合作的重要组成部分。

2. 国内形势

我国正处于加速城镇化阶段，工业化、城市化进程仍将继续加速进行，城镇无论是在经济社会发展，还是在资源能源消耗等方面均占据了绝对优势地位。2006年，287个地级以上城市市区的能源消耗量占全国总量的55.48%，二氧化碳排放量占全国总量的54.84%。据估计，2025年将有大约10亿中国人居住在城市，2050年中国的人口城镇化水平将达到70%～75%。随着城市在地域空间上的扩展、城市型经济活动规模的扩大、大量人口生产生活方式的转变，城镇化意味着巨大的城市基础设施和住宅需求，工业、建筑和交通等主要耗能部门将推动城市能源消耗急剧增加，温室气体排放量也将随之不断增多。

3. 深圳形势

深圳作为经济特区，30年来始终承担着全国改革开放的“窗口”和“试验田”作用，发展低碳经济是深圳责无旁贷的历史责任。低碳经济是建设生态文明的应有之义，是在新的历史条件下生态文明建设的新重点和新道路，发展低碳经济是深圳建设生态文明的新延伸。发展低碳经济是深圳转变发展模式，创造“深圳质量”，加快建设现代产业体系，大力推进产业结构转型升级的必然选择。发展低碳经济推进经济竞争力、技术竞争力和城市软实力的提升，是深圳打造核心竞争力的必经之路。

8.1.3 存在的问题

8.1.3.1 绿色经济

1. 发展理念尚未全面形成

尽管“绿色发展”写入了国家的“十二五”规划纲要，深圳市在发展绿色经济方面也做了不少努力并取得一定成效，但由于受经济发展水平及发展阶段的制约，绿色经济理念尚未全面形成。地方政府对绿色发展认识不深，重发展、轻保护问题突出；企业绿色价值和理念缺失，环保责任意识不强；公众追求奢侈消费、超前消费，铺张浪费现象普遍，节约及环保意识淡薄。

2. 制度顶层设计缺失

尽管深圳市在资源节约利用、生态环境保护、节能减排、循环经济发展等方面已经具有相应的发展战略及制度安排，但是由于缺乏顶层设计，导致现有的绿色发展的法律法规、制度安排不系统、不全面、不完善，尚未形成整体的绿色战略体系。绿色发展缺乏统一引领、协调推进，多头建设导致建设效率低、效益少、浪费多等问题。

3. 产业绿色化程度有待提高

经济社会发展与资源能源消耗同向增长，并带来大量的污染物排放，在时间和空间上产生累积和压缩，现有的经济发展模式难以支撑深圳社会经济实现更高水平的发展，经济发展模式仍有待进一步优化。深圳经济总量继续保持前四名的压力较大，产业结构较北京、广州、上海仍有一定差距，服务业总量与北京、上海差距较大，深圳经济从总量和结构上仍有较大的提升空间。"两高一资"的低端产业仍然存在，对经济贡献小，但环境影响大，在环境污染中占据主导地位（图 8.14～图 8.16）。

4. 绿色技术自主创新能力不足

深圳发明专利实力在同等城市中却并不高，反映出深圳的绿色技术源头创新水平还很薄弱。深圳 30 余年来的技术发明活动尚处于较低水平且稳定性不高，较

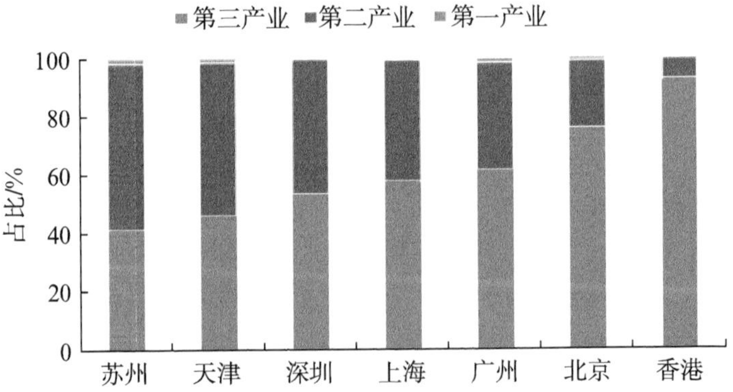

图 8.14　深圳与 GDP 超万亿元城市的三次产业结构对比（2011 年）

资料来源：《深圳市国民经济与社会发展统计公报》（2011 年）《北京市国民经济与社会发展统计公报》（2011 年）《上海市国民经济与社会发展统计公报》（2011 年）《广州市国民经济与社会发展统计公报》（2011 年）《天津市国民经济与社会发展统计公报》（2011 年）《苏州市国民经济与社会发展统计公报》（2011 年）《香港统计年刊 2011》

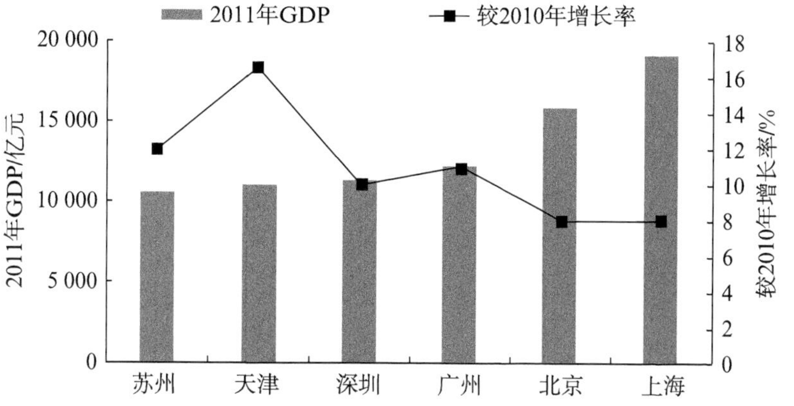

图 8.15 深圳与 GDP 超万亿元城市的 GDP 及其增长率对比(2011 年)

资料来源:《深圳市国民经济与社会发展统计公报》(2010—2011 年)《北京市国民经济与社会发展统计公报》(2010—2011 年)《上海市国民经济与社会发展统计公报》(2010—2011 年)《天津市国民经济与社会发展统计公报》(2010—2011 年)《广州市国民经济与社会发展统计公报》(2010—2011 年)《苏州市国民经济与社会发展统计公报》(2010—2011 年)

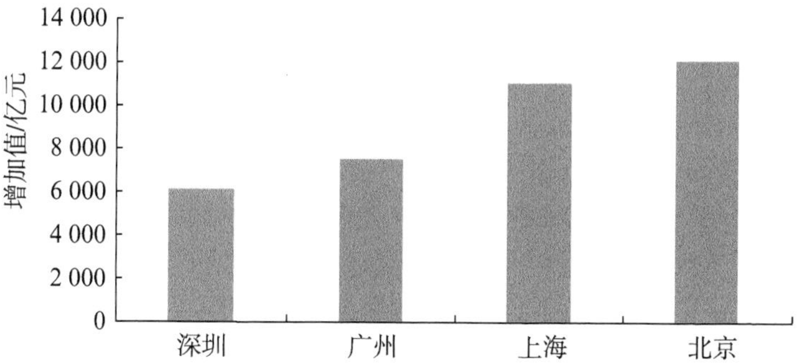

图 8.16 我国三次产业增加值前四位的城市对比(2011 年)

资料来源:《深圳市国民经济与社会发展统计公报》(2011 年)《北京市国民经济与社会发展统计公报》(2011 年)《上海市国民经济与社会发展统计公报》(2011 年)《广州市国民经济与社会发展统计公报》(2011 年)

多集中在外围技术、外观设计方面,绿色发展的关键核心技术缺乏。深圳绿色科技创新基础能力建设滞后,未充分发挥市场在资源配置中的作用,技术平台存在缺失。难以吸引高层次人才和引进竞争激励机制,高水平、有影响的研究人才不多,特别是缺乏领军人才,高端人才争夺的相对优势面临严峻挑战。政府引导与相关激励性机制及市场化融资机制有待完善,中小型企业绿色科技投入不足。

5. 政策法规和体制机制有待完善

一是各部门之间尚未建立起有效的统筹协调机制,缺乏统一行动,各自在推动城市绿色发展中的分工与合作难以明确。二是考核体系尚未建立,治污保洁、生态市、生态文明以及宜居城市多个目标和平台建设，缺少统一平台的引领，如何在实施统一管理，有序开展考核工作的问题亟待解决。三是市场机制有待完善，能源与资源的价格机制尚未理顺，不能反映市场供求关系、资源稀缺程度和环境损害成本，环境产权界定不清，排污权交易市场有待进一步活跃。四是法律法规与政策体系不完善，现有的法律法规与政策体系还不能完全满足深圳市发展绿色经济的要求。

8.1.3.2 循环经济

1. 资源环境承载能力有待提升

深圳市内河流黑臭、灰霾天数、噪声扰民及垃圾处理等涉及民生的人居环境问题仍较突出。深圳城市建设一直保持高速扩张态势，环境容量对经济体系的支撑作用已十分有限，环境容量对经济发展的承载能力有待提升。深圳属于水资源严重匮乏的城市，有 70%依赖于境外供水，水资源瓶颈日益突出。在自然限制和生态环境约束下，深圳后备建设用地资源已经十分紧缺，土地资源供应已近上限。虽然深圳市单位 GDP 能耗居于全国领先水平，预计 2020 前深圳市仍处于工业化快速发展的阶段，能源需求将呈线性增长，未来能源供应压力仍将持续增加（图 8.17～图 8.20）。

2. 政策法规和体制机制有待完善

一是以《中华人民共和国循环经济促进法》和《深圳市经济特区循环经济促进条例》为基础，在制定具体的实施细则和有关规章方面还需要做进一步深入探索。二是有关循环经济企业、循环经济产业和循环经济技术的认定办法和认定标准需要进一步完善。三是支持循环经济发展的资金扶持政策有待进一步落实，对循环经济示范项目的宣传和推广有待进一步加强。

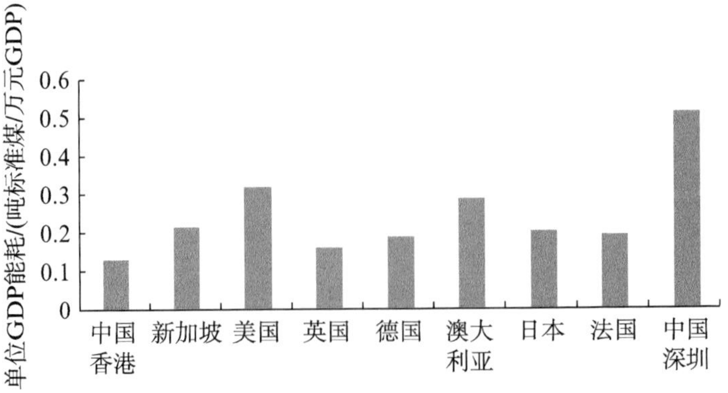

图 8.17　深圳能耗强度与发达国家/中国先进城市的对比

资料来源：《深圳市绿色发展研究报告》

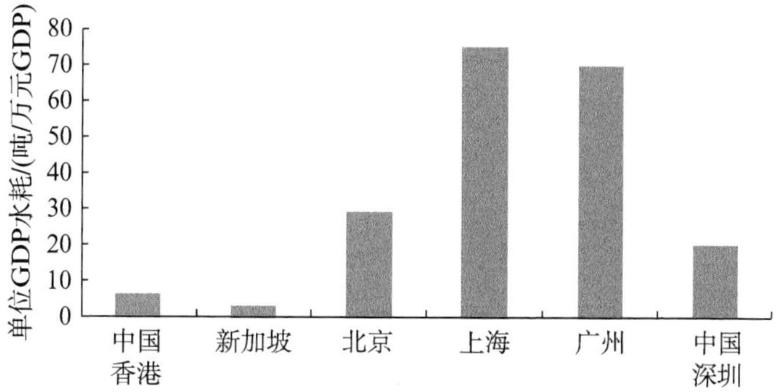

图 8.18　深圳水耗强度与发达国家/中国先进城市的对比

资料来源：《深圳市绿色发展研究报告》

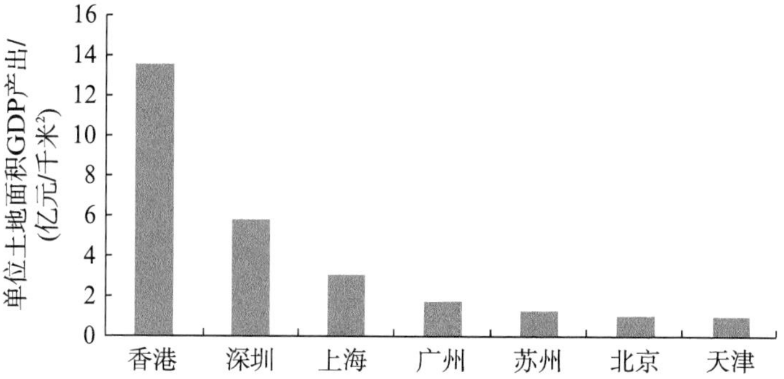

图 8.19　深圳市单位土地面积 GDP 产出与国内大中城市对比

资料来源：《深圳市国民经济与社会发展统计公报》(2011 年)《北京市国民经济与社会发展统计公报》(2011 年)《上海市国民经济与社会发展统计公报》(2011 年)《广州市国民经济与社会发展统计公报》(2011 年)《天津市国民经济与社会发展统计公报》(2011 年)《苏州市国民经济与社会发展统计公报》(2011 年)《香港统计年刊 2011》

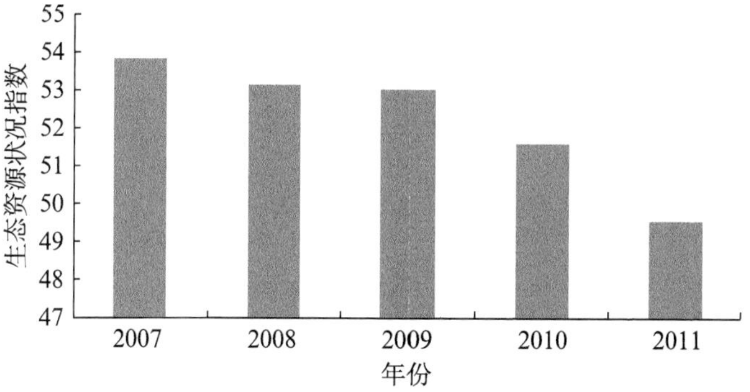

图 8.20　深圳生态资源状况指数(2007～2011 年)

资料来源：《深圳市生态资源状况测算》(2007—2011 年)

3. 价格政策还有待推进

雨水、中水、海水淡化、太阳能热水和太阳能发电的价格还有待在进一步调研基础上确定,居民用电阶梯价格、工业用电阶梯价格、特殊行业用水价格等鼓励循环经济发展的价格政策有待建立或进一步完善。

4. 基础设施建设有待加强

再生水管网设施、餐厨垃圾处理设施、建筑废弃物处理设施等循环经济发展基础设施有待进一步完善,在集约节约利用土地,利用有限城市空间建设发展循环经济基础设施方面,有待于进一步加强各部门间相互协调,通过统筹规划进一步挖掘建设循环经济基础设施的潜力。

5. 绿色低碳生活方式有待普及

市民节约资源、保护环境的意识和绿色低碳生活方式尚未完全形成,一次性商品还有较大市场,绿色家居、绿色装修、绿色出行还没有成为广大市民的自觉行为,循环经济理念有待进一步普及。

8.1.3.3 低碳经济

1. 社会发展水平仍在不断提升

深圳市在快速城市化发展过程中,面临着人口数量的增长和生活质量提升的双重作用推动,全市生活碳排放总量仍将保持增长。一方面是人口总量的增长(图8.21)。即使在生活方式保持现有水平不变的情况下,碳排放总量也将随人口总量的增长而不断增加。另一方面是居民生活质量不可避免地提升,将从能源消费、居住需要、交通需求、城市废弃物处理处置等方面增加全市碳排放压力。

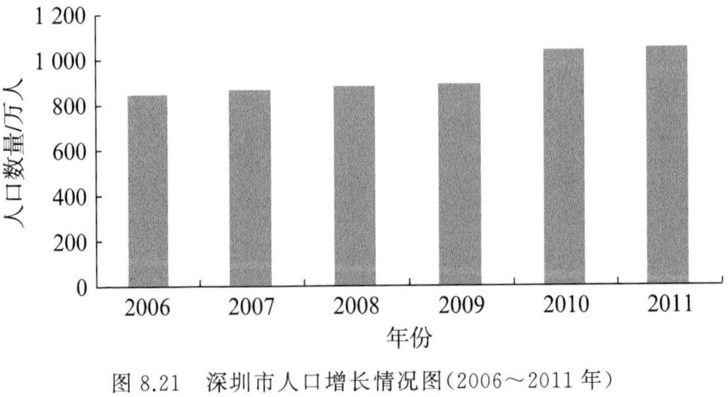

图 8.21 深圳市人口增长情况图(2006～2011 年)

资料来源:《深圳市国民经济和社会发展统计公报(2006—2011 年)》

2. 经济发展进程仍在不断推进

一方面,源自产业结构压力。目前对产业结构的大力优化仅仅减缓了碳排放的增长势头，而总量仍将呈现增长态势。随着今后经济形势的逐步好转，全市产业规模的进一步扩大，产业发展导致的碳排放总量仍将在一定时间内保持增长。另一方面，源自产业类型压力。产业结构演替过程中也不可避免地面临"锁定效应"，产业升级作为一个系统工程，新兴产业的培育以及现有落后产业向外转移均难以在短期内完成，一些碳排放强度较高的产业仍将在一定时间内存在(图 8.22)。

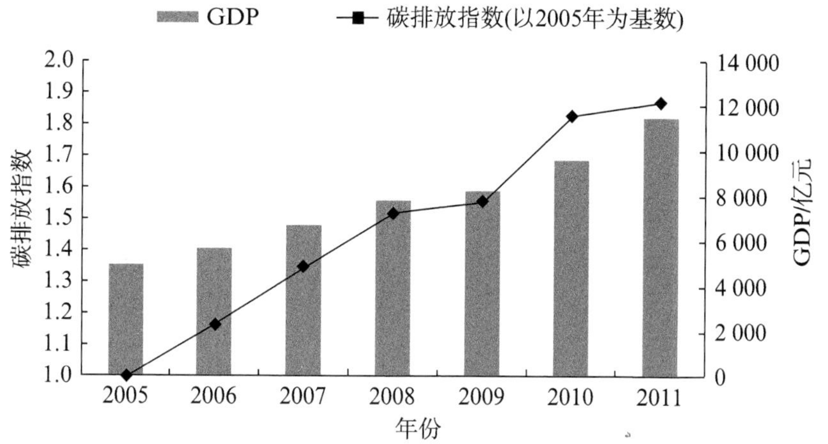

图 8.22 深圳市产业结构调整碳排放压力分析图

资料来源：《深圳市国民经济和社会发展统计公报(2005—2011)》，碳排放指数测算方法来源于《推进低碳经济发展对策研究》(《深圳市人居环境保护与建设"十二五"规划研究》专题研究报告之八)

3. 管理与政策体系尚有待完善

一方面，管理体系有待完善。一是缺乏明确、统一的牵头负责部门来统领全市低碳建设全局；二是低碳能源、低碳产业、低碳交通等领域的建设均涉及多个平级部门，部门间协同开展工作存在一定难度；三是目前各部门的工作职能尚有待进一步拓展。另一方面，政策法规体系有待完善。一是现有法规中除新能源产业发展及建筑节能外，生态创建、节能减排等方面的法规仅是其中的部分内容有利于推动低碳经济建设，尚未形成一个有机的法规体系；二是目前全市企业和居民的低碳行为多属自发，专门的低碳经济相关法规、标准、制度等尚有待完善，以利于形成全社会建设合力。

4. 碳源碳汇发展前景不容乐观

根据《推进低碳经济发展对策研究》的结果表明深圳全市碳排放总量仍然保持增长态势，而即使按照目前已设定的最优化发展路径，碳排放强度仍然难以满足30%的削减要求。另外，全市现状碳汇对碳排放的"碳中和"作用不大，未来更是受到土地资源限制，发展潜力已经非常小，而仍然保持增长势头的碳源，将进一步削弱碳汇的中和作用。

8.2 生态经济建设策略

8.2.1 总体思路

8.2.1.1 建设目标

生态经济转型是生态文明建设的命脉。在生态文明建设融入经济建设的过程中,应严格按照生态文明理念和深圳质量的要求,突出优化发展。从绿色发展、循环发展和低碳发展三个层面系统推进深圳经济向资源节约、环境友好、社会繁荣型的生态经济转变,在全国率先争创有质量可持续的经济发展示范。

8.2.1.2 建设指标

生态经济专题建设指标如表 8.1 所示。

表 8.1 生态经济专题建设指标

<table>
<tr><th>一级指标</th><th>二级指标</th><th>序号</th><th colspan="3">三级指标</th><th>单位</th><th>指标类型</th><th>现状值(2011 年)</th><th>目标值(2015 年)</th><th>目标值(2020 年)</th></tr>
<tr><td rowspan="13">生态经济</td><td rowspan="4">资源节约</td><td>1</td><td colspan="3">单位面积土地产出 GDP</td><td>亿元/千米^2</td><td>预期型</td><td>5.78</td><td>≥7.53</td><td>≥9.1</td></tr>
<tr><td>2</td><td colspan="3">非化石能源占一次能源消费比例</td><td>%</td><td>引导型</td><td>12.5*</td><td>≥12</td><td>≥12</td></tr>
<tr><td>3</td><td colspan="3">单位 GDP 能耗</td><td>吨标准煤/万元</td><td>控制型</td><td>0.47</td><td>≤0.41</td><td>≤0.35</td></tr>
<tr><td>4</td><td colspan="3">单位 GDP 水耗</td><td>米^3/万元</td><td>控制型</td><td>17</td><td>≤15</td><td>≤12</td></tr>
<tr><td rowspan="9">产业绿度</td><td>5</td><td colspan="3">高新技术产业增加值占 GDP 比重</td><td>%</td><td>引导型</td><td>32.6</td><td>≥35</td><td>≥40</td></tr>
<tr><td>6</td><td colspan="3">单位工业用地产值</td><td>亿元/千米^2</td><td>控制型</td><td>46.15**</td><td>≥50</td><td>≥55</td></tr>
<tr><td>7</td><td colspan="3">单位工业增加值新鲜水耗</td><td>米^3/万元</td><td>引导型</td><td>12.15</td><td>≤10</td><td>≤9</td></tr>
<tr><td>8</td><td colspan="3">自主知识产权高新技术产品产值比重</td><td>%</td><td>引导型</td><td>60.8</td><td>≥62</td><td>≥65</td></tr>
<tr><td>9</td><td colspan="3">碳排放强度</td><td>千克/万元</td><td>控制型</td><td>1 480***</td><td>1 000</td><td>≤450</td></tr>
<tr><td rowspan="4">10</td><td rowspan="4">单位 GDP</td><td>COD</td><td rowspan="4">排放强度</td><td rowspan="4">千克/万元</td><td rowspan="4">控制型</td><td>0.89</td><td>0.54</td><td>0.47</td></tr>
<tr><td>NH_3-N</td><td>0.13</td><td>0.08</td><td>0.05</td></tr>
<tr><td>SO_2</td><td>0.09</td><td>0.06</td><td>0.05</td></tr>
<tr><td>NO_x</td><td>0.99</td><td>0.49</td><td>0.45</td></tr>
</table>

* 表示该数据为 2010 年数据;
** 表示该数据为 2006 年数值;
*** 表示该数据为 2005 年数据

8.2.2 建设途径

8.2.2.1 引领发展方式转变，全面推进绿色发展

1. 推进经济结构战略性调整，争创有质量可持续的经济发展示范

(1) 推动战略性新兴产业健康发展，打造新兴支柱产业。大力发展新能源、互联网、生物、新材料、文化创意、新一代信息技术、节能服务等新兴产业，抢占产业制高点，打造绿色新兴支柱产业，挖掘新的经济增长点。积极认真落实《深圳新能源产业振兴发展规划(2009—2015年)》《深圳互联网产业振兴发展规划(2009—2015年)》等战略性新兴产业振兴发展规划，以及《深圳新能源产业振兴发展政策》等相关产业发展政策，明确各产业发展的重点领域，加快各类产业扶持、培育及服务等工程，增强新兴产业之间和新兴产业对传统优势产业的相互支撑能力，不断壮大产业规模，结合深圳特色构建各新兴产业核心竞争力。

(2) 巩固强化传统优势产业，促进支柱产业转型发展。巩固和强化高技术产业优势地位，提升制造业信息化和数字化水平，加快现代金融业、现代物流、网络信息、服务外包、商务会展等现代服务业发展，形成以高技术产业和现代服务业为主的绿色产业结构，推进产业向价值链高端延伸。加快高技术产业结构优化升级步伐，以技术创新突破技术瓶颈，掌握具有自主知识产权的关键核心技术和标准，在八大重点领域形成较为完整的产业链条，建设全球电子信息产业基地，推动电子信息产业高端化。引导装备制造业高端化转型，以技术创新促进产业从加工装配为主向自主研发制造为主转变，在数字化装备制造、汽车等重点领域发展自主品牌和技术，推进《深圳市国民经济和社会发展第十二个五年规划纲要》确定的30个先进制造业重点项目，不断提升先进制造业水平。加快发展现代金融、总部经济等以生产性服务业为主的现代服务业，增强产业发展软性驱动力，统筹考虑高端服务集聚发展功能区用地，加快金融中心区和金融后台服务基地规划建设，充分发挥政策导向作用，优化总部企业区域布局，推动物流信息化建设，构建现代物流服务体系逐步形成与国际化城市相配套的生产、消费、公共服务三位一体的现代服务业体系。充分发挥信息技术优势，加快推进信息技术与制造技术、优势传统产业及生产性服务业相融合，不断提高生产效率，增强产业竞争力，促进产业高端化。

(3) 加快产业转型升级，推进低端环节生态转型。以传统产业技术创新为突破口，加快更新改造，严格能耗、环境等约束条件门槛，开展清洁生产、推进传统产业空间聚集，促进传统产业改造升级和绿色化。严格高能耗、高污染行业发展源头控制，落实新开工项目管理部门联动机制和项目审批问责制，严格执行项目开工建设“六项必要条件”，提高产业准入门槛，实行节能减排准入管理，新、改、扩建项目必须符合土地利用主要控制指标、耗能、用水总量和主要污染物排放总量控制指标

要求。推进传统产业中端改造，强力推进清洁生产，扩大清洁生产规模和范围，重点推进电镀、印染等传统产业清洁生产，对超标排污企业实施强制清洁生产审核，将清洁生产审核作为企业扩大生产、享受优惠政策等的约束条件之一；加快推进传统产业集群化发展，调整产业结构，实现产业合理布局。加快落后产能末端淘汰，根据国家《产业结构调整指导目录》和省、市产业导向目录要求，充分利用环保执法、排污权交易、最低工资及社会保障等手段，加快淘汰落后技术、工艺和设备，加强淘汰落后产能核查，建立淘汰落后产能社会公告制度。产业升级与产业转移并重，将产业转移、技术转移与劳动力回流统筹考虑，加强与中西部地区的合作，推动产业有序转移。

2. 实施创新驱动发展战略，率先建成国家创新型城市

(1) 广聚优质创新资源，增强核心技术自主创新能力。围绕增强原始创新、集成创新和引进消化吸收再创新能力，组织实施基础创新工程，建成一批具有国际竞争力的基础性、前沿性技术和共性技术研究平台，加强深圳基础创新能力建设。把握科技发展趋势，加大对基础研究和应用研究的支持力度，组织实施科技登峰计划，着力增强源头创新与核心技术创新能力，抢占全球科技制高点，推进核心技术创新和产业化。大力推进深港和国际科技合作，促进各类创新要素有机结合，打造国际创新中心。

(2) 全面优化自主创新环境，强化企业自主创新能力。落实加快建设国家创新型城市的若干意见，继续实施加强自主创新促进高新技术产业发展的33条政策措施，推进创新型产业用房建设，健全标准化战略实施机制，完善自主创新政策体系和服务保障机制，促进知识、技术、人才、资本有机结合和良性互动，全面营造更加优越的自主创新环境。优化以企业为主体、市场为导向、产学研相结合的技术创新体系，引导和支持创新要素向企业集聚，支持领军企业进入世界科技创新前沿，鼓励骨干企业推动技术改造和产业升级，加快培育自主创新型中小企业群，全面提升企业创新能力，推动从产品输出向技术输出、研发服务延伸，支持领军企业实现从模仿跟随到超越引领的战略转变，不断强化企业自主创新主体地位。

(3) 构建高素质创新人才队伍，构筑创新人才高地。坚持引进与培养并重，集聚国内国际创新人才资源，建设人才宜聚城市和人力资源强市，组织实施国内人才引进培育扶持计划，推进创新团队建设，落实引进海外高层次人才孔雀计划，创新海外引智工作机制，建设规模宏大的创新人才队伍。营造公开公平和竞争择优的制度环境，打造深圳引才、育才、用才新优势，实施人才安居工程，健全人才服务体系，提高人事代理、社会保险代理、企业用工登记、出入境和子女入学等服务水平，完善人才科学研究、学术交流和技能培训等资助制度，优化人才发展环境。持续塑造敢闯敢试、多元包容的移民城市文化品格，营造激发创业的社会氛围，弘扬鼓励创新的创新文化，提升全社会创新、创意与创业动力，努力打造创新创业杰出城市。

3. 发展壮大环保产业,拓展产业发展空间

(1) 加强环保产业扶持力度。编制环保产业发展规划,明确环保产业发展的主要目标、重点领域、主要任务和重点工程,出台扶持环保产业发展的配套政策。加大环保投入,加快污染治理和环境基础设施建设;严格环境影响评价以及环保审批、工程验收和监督执法,形成管理制度驱动链条,扩大环保产业发展的有效需求和现实需求。深化与匈牙利、以色列的环保交流合作,组织环保企业和科研院所参加国际环保展览和环保博览会,组织环保产业论坛、环保技术交流会和官产学研资介环保洽谈会,促进环保企业招商引资,以及新产品、新技术的推介活动。加强环保产业协会、学会建设,发挥其在行业协调、行业自律、市场规范、调查统计等方面的作用。

(2) 提高环保产业科技创新水平。针对深圳环境保护和环保产业的现状和需求,选择若干重点领域实行技术攻关,争取实现技术突破。废水处理方面,加快膜处理、脱氮除磷处理、再生水回用、污泥处理处置、垃圾渗漏液处理、重金属废水处理及回用等成套设备的研发。废气处理方面,实现烟气脱硝集成技术和设备、机动车尾气控制装置、有机废气处理成套设备等的技术突破。加快推进创新载体建设,集聚优质创新资源,力争在深圳建设国家环保部危险废物处置工程技术中心、环境应急监测与预警国家重点实验室,新增环保方面的工程实验室、重点实验室、工程技术研发中心和公共技术服务平台8～10家,其中工程实验室2～3家,提高深圳环保产业的自主创新能力和核心竞争力。

(3) 推进环境服务业和环保产业集聚发展。将环境服务业作为未来环保产业发展的主要领域和发展重点,推动环保产业转型升级。着重发展环保设施社会化运营、环境咨询、环境监理、工程技术设计、认证评估等环境服务业。以合同环境服务和合同减排管理为主要模式,鼓励发展提供系统解决方案的综合环境服务业。鼓励和推动环保产业各相关方在发展模式、配套政策、标准体系等方面进行探索,试点引路,示范推广。依法促进排污企业治污责任的专业化服务,形成专业化的系统服务外包市场。探索在前海深港现代服务业合作区建设高端环境服务业集聚基地,打造环境服务业总部基地。制定环保产业发展规划和配套政策,启动南山区环保产业园和环保技术研究院建设。

8.2.2.2 强化资源集约利用,加快推动循环发展

1. 继续推进节水型城市建设,构建高效安全的水资源利用体系

全面统筹规划深圳水资源,构建高效安全的水资源利用体系,从雨洪利用、再生水利用、海水利用等非常规水资源开发利用领域,继续推进深圳节水型城市建设。制定雨洪资源利用的管理办法和技术规范,以宝安、龙岗、光明新区为深圳雨洪利用的重点区域,开展城区雨水收集利用工程及山区雨洪资源利用工程建设。

编制深圳重点示范片区再生水利用工程实施方案，推进污水处理厂再生水利用工程建设，推进以污水处理厂深度处理后的再生水为动态水源的河道生态补水系统建设，建设再生水供应系统，提供工业、市政、景观用水。大力推进再生水回收利用技术在洗车及城市园林绿化等领域的应用。在电力、化工等重点行业大力推广海水直接利用，替代淡水作为冷却水源。重点推进南山区、盐田区、大鹏半岛等海水利用工程前期研究，选择 2～3 个海水淡化技术项目进行示范，开展海水资源综合利用，培育海水利用产业链。积极鼓励具备条件的企业充分利用海水资源，大力推广应用海水直流冷却和循环冷却。2015 年年底前建成 10 个以上低冲击开发雨洪利用综合示范项目，到 2015 年，城市再生水利用率达到 50%以上。

2. 挖掘城市空间资源潜力，促进土地资源高效利用

创新土地整备体制机制，加快建立责权清晰、利益共享、分工合理、运转高效的市区土地整备机制。加紧编制土地整备规划，加强重大项目用地和重点开发区域的土地整备。积极盘活存量土地资源，实现用地增长模式由增量扩张为主向存量改造优化为主的根本性转变。以前海、光明、坪山等区域为试点，加大重点开发区域和重大项目用地的土地整备力度。积极推进城市地下空间的综合利用，在城市公共活动中心、地铁及交通枢纽、CBD 等，规划建设一批地下空间开发工程。加快土地管理制度改革，完善以规划实施为导向的建设用地管理机制，探索高度城市化地区土地资源、资产、资本综合管理模式，深化土地市场化配置，提升土地利用效率。建立供应引导需求模式下的土地利用计划管理制度，完善适应城市发展转型和产业结构优化升级的土地供应政策，实行差别化的地价标准。改革原农村集体土地管理，理顺产权关系，探索土地流转的市场机制，盘活土地存量。不断挖掘城市空间资源潜力。

3. 大力推进资源回收与综合利用，促进相关产业配套发展

以社区为单位整合社区资源，结合市场机制和规范化管理，鼓励社区实行分类处置生活废弃物和自主建立再生资源回收网点，建立再生资源回收网络，加强提高资源利用效率。实施建筑节材和建筑废弃物源头减量化战略，研究出台建筑废弃物排放收费政策；开展建筑废弃物资源化利用相关研究，制定建筑废弃物排放和回收利用技术规范、建筑废弃物资源化系列产品标准规范等；推进建筑废弃物再生利用项目建设，新增 2～3 个建筑废弃物综合利用示范项目。强力推进国家餐厨废弃物综合利用试点城市建设，加强对餐厨垃圾特别是潲水油和地沟油监管力度，杜绝非法流通，逐步建立餐厨垃圾回收、处理和处置体系，实现餐厨垃圾专门收集、统一清运，确保试点城市项目建设运营和试点目标实现。按照国家、广东省相关条例和规划要求，以废旧电池回收利用为示范，规范废弃电器电子产品回收处理行为，逐步建立废弃电器电子产品处理基金制度和家电领域生产者责任延伸制度。进一步完善危险废物处置设施，新建龙岗区工业危险废物处理设施，新增处理能力 19 350

吨/年;新建危险废物焚烧处置中心,新增焚烧能力9 000吨/年。充分利用园林绿化产生的树枝、落叶、草木等废弃资源,通过堆肥、制造生物质燃料等方式实现园林绿化废弃物资源综合利用。研究制定相关政策,将绿化废弃物纳入城市垃圾分类处理系统,逐步建立园林绿化废弃物收集、处置、加工、再利用的产业链。

4. 加强循环经济载体建设,引导深圳循环转型

积极构建循环经济产业链,促使产业链上下游企业通过生产装置互联、原料产品互供,逐步形成企业、产业之间的循环体系。重点推进循环经济工业园、循环经济加速器和循环经济示范基地等循环经济示范园区建设,培育"城市矿山"示范基地。按照集约发展、效益优先原则,以循环经济产业园区建设项目为支撑,推进产业园区循环化改造,建设一批具有代表性和示范意义的循环经济产业园区,逐步引导深圳产业园区向循环型和低碳型发展。规划建设宝安老虎坑、白鸽湖、东部和清水河循环经济环境园。开展垃圾焚烧厂灰渣综合利用项目建设,完成下坪二期、老虎坑环境园填埋气回收利用工程设施建设。在环境园规划中统筹规划资源综合利用设施,建立新型再生资源回收处置体系。

8.2.2.3 提升节能减排水平,着力促进低碳发展

1. 合理控制能源消费总量,提高能效水平

1) 全面推进节能降耗,减少终端能源消耗

推进工业节能,引导企业开展节能技术研发和改造,大力提倡高效节能机电产品的使用,加速淘汰高能耗设备和产品,加强能源监测和核查。推广绿色建筑,开展既有建筑节能改造试点,建立并实施新建建筑全过程节能制度,在新建公共建筑、市政工程实施太阳能光伏建筑一体化示范工程,推广太阳能光热应用建筑1 600万平方米。实施公交优先发展战略,合理规划交通运输网络,加快公交换乘枢纽、场站设施、公交优先通行信号、公交专用道的规划和建设,有序发展轨道交通,改善交通组织,提高城市交通的通行速度和运行效率,构建以轨道交通为骨架、常规交通为网络、出租车为补充、慢行交通为延伸的一体化公共交通体系,建设国际水准公交都市。商贸、公建和政府机关大力推进合同能源管理,加大灯具、能耗设备及围护结构的节能改造力度,推进清洁能源使用,加强能耗统计与监测等日常节能管理,在城市道路、大型公共建筑逐步推广高效节能、技术成熟的节能灯具。通过多种形式广泛宣传节能产品和节能知识,提高居民节能意识;落实节能灯补贴政策,积极组织开展节能灯推广活动;以家用电器为重点,鼓励消费者使用通过绿色认证的节能产品;鼓励有条件的居民小区安装太阳能灯具或太阳能-LED灯具。

2) 推进能源供应管理,提高能源利用效率

研究开展区域能源规划,探索能源综合集成供应模式,试点发展规模适宜的用户型或园区型天然气热电冷联供系统,提高天然气利用效率,促进常规能源与可再

生能源互补发展。积极促进同类型能源管网设施互联互通，实现能源资源高效配置。加强电厂节能改造，加强电煤质量管理，进一步降低发电能耗；因地制宜研究利用发电后低品位蒸汽和余热向周边用户供热(冷)，实现能源梯级利用。加强电力节能优化调度，支持高效环保机组多发电；加快推进电网结构优化和设备节能技术改造，优化电压层级，降低供电线损，试点推进建设智能电网，支持分布式电源和可再生能源便捷接入电网，提供个性化、互动化供电服务；做好电力需求侧管理工作，鼓励采用储能电池、蓄冰空调、相变材料等调峰填谷装置，优化用电负荷特性，促进电力系统高效经济运行；充分利用天然气管网上游压能，积极研究利用 LNG 冷能，减少燃气放空和泄露损失。

2. 优化能源消费结构，促进能源低碳化

实施以引进天然气为主的石油替代战略，拓展天然气资源供应渠道，把握全球新能源发展战略机遇，优化能源结构，建立低碳高效能源体系。稳步推进天然气、核能、太阳、生物质能和风能等低碳清洁能源利用。

(1) 天然气利用。稳步推进天然气利用工程，全面完成地方燃油电厂“油改气”工作，拓展天然气资源供应渠道，加快天然气高压输配系统工程建设，推进迭福 LNG 项目、西气东输二线等气源及管线建设。

(2) 核电发展。大力发展核电，充分利用深圳核电优势，强化从产业园区模式到产业城区模式的理念转变，形成以核电设计、研发、集成服务为主，太阳能、风能等其他新能源高端产业为辅的产业集群，建设成为国家级新能源(核电)产业基地。

(3) 可再生能源推广应用。扩大可再生能源规模，严格执行《深圳经济特区建筑节能条例》，加快推进太阳能光伏建筑一体化、太阳能屋顶计划、兆瓦级储能电站和太阳能- LED 产品应用工程建设，率先在新建建筑和具备条件的既有建筑安装太阳能光伏、光热系统。

(4) 风能示范。加快风能发电示范项目建设，根据风能资源测评情况，加快风电开发进度，研究推进示范风电场项目建设，适时启动海上风电项目前期工作，扩大风电装机规模。

(5) 生物质能开发利用。积极开展生物质能开发利用，结合垃圾焚烧发电方面的技术和产业优势，加快实施老虎坑、东部等大型垃圾焚烧发电项目，积极推进实施垃圾填埋气体发电项目。发挥基因技术等方面的优势，研究在生物柴油、燃料乙醇等领域开展生物质能开发利用示范项目。

3. 强化主要污染物减排，深挖减排潜力

全面推进工程减排、结构减排和管理减排，不断提升深圳主要污染物减排潜力。

1) 突出抓好工程减排，发挥工程减排骨干作用

加快福田、公明、西冲等污水处理厂的建设，适时扩建沙井、固戍、燕川、埔地吓

等污水处理厂，因地制宜地建设分散型污水处理设施；建设污水处理厂中水回用工程，推动再生水用于工业、城市景观、生态用水和城市杂用水，推进龙岗河、坪山河、观澜河流域污水处理厂深度处理；按雨污分流排水体制重点推进污水收集支管网建设，建立沿河截污、管网建设、排水户接驳三层次的污水收集系统，实现污水的有效收集；大力推进妈湾电厂降氮脱硝设施建设，加快取消妈湾电厂烟气旁路；对深圳 2 300 多台锅炉进行综合节能改造和污染治理。

2）同步推进结构减排和管理减排，全面挖掘减排潜力

完善污染减排统计、监测和考核体系，建立建设项目与减排进度挂钩、与淘汰落后产能衔接的环评审批机制；对新增污染物排放项目实施严格的总量前置审核，实行新建项目污染物排放“等量置换”或“减量置换”；加强对减排重点工程和项目的管理，建立深圳主要污染物总量动态管理和调控预警机制；切实加大对电镀、禽畜养殖、集中污水处理厂等的监督检查力度，严厉查处违法排污行为。分期推广国Ⅳ油和国Ⅴ油的使用，依法实施机动车国Ⅳ和国Ⅴ排放标准，加大污染物高排放车辆监管力度，扩大黄标车限行范围，出台经济政策促进黄标车淘汰更新。

9　深圳市生态环境提升策略研究

“生态环境”一词最早可追溯至1953年出版的由苏联A.П.谢尼阔夫的译著《植物生态学》，其中出现了俄汉对照名词“экотоп——生态环境”。而“生态环境”成为法定名词是源于黄秉维院士在全国人大讨论宪法草案时针对草案中“保护生态平衡”这一说法的提出。目前，关于“生态环境”一词的含义，国内学术界还存在争议，较为常见的观点认为“生态环境”是以特定生物体(包括人类)为中心，多元复合生态系统各要素和生态关系的总和，强调生态系统的整体性、连续性、稳定性和协同进化性，以及在此基础上对主体提供的环境功能。生态环境与生态文明密不可分，生态环境保护应以生态文明建设为统领，而生态环境保护作为生态文明建设的主阵地，则是现阶段生态文明建设的攻坚方向；坚持生态环境保护优先方针，着力解决影响科学发展和损害人民群众健康的突出环境问题，是当前生态文明建设亟待解决的重要课题。

本章将深入分析深圳市的生态环境现状、存在问题及原因，并在此基础上提出深圳市生态环境提升策略及下一步重点工作领域。

9.1　生态环境现状与问题

9.1.1　水环境

9.1.1.1　水环境质量

1. 河流水质

2011年，深圳市14条主要河流35个断面中，水质为优、符合地表水Ⅱ类标准的断面有3个(分别为龙岗河西坑断面、坪山河碧岭断面和深圳河径肚断面)，占8.6%；水质良好，符合地表水Ⅲ类标准的断面有1个(盐田河双拥公园断面)，占2.9%；水质重度污染，劣于国家地表水Ⅴ类标准的断面有31个，占88.6%，超标污染物主要为氨氮、总磷、阴离子表面活性剂和生化需氧量。布吉河、大沙河、茅洲河、观澜河、西乡河、坪山河、新洲河、福田河、皇岗河、凤塘河、沙湾河、盐田河为监测断面数小于5个的河流，监测结果表明：盐田河水质类别为Ⅲ类，水质良好；其他河流的水质类别均为劣Ⅴ类，属重度污染。

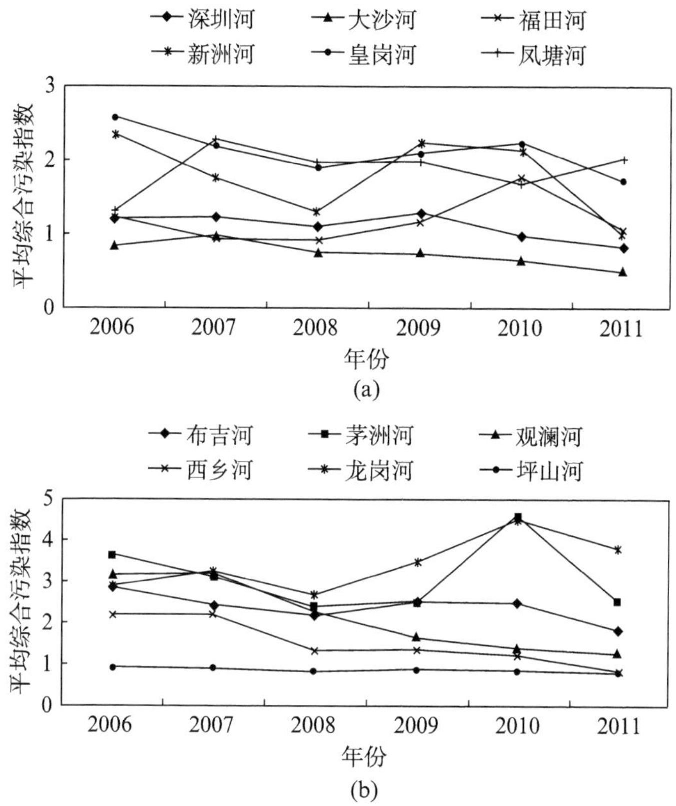

图 9.1　2005～2011 年主要河流水质平均综合污染指数变化趋势图

14 条河流的污染分担率占前 3 位的污染物均依次为氨氮、总磷和生化需氧量，3 项污染物的污染分担率合计多在 80%以上，可见深圳市河流水质主要受到生活污染源的影响。各河流中，新洲河氨氮的污染分担率最高，达 60.0%；坪山河总磷的污染分担率最高，达 41.3%；与其他河流相比，盐田河各项生活类污染物的污染分担率相对接近(图 9.2)。

2. 饮用水源

2011 年，深圳市 13 座监测水库城市饮用水源水质达标率为 100%，水质优良，与上年持平。其中，深圳水库、梅林水库、铁岗水库、清林径水库、赤坳水库、松子坑水库、径心水库、铜锣径水库、枫木浪水库和三洲田水库水质为优，达到国家地表水Ⅱ类标准；其他水库水质良好，达到Ⅲ类标准。与上年相比，铁岗水库水质类别由Ⅲ类变为Ⅱ类，水质有所改善，罗田水库水质类别由Ⅱ类变为Ⅲ类，水质有所下降，其他水库水质基本保持稳定，所有水库均为中营养。从平均综合污染指数来看，径心水库、枫木浪水库和三洲田水库水质相对较好，石岩水库水质相对较差。

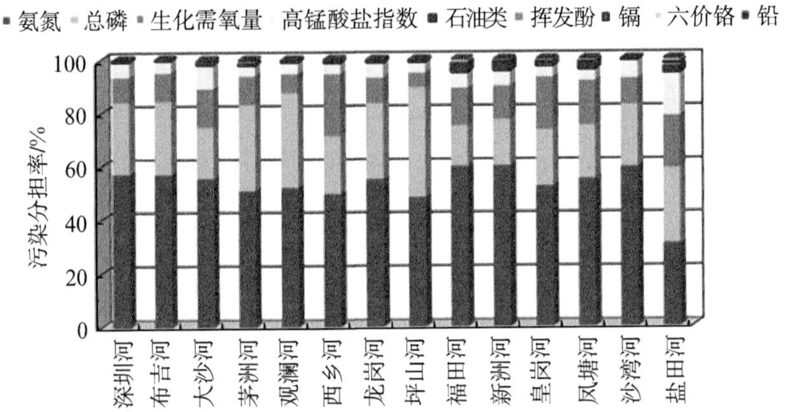

图 9.2　2011 年深圳市主要河流污染物分担率

3. 近岸海域

2011 年，深圳市近岸海域环境功能区水质总达标率为 81.82%，与上年持平，水质未完全达标；2 个环境功能区超标，超标项目均为活性磷酸盐和无机氮。东部海域 8 个环境功能区全部达标，水质类别以Ⅰ类水为主，占 62.5%，Ⅱ类水占 37.5%，水质为优。西部海域水质达标率为 33.3%，水质类别以劣Ⅳ类为主，占 66.7%，水质极差，主要超标项目为活性磷酸盐和无机氮。与 2010 年相比，东部海域水质保持在第Ⅰ类标准，西部海域主要污染物浓度变化不大，水质基本保持稳定(图 9.3)。

图 9.3　2011 年和 2010 年近岸海域水质平均综合污染指数比较

9.1.1.2　污染源排放情况

1. 重点工业源

2011 年，深圳市工业重点源排放工业废水 10 473 万吨，与 2010 年相比增加

38.4%。工业废水中主要污染物为化学需氧量,排放量为9 716吨。宝安区的工业废水排放量和污染负荷最大,分别占全市排放总量的50.1%和总负荷的51.2%;龙岗区次之,废水排放量和污染负荷分别占全市总量的16.3%和15.0%;两区的污染负荷合计占全市总量的66.2%,是全市主要污染负荷区域。工业废水排放量较大的行业是计算机、通信和其他电子设备制造业和金属制品业,合计占全市总废水排放量的56.7%。工业废水污染物等标污染负荷最大的行业是计算机、通信和其他电子设备制造业,占全市污染负荷的49.7%。

2. 生活源

2011年,深圳市总供水量为16.15亿吨,其中生活用水总量11.69亿吨,生活污水排放量为11.00亿吨,全市生活污水中化学需氧量产生量为29.42万吨,氨氮为3.71万吨,经处理后两者的实际排放量分别为7.77万吨和1.27万吨。

9.1.1.3 水环境存在的问题和原因分析

1. 河流污染问题依然严重

近年来,深圳市进一步加快污水处理基础设施建设,加大河流综合整治力度,加强环境执法监管,多项措施并举,河流污染整治取得一定成效。但由于先天不足,深圳市境内无大江大河大湖,大多数河流为短小山区性雨源型河流,水环境容量较小,且水动力条件差,污水进入河道后下泄不畅,下游河道缺乏清洁水源补给,水环境承载力严重透支;加之产业布局和结构不尽理想,结构性污染突出,原特区外管网规划建设滞后,污水收集率较低,河流污染治理形势依然严峻。主要难点在以下几方面:

(1) 污水管网设施建设滞后。由于城市化过快、污水管网规划建设滞后,目前全市建成的污水收集管网总长约4 200千米,缺口达3 500千米以上。原特区外污水管网缺失严重,管网密度仅为特区内的1/4,不能形成有效的污水收集系统,造成一方面仍有部分污水未经处理直接入河,另一方面已建污水处理厂不能充分发挥效益,部分污水处理厂只能抽取河水进行处理。

(2) 雨污混流现象严重。尽管原特区内实行雨污分流制,但由于发展过快和错接乱排现象严重,雨污混流现象还很严重。原特区外河流几乎都为雨污混流,尽管这些年开展了沿河截污干管建设和箱涵建设,但旱季仍有大量污水直接入河,雨季污水入河现象更是普遍。

(3) 污水处理设施分布不均。由于人口快速增长带动污水总量大幅增加,部分流域污水处理能力缺口较大。从全市污水处理能力来讲,目前污水处理厂的建设规模已经大于污水产生总量。但从流域范围来讲,污水处理厂分布不均,建设速度不一致,导致部分流域污水处理能力过低。

(4) 河流生态基流匮乏、自净能力差。由于建设用地开发,深圳市河流流域原生态系统破坏严重，一方面水源涵养能力迅速降低，减少了河流的生态基流；另一方面深圳市河流均为雨源性河流，但为保障用水，几乎每条河流的源头都建有山塘水库作为乡村供水水源和防洪之用，由于这些小山塘水库的拦截，大多数河流无源头，基流丧失，自净能力差。

(5) 发展布局和产业结构不甚合理，格局型和结构型污染较突出。主要河流流域内电镀、线路板等重污染、劳动密集型企业众多，废水排放较大，入河污染负荷远远超过河流自净能力。

(6) 河流治理工作量大面广，管理难到位。大部分居民区雨污错接乱排现象严重，排水管理难度大；部分流域违章养殖回潮现象依然存在、部分农业及高尔夫球场种养施肥、垃圾堆放与收集不规范，流域面源污染难控制；河道箱涵清淤、河面保洁等工作量较大，难以做到及时、到位。

(7) 环境监管人员不足，力量薄弱，加上处罚力度不大，违法排污的风险小。在这种形势下，部分企业受利益驱动存在治污设施运行不正常、闲置部分设施甚至偷排、超许可总量排放或擅自扩产排污等违法行为。

2. 饮用水源保护压力日增

虽然近年来深圳市逐步加大对饮用水水源保护的力度，通过开展“雨季行动”、水源保护稽查等行动，以及实施水库流域污水截污和入库支流污染综合整治工程深圳市饮用水水质维持在良好水平，但仍存在以下问题：

(1) 饮水源地安全问题将更加突出。目前，深圳市水环境复合型污染特征突出，各种污染物叠加，对有毒有害污染物“家底”不清，监测手段不完善，应尽早开展微污染指标对人体健康的研究工作。

(2) 人为活动对水源地的影响逐步加大。由于深圳市建成区面积相对较大，水源地距离城市中心较近，人为活动密集，污染监管和水库隔离管理难度较大，对各大水库实行“水缸式”保护的压力日益增加。

(3) 由于地理环境等特殊原因，饮用水源外向依赖度大，全市约70%的饮用水来自东江，淡水河是东江重要的二级支流，也是目前影响东江水质的最大污染源，做好淡水河的污染整治工作，是该流域实践落实科学发展观和建设生态文明的重大举措，对保障广东省和对香港的供水安全具有重要意义。近年来，随着东江上游城市的快速发展，使得全市水源保护工作面临较大挑战。

(4) 现状与法规冲突。随着立法进程加速、数量的增多，以及法规的修订和要求提升，深圳市水源保护区内现状与法规要求存在巨大的冲突。例如，水源保护区内目前存在众多市政道路并部分穿越一级水源保护区，违反水污染防治法“一级区内已建成的与供水设施和保护水源无关的建设项目，由县级以上人民政府责令拆除或者关闭”的规定，而不得不被拆除，水源保护区内排放污染的工业企业将因为“在饮用水水源保护区内，禁止设置排污口”不得不进行关闭或搬迁。

3. 近岸海洋保护有待加强

深圳市以召开第26届世界大学生夏季运动会为契机，不断加强海洋环境整治及保护力度，但是，由于海洋开发力度加大，陆源污染严重，深圳近岸海域尤其是西部海域仍然污染严重。西部海域的主导功能为港口码头和滨海风景旅游，先后建成了赤湾港、蛇口港、大铲湾港、深圳机场等系列基础设施，自然岸线已基本全部利用。高强度的海洋开发利用不可避免地破坏了原有的近岸海洋生态系统，同时，大面积填海还造成水体交换不畅，降低了环境自净能力。

(1) 经济快速增长带来污水量的日益增加。由于陆域污水截排系统不完善，污水处理设施建设滞后于经济发展，大量污水得不到有效处理，生活污染物、工业污染物和面源污染物直接或间接排入海洋。

(2) 深圳市境内入海排污口较多，主要类型有河涌、直排海企业排放口及污水处理设施排放口，其中又多以河涌为主。深圳河、西乡河、茅洲河等水质长期劣于地表水Ⅴ类标准，葵冲河、南澳河污染严重，受污染河水最终排入海域，给近岸海域带来大量的污染负荷。

9.1.2 大气环境

9.1.2.1 大气环境质量

2011年，深圳市空气质量达到Ⅰ级(优)空气质量的天数为161天，达到Ⅱ级(良)空气质量的天数为201天，合计占全年总天数的99.2%；空气质量为Ⅲ级(轻微污染)的天数为3天，占0.8%。

2011年，深圳市二氧化硫年均值为0.011毫克/米^3，二氧化氮年均值为0.048毫克/米^3，可吸入颗粒物年均值为0.057毫克/米^3，均符合国家环境空气质量二级标准(0.06毫克/米^3、0.08毫克/米^3、0.10毫克/米^3)。臭氧年均值为0.057毫克/米^3，小时均值最高为0.428毫克/米^3，小时均值超标率为1.0%。降尘量年均值为4.20吨/(千米^2 · 月)，符合广东省推荐标准(8吨/(千米^2 · 月))。月测值最大为12.77吨/(千米^2 · 月)，超标0.60倍，深圳市月测值超标率为3.0%。硫酸盐化速率年均值为0.16毫克SO_3/(100厘米^2 · 碱片 · 日)，符合国家推荐标准(0.25毫克SO_3/(100厘米^2 · 碱片 · 日))。月测值最大为0.51毫克SO_3/(100厘米^2 · 碱片 · 日)，超标1.04倍，深圳市月测值超标率为0.9%。

2006～2011年，全市二氧化硫、二氧化氮和可吸入颗粒物的年均浓度变化情况见图9.4。可见，自2006年以来二氧化硫浓度呈显著下降趋势，二氧化氮和可吸入颗粒物浓度的下降趋势不明显，根据这三种污染物浓度计算的空气综合污染指数保持稳定。

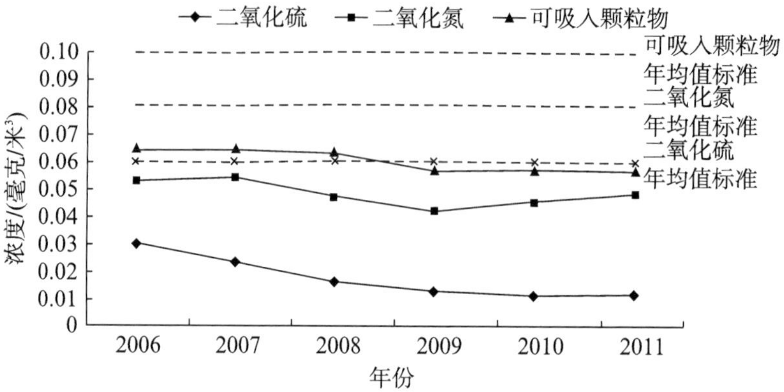

图 9.4　2006～2011 年深圳市大气污染物浓度年度变化

9.1.2.2　污染源排放情况

1. 重点工业源

2011 年,深圳市工业废气排放总量为 1 871 亿立方米(标准状态,下同),与 2010 年相比增加 11.1%,工业废气中氮氧化物、二氧化硫、烟(粉)尘排放量分别为 29 741 吨、9 327 吨、1 154 吨,氮氧化物其污染负荷比达 81.4%。工业废气排放以电力行业为主,主要排放区域为南山区,其等标污染负荷最大,占全市总负荷的 70.8%。

2. 移动污染源

随着经济和各方产业的蓬勃发展,深圳市机动车数量呈持续高速增长态势。到 2011 年年底,全市户籍机动车保有量达 196.5 万辆,比 2010 年增长了 14.2%,加上约 30 万辆的异地车,全市机动车总量近 230 万辆,道路车辆密度已经突破 300 辆/千米,超过 270 辆/千米的国际警戒值。机动车辆的快速增长,导致交通需求不断增加,市区道路负荷加重,拥堵范围扩大、拥堵时间加长。车辆的怠速、低速运行进一步加大了燃料消耗及机动车排气污染。近年来,深圳市机动车保有量变化情况及污染物排放总量见表 9.1。

表 9.1　深圳市机动车保有量和排放污染物情况

统计指标		2007 年	2008 年	2009 年	2010 年	2011 年
机动车	保有量/辆	1 144 625	1 287 573	1 452 642	1 721 443	1 965 187
	较上年增幅/%	18.8	12.5	12.8	18.5	14.2
污染物	排放总量/万吨	72.1	78.6	85.3	92.0	98.9
	较上年增幅/%	16.3	9.0	8.5	7.9	7.5

9.1.2.3 大气环境存在的问题和原因分析

近年来,深圳市实施了一系列空气污染治理措施,大幅削减了大气污染物排放总量,城市空气质量在社会经济快速发展背景下仍处于较好水平,但随着深圳市经济快速增长,城市建设及多方产业蓬勃发展,能源需求不断提高,机动车保有量不断攀升,各项污染物排放量在现有控制水平下将出现大幅增加,深圳空气环境还面临许多问题。

1. 灰霾污染形势严峻

深圳市灰霾污染自20世纪90年代起逐渐加剧,至今尚未得到根本改善。灰霾天气的形成除与气象因素有关之外,近年来空气中污染物浓度尤其是细粒子浓度的上升是造成灰霾污染及大气能见度下降的主要原因,而细粒子中的有机物、硫酸盐、元素碳和硝酸盐分别“贡献”了30.9%、25.9%、10.2%和8.2%,合计占75%以上,是造成灰霾天气的罪魁祸首。大气中的细粒子包括一次来源和二次来源,一次来源为直接从燃烧过程及扬尘排放等进入大气的颗粒物,二次来源主要来自环境空气中的二氧化硫、氮氧化物、挥发性有机物经化学反应形成的硫酸盐、硝酸盐、有机物等。根据污染排放预测结果,至2020年,各项污染物增加幅度进一步提高,可吸入颗粒物增加33.7%,氮氧化物将增加79.7%,二氧化硫增加76.5%。因此,“十二五”期间至2020年,深圳市一次和二次颗粒物排放都将继续上升,使灰霾污染形势更加严峻。

2. 机动车污染防治压力巨大

至2011年年底,深圳市机动车保有量已突破200万辆,道路车辆密度突破300辆/千米,位于全国之首。预计到2020年将达到316万辆,这将给深圳市机动车监管和大气污染防治造成巨大压力。根据污染排放预测结果,“十二五”期间,机动车成为首要的氮氧化物排放源,氮氧化物排放量占全市总量比例从2009年的49.5%升高至2015的60.2%。同时,机动车排放可吸入颗粒物所占比例也从2009年的16.1%升高至2015年的23.6%。另外,根据《深圳市2008年排放源清单研究报告》,机动车也是挥发性有机物的重要排放来源。这些污染物经过物理化学反应形成的一次及二次气溶胶是大气细粒子的重要组成部分,并将进一步造成灰霾天气及大气能见度下降等污染现象。整体而言,由于机动车的快速增长使其对环境空气的影响不断加大。

3. 扬尘污染控制尚需加强

扬尘源是环境空气中可吸入颗粒物的首要排放来源,贡献了全市可吸入颗粒物排放总量的60%以上。“十一五”期间,深圳市出台了《深圳市扬尘污染防治管理办法》,对建筑扬尘、道路扬尘、料堆扬尘、自然扬尘提出了明确的防治要求,建立了扬尘污染防治长效管理机制,有效控制了扬尘污染。但目前,深圳市扬尘污染控制技术手段仍较欠缺，缺乏如自动化扬尘污染监控系统、车辆自动喷淋设备等高效的污染防治手段。

4. 区域性大气污染影响较大

多年观测结果表明，珠三角各城市的空气污染指数变化趋势基本一致，深圳市环境空气质量与周边城市污染物排放及扩散等密切相关，环境空气质量受珠三角区域影响较大，单纯依靠本地治理无法很好地改善全市空气质量。北京大学主持的国家“863”珠三角城市群空气污染防治课题研究表明，珠三角腹地的污染传输对深圳市空气质量影响较大，以外来源为主的大气污染结构决定了深圳必须与珠三角其他城市一起共同治理大气污染才能较好地改善大气环境质量。

9.1.3 声环境

9.1.3.1 声环境质量

2011 年，深圳市区域环境噪声平均值为 56.7 分贝，处于轻度污染水平。其中，生活噪声源占 55.4%，工业噪声源占 20.5%，两者合计占 75.9%，这两类声源是深圳市区域环境噪声的主要声源。

2011 年，深圳市道路交通噪声平均值为 69.0 分贝，达标率为 69.8%，道路交通噪声等效声级加权平均值比 2010 年下降 0.2 分贝。

2006～2011 年，深圳市区域环境噪声和道路交通噪声平均值变化见图 9.5 和图 9.6。结果表明，2006 年以来深圳市的区域环境噪声达标率呈上升趋势。

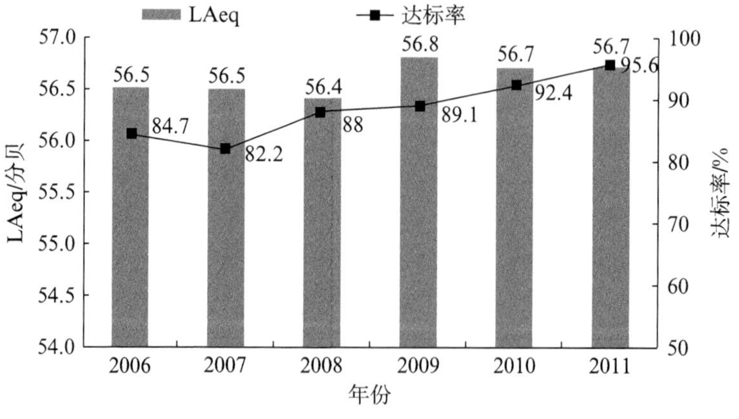

图 9.5 2006～2011 年深圳市区域环境噪声值和达标率

9.1.3.2 噪声污染源构成

2011 年，深圳市区域环境主要噪声源见表 9.2，可见生活噪声源占 55.4%，工业噪

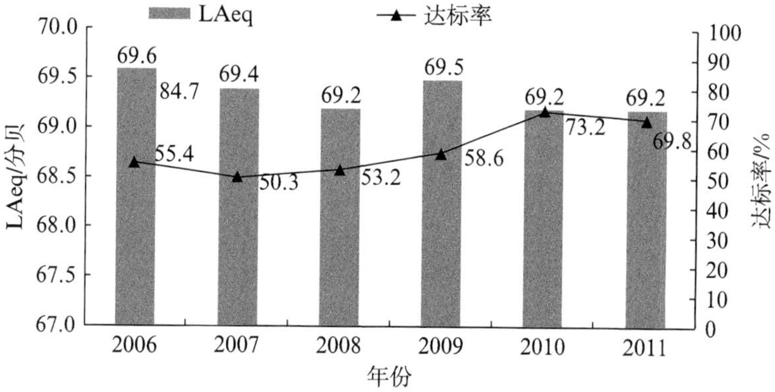

图 9.6 2006～2011 年深圳市道路环境噪声值和达标率

声源占 20.5%，两者合计占 75.9%，这两类声源是深圳市区域环境噪声的主要声源。

表 9.2 2011 年深圳市区域环境噪声声源构成

统计指标	噪声源分类					
	生活	工业	施工	交通	其他	总计
影响的测点数/个	138	51	3	27	30	249
噪声源构成比/%	55.4	20.5	1.2	10.8	12.0	100
受声源影响的超标点数/个	9	1	—	1	—	11
超标点占功能区比/%	6.5	2.0	—	3.7	—	—
超标点占总测点比/%	3.6	0.4	—	0.4	—	4.4

9.1.3.3 声环境存在的问题和原因分析

2011 年，深圳市声环境质量处于轻度污染水平，噪声污染投诉仍然是群众反映的热点难点问题，噪声类投诉占环境问题投诉总量的 57.9%，其中建筑施工噪声和交通噪声的问题尤其突出。造成声环境质量不高的原因主要有以下几个方面。

(1) 法律法规不完善。目前，环保法律法规对噪声污染的控制主要是用标准来控制，环保部门缺乏现场执法强制手段，对违法行为只能采取口头制止而无查封扣押权，执法效率非常有限，处罚额度偏低，达不到执法效果。

(2) 部门之间的法规相互制约。该问题突出表现为施工项目挖运土方作业受到政府各职能部门的多方制约，施工单位为赶进度，把执法权相对薄弱的环保部门作为突破口，在环保部门限制的时间内施工，从而产生了噪声扰民问题。由于深圳城市化和旧城改造工作的推进，建成区内很多施工场地紧邻居住建筑群，对居民的生活造成很大的影响，而且某些施工需要连续作业，会严重干扰场地周边居民的正常休息。建筑施工噪声问题主要是夜间施工产生的噪声污染，环保部门只能对建筑施工单位夜间施工扰民行为采取突击式的检查和处罚，在执法人员对工地夜间违法施工进行处理后，施工方会在短时间内有意识控制施工噪声，但随后又会恢复，进而引起重复投诉。

(3) 相关职能部门对噪声污染监督管理存在不到位的现象。根据《深圳经济特区环境噪声污染防治条例》规定环保部门主要对生产经营性噪声和施工噪声实施监督管理，其他噪声则由其相关职能部门负责，环保部门以协调为主。

(4) 居民区和主要交通干道、工业区、市政设施缺乏必要的规划间距，造成居民区的噪声超过功能区标准。由于深圳的集约化建设和城市改造工作的推进，工业区与噪声敏感建筑近距离相接，容易出现工业噪声对居民住宅的影响，尤其是在旧工业区和居住区混杂的区域，例如，仅宝安和龙岗区就占一半以上的工业噪声投诉量。

9.1.4 固体废弃物

9.1.4.1 城市生活垃圾

2011 年，深圳市城市生活垃圾产生总量为 481.82 万吨，无害化处理处置生活垃圾总量为 457.73 万吨，处置率为 95.0%。生活垃圾处理处置方式主要为焚烧发电和卫生填埋，其中焚烧发电 162.86 万吨，卫生填埋 294.87 万吨，基本做到日产日清。6 个生活垃圾焚烧发电厂正常运行，下坪固体废弃物填埋场、老虎坑卫生填埋场等城市生活垃圾卫生填埋处置单位也正常运行。

9.1.4.2 建筑废弃物

2011 年，深圳市余泥渣土产生量约为 2 100 万立方米，其中拆迁改造、装修装饰工程产生的砖渣、碎石、废混凝土块类的建筑垃圾 1 000 万吨，实现循环再生利用的约 300 万吨，综合利用率为 30%。

9.1.4.3 生活污水处理厂污泥

2011 年，深圳市建成运行污水处理厂 24 座，污水处理能力达 401.5 万吨/天，产泥量约 2 100 吨/日。

9.1.4.4 一般工业固体废物

2011 年，全市工业固体废物产生总量为 132.59 万吨，综合利用 111.26 万吨，无害化处理处置 21.31 万吨，处置利用率为 99.81%。工业固体废物主要来源是企业生产过程中产生的粉煤灰、工业危险废物、炉渣、生产加工过程产生的边角料和其他非危险废物,前三者产生量合计占深圳市工业固体废物产生总量的87.21%。

9.1.4.5 危险废物

危险废物主要包括工业危险废物和医疗废物两类。2011年,深圳市工业危险废物的产生量为36.93万吨,其中综合利用19.24万吨,处理处置量17.69万吨,处置利用率为100%。工业危险废物主要有表面处理废物(HW17)、含铜废物(HW22)、废酸(HW34)、废碱(HW35)、含镍废物(HW46)等32类。2011年,深圳市医疗废物产生量为7 934.48吨,处置量为7 934.48吨,处置率为100%,处置方式主要为焚烧处置。

9.1.4.6 固体废弃物处理处置存在的问题和原因分析

根据发达国家的经验,固体废弃物产生量与经济发展水平密切相关。今后,随着深圳市经济水平的持续提高,固体废弃物的产生量将持续增加。然而,深圳市地理面积狭小,废弃物处理设施与居民区的距离越来越近,由于邻避效应,处理设施选址越来越难,当前的处理处置方式将不能满足日益增加的处理需求。难点主要体现在以下几个方面:

(1) 未来生活垃圾处理压力较大,现状处理设施难以满足未来需求。随着深圳市社会经济进一步发展,人口不断增加,生活垃圾产生量以每年8%的速度递增,预计到2020年,深圳市生活垃圾年产生量将达到20 882吨/日,远远超过了目前现有的生活垃圾处理能力。

(2) 垃圾分类收集及减量化程度较低,资源化率较国际水平仍有差距。深圳市生活垃圾目前普遍采用混合收集方式,突出表现为厨余、泔脚等高含水率的有机易腐性垃圾与其他垃圾一同收集,这样收集到的混合垃圾便具有含水率高、有机物含量高、可生物降解性强、热值低等特点。这种分类收集方式既导致了垃圾存放、运输过程中产生异味和滋生蚊蝇,又使得混合垃圾含水率高热值较低而不利于处理。同时,混合收集的模式还影响了垃圾的资源化利用,使得深圳市垃圾资源化率与国际先进水平存在一定差距。

(3) 填埋为主的处理方式占用了大量土地资源,不能适应深圳市土地资源紧缺的现状。土地资源紧缺是深圳市当前所面临的主要限制因素之一,深圳市未来的城市发展必须走"紧约束条件下"的和谐发展道路。但与此相矛盾的是,深圳市目前在处理生活垃圾、建筑垃圾和城市粪渣时均以应用填埋技术为主,若继续保持目前的填埋处理规模,到2023年深圳市就会面临无填埋场可用的困境;若保持填埋在整个处理体系的比例,则不到2020年深圳市就会出现垃圾无处可填的现象。因此,填埋为主的处理方式不能适应深圳市土地资源紧缺的现状。

(4) 建筑垃圾处理能力无法满足未来需求。随着城市化进程的不断加快,城市建成区更新逐步提上日程，这也导致了建筑垃圾产生量的逐步增多，填海等传统的处理模式无法满足需求，继续堆放则会浪费大量宝贵的土地，而现有的3家建筑垃圾综合利用设施，其总规模远远无法满足处理的需求。

(5) 危险废弃物处理压力较大。深圳市危险废物产生量仍在逐年增长，对环境带来的压力日益增大。在满足国家规范的前提下，应推动更新设备，改进技术，保持并尽可能开发利用现有危险废物处理处置设施的潜在处理能力。

9.1.5 辐射环境

9.1.5.1 辐射环境质量

2011年，深圳市辐射环境质量状况良好。环境电离辐射水平保持稳定，重点核技术利用设备周围环境电离辐射水平未见明显变化；环境地表γ辐射剂量率处于天然本底水平范围内，气溶胶、水源水中总α、总β、及土壤中铀-238、钍-232、镭-226、钾-40等放射性指标均处于正常水平。环境电磁辐射水平基本良好。

9.1.5.2 辐射源情况

截至2011年年底，深圳市已备案的核技术利用单位共438家，申报登记有各类放射源3 013枚，各类射线装置2 205台。全市放射源生产、销售单位共24家，销售放射源状况为：同位素3种，年产量1.52×1 012贝克(其中14C：2.4×1 011贝克、125I：9.6×1 010贝克、241Am：5.56×1 012贝克)；射线类241台，包括医疗用CT机4台、Ⅲ射线装置219台、医疗用γ刀18台(包括换源数量，不产生60Co源)。电磁辐射设备(设施)数量达到22 845座，其中以通信发射类设备为主，数量达22 172座，占总数的97.05%；而通信发射类设备又以移动通信基站数量居多，达21 707座(仅统计已完成环境影响评价手续的基站)。

9.1.5.3 辐射环境存在的问题和原因分析

深圳市是核技术应用大市，涉源单位和放射源数量、活度均处于全国前列，累计共有各类放射源2 900余枚，射线装置近千台，且每年以10%以上的速度递增。其中，大亚湾、岭澳核电站共拥有6座核动力堆；此外，还有2个钴-60辐照中心、38家可能引发严重级以上辐射事故危险源应用单位、300余家辐射事故风险源应用单位。与此同时，深圳市伴有电磁辐射污染的项目呈几何级数增加，而随着人民群众的环境意识和对环境质量的要求日益增强，电磁辐射污染投诉事件也迅速增长。辐射污染不同于其他污染源，具有形式隐蔽性、事件突发性和极大危害性的特征，如果监管不严或者处置不当，将对环境安全和人民群众的生命健康造成严重威胁。

9.1.6 土壤环境

9.1.6.1 土壤环境质量

2011 年,深圳市种植基地土壤总体的 pH 为 6.88,偏酸性;总汞、总砷、总铬、总铜、总锌、总镉和总铅的总体年均浓度均没有超标,且大部分远低于标准,但金龟菜场总砷年均浓度超标;有机氯农药、有机磷农药、多氯联苯类和多环芳烃类检出值均不超标。总体土壤等级为 2 级,综合污染指数为 0.71,污染等级为警戒级,土壤尚清洁。从综合评价结果看,污染负荷排在前三位的是总镉、总砷和总铜,污染分担率分别为 26.1%、19.5%、16.7%。

9.1.6.2 土壤环境存在的问题和原因分析

城市土壤污染源不仅数量大、种类多,而且污染物含量要明显高于农业土壤,加上城市人口集中,人类活动频繁,与土壤直接或间接接触的几率很高,更容易对人体健康造成危害。目前,深圳水环境、大气环境、声环境等污染问题已纳入常规监测项目和实行年度质量报告,危险废物和新型污染问题已提上议事日程,而土壤环境污染问题仍未引起足够重视。深圳土壤环境保护主要存在以下几方面问题:

(1) 土壤污染底数不清。深圳市在国家、广东省的要求和指导下,开展了多次土壤环境状况调查工作,但受客观因素限制,还没有开展全市范围内的土壤环境污染调查,对土壤污染源分布、污染严重程度、场地使用功能变迁历史记录等情况掌握不清,相应的土壤环境监测工作尚未启动,监测人才、技术设备和技术指南等配套不齐,难以指导土壤污染防治工作。

(2) 土壤环境风险威胁加大。2009 年年底,深圳市颁布了《深圳市城市更新办法》,明确提出"城市更新"成为深圳市存量土地"再开发"的主要手段。随着城市更新速度的加快,数百处旧工业区、城中村、旧屋村等区域将面临功能置换,功能置换过程中将对原有场地造成大规模扰动,其中污染物将有可能以挥发、淋溶、渗透等方式再次进入大气、水体环境中,直接威胁居住和生活在污染土壤周边的人体健康安全。

(3) 土壤风险监管能力不足。对于城市重点区域土壤,尤其是工业场地的土壤污染防治,已颁布的法律法规中均未涉及受污染土壤应有的管理规则以及对历史遗留下来的受污染土壤的法律责任者、污染者应承担的法律责任和义务等问题。目前,对污染场地环境风险的监管模式存有"断面"式管理,比如,企业所在场地功能变迁历史记录不全、企业提供的污染物清单和数据不全、搬迁过程中对污染物的监控不足、搬迁后二次污染防范力度不足、在场地环境风险评价或修复工作完成之后,不再有后续的持续监管工作等,使得环保部门很难对场地的风险评估和修复效果进行统一的监督和验收。

9.2 生态环境保护与建设策略

9.2.1 总体思路

在全面、协调、可持续的科学发展观指导下，系统分析经济增长和生态环境保护的互动关系，阐明深圳市生态环境保护和管理现状、生态环境污染特征，识别重大生态环境问题和成因，在结合对深圳市生态环境保护经验教训总结和提炼的基础上，提出适合深圳市的生态环境保护策略和重点领域。实现经济发展、生态环境安全、可持续发展的紧密融合，力争体现：

(1) 科学性：把握好生态环境和管理问题的时间尺度、空间尺度，特别注重区域差异，量化环境科技和环境管理应实现的目标，明确需要解决的重大问题的优先顺序，突破重大关键科学问题和优化管理技术手段。

(2) 战略性：进一步科学辨识国民经济持续发展对生态环境质量产生的胁迫效应以及将面临的重大生态环境问题，提出前瞻性的预防和控制措施，更好地体现生态环境保护战略的前瞻性。

(3) 引领性：从战略高度提炼生态环境质量，改善不同发展阶段的量化战略目标、战略任务和保障措施；注重环境科技、防治理念和管理策略对社会经济发展的引领作用，将生态环境被动式治理逐步向以“源头控制”为主要特征的主动式引导转变，更好地把握和引领生态环境保护领域的工作方向。

9.2.2 战略目标

9.2.2.1 总体目标

以提升人居环境质量与水平、提高城市和产业竞争力、改善人民生活质量、实现人与自然和谐、促进经济社会发展、城市建设，以及人口、资源、环境协调的可持续发展为目标。以建立与资源环境承载力相适应的生态经济发展模式为中心，以发展循环经济、低碳经济理论指导下的绿色国民经济体系为驱动，以构建资源可持续利用体系为保障，以打造宜居、健康、安全的环境支撑体系为依托，以建设资源节约、环境友好的生态文明体系为支撑，从而实现经济增长方式的转变、资源管理和开发利用方式的转变、生态环境保护理念的转变，全面协调深圳市经济社会发展、城市建设与人口、资源、环境之间的关系，提升人居环境质量与水平，促进深圳市可持续发展，实现深圳市加快发展、率先发展与协调发展的统一，全面提高深圳市城市综合竞争力，将深圳建设成为宜居生态城市和国家生态文明示范城市的典范。

9.2.2.2 阶段目标

到2020年,绿色国民经济体系已经形成,城市综合承载力能力和竞争能力明显增强,资源能源集约利用水平显著提升;环境支撑体系建设全面完成,主要污染物排放得到全面有效控制,城市生态环境质量明显改善,人居环境管理能力全面提高;生态文明体系建设全面推进,人居环境达到优美舒适,实现生态安全、功能完善、民生幸福、社会和谐,成为国家生态文明建设示范城市的典范。

9.2.3 生态环境保护与重点领域

9.2.3.1 水环境保护与建设重点领域

针对目前深圳市水环境污染问题较为严重的现状,应以全面、协调、可持续的科学发展观为指导,实施污染物源头减排、面源污染控制、水库富营养化控制、有毒有害污染物控制、饮用水安全保障和水生态系统健康等工程措施,构建污染源控制和水质目标管理体系,建立基于水生态分区的水环境风险管理模式,将水环境保护贯穿于源头控制、过程削减、水质净化、水生态修复、水环境配套政策的全过程,完善和健全水环境保护管理体制、机制。主要从以下几个方面实施水环境保护与建设规划。

1. 加强饮用水源地保护

完善和扩大隔离围网保护范围,继续推进主要水源地一级水源保护区隔离围网防护建设,减少城市开发建设及人类活动对饮用水源带来的潜在隐患;加强铁岗、石岩等11座水库已建隔离围网的维护管理;推进西丽、长岭皮、赤坳3座水库隔离围网完建工作。实施饮用水源水库生态修复,规划期内要在城市饮用水源水库生态保护与修复方面进行研究探索与项目示范,为城市饮用水源水库的生态修复和水环境保护改善提供示范。推行供水水库入库河流清洁小流域建设,清洁小流域综合治理以水土资源保护、河流整治和新社区建设为核心,将小流域治理与整治村镇环境有机结合,实施对水土流失、污水、垃圾、厕所、环境、河流的6个同步治理,构筑“生态修复、生态治理、生态保护”三道防线;实施完成麻堪、金龟清洁小流域示范工程,实施全市水土保持清洁小流域第一期工程。推进饮用水源水库流域水土保持综合治理,开展松子坑(扩建)、铜锣径、清林径、黄龙湖、鹅颈、东涌、洞子、公明、径心、枫木浪、红花岭、打马坜、长岭皮、岗头、龙口、黄竹坑、深圳水库共计16座水库流域的水土保持综合治理。

2. 打造健康的河流生态系统

大力加强污水管网建设,提高污水纳管率,构建沿河截流、管网建设、排水户接驳三个层次的污水收集系统,原特区内着重于污水管网的完善及正本清源建设,以提高雨污分流比例；原特区外在已构建污水干管骨架体系的基础上加大污水支管网及排污口接驳建设力度，“十二五”期间规划污水管网1 800千米。完善污水处理设施建设，提高设施利用率，针对污水处理厂服务范围内用水量增长不平衡，导致局部设施处理能力不足的情况，对部分污水处理厂进行规划扩建；在已建污水处理厂负荷率达到80%后，开展污水处理厂的改扩建工程；同时，重点在深圳河湾流域对有条件进行连接调配的污水处理厂建立污水量调配系统，提高城市排水管网系统应对污水处理厂事故应急能力，调剂高峰期污水量分配；规划2015年污水处理厂总规模562万米^3/日。开展河流生态系综合治理，建设宜居生态城市，坚持“流域治理、生态治河”两大理念，以特区一体化发展为契机，重点加快对茅洲河流域、观澜河流域、龙岗河流域、坪山河流域干流和支流及其他直接入海河流的综合整治，通过河岸生态改造、沿河截污、初雨处理、水质净化、清淤疏浚、生态补水、湿地恢复、植树绿化、景观营造及水文化建设等措施，改善河流水质、恢复河流生态、构筑景观文化，打造具有深圳城市特色的滨水休闲空间和城市水系生态廊道，为建设宜居生态城市做出贡献。

3. 近岸海域生态环境综合整治

控制陆源污染，减少入海负荷，针对西部海域海洋环境质量较为恶劣的现状，进一步推动宝安、南山等区，以及光明新区、前海管理区的环境综合整治，增强区域污水收集和处置能力，减少流域面源污染排放；继续加大对深圳河、西乡河、茅洲河等入海河流治理力度，逐步减轻河流污染负荷；加快东部地区污水处理设施及配套管网建设，严格建设项目准入，减少新增建设项目对海洋环境的影响，确保东部海域海洋环境质量继续保持较好水平；结合《深圳市海洋经济发展“十二五”规划》提出的“十二五”期间进一步控制陆源污染物入海总量要求，深入开展全市入海排污口调查工作，制定具体的排污口整治措施。开展海洋生物和岸线修复，推进海洋生物资源和重要港湾及重点海域生态环境恢复工程，加强滨海湿地生态系统建设、海洋生物多样性保护和对海洋养殖污染的控制；积极引导东部海区旅游资源保护和生态产业发展，合理开发利用海洋资源；保护和拓展红树林区，修建重点河口海岸带滩涂湿地，通过建设海洋生物资源恢复工程和生态建设工程等，使近岸海域生态环境得到有效治理，生物资源得到逐步恢复；建立跨部门的海上溢油监测与应急体系，制定溢油应急预案，提高海上溢油事故快速反应和处置能力；加强近岸海域监测及污染应急机制，制定近岸海域环境污染事故应急方案；推进海洋灾害预警预报体系建设，完善赤潮监测系统，规范赤潮信息管理，建立赤潮灾害应急反应联动机制。

9.2.3.2 大气环境保护与建设重点领域

(1) 综合控制机动车排气污染。研究制定柴油车总量控制方案，结合小汽车增量调控措施控制小型柴油客车增速，引导老旧中重型柴油货车淘汰和中大型柴油客车新能源化。利用环保手段和经济鼓励政策引导国Ⅱ及以下排放标准的汽油车、使用10年以上的国Ⅲ及以下排放标准的柴油车加快淘汰。逐步对部分国Ⅳ及车况较好的国Ⅲ在用重型柴油车推动加装颗粒物捕集器，将柴油车加装颗粒物捕集器的信息纳入全市车辆识别管理系统。加强对车辆使用环节进行管理，对黄标车实施永久性限行措施，在特定区域划定机动车低排放区，对达不到国Ⅲ排放标准的汽油车和达不到国Ⅳ排放标准的柴油车，以及对异地号牌柴油车，采取限行措施。加强充电桩、充电设备设施建设，公交车、出租车推广应用新能源车辆比例达到100%，对非公共交通领域的机动车研究实施新能源车销售积分政策，累计推广使用新能源车达到12万辆以上。在国内率先推广供应国Ⅵ车用燃油，率先推行国Ⅵ机动车排放标准。加大在用机动车排气污染执法监管力度，加强遥感监测等高新技术手段的应用。推动机动车环保定期检测与环保分类标志管理制度改革。

（2）加快推进港口船舶污染控制。推进绿色港口建设，鼓励靠港船舶使用岸电或转用低硫燃油，到2020年全市港口提供岸电的泊位数不少于25个，船舶靠港期间岸电使用比例不低于15%，低硫油使用比例不低于85%。港口码头内拖车除应急设备外全部完成“油改气”，油料码头完成油气回收治理。内河船和江海直达船禁止使用船用残渣油，港作船推广使用LNG燃料，柴油港作船探索加装烟气洗涤器或颗粒物捕集器。与东莞合作开展“无水港”建设，推动海铁联运。推动珠三角港区尽早落实交通部有关低硫排放控制区的要求，推动珠三角海域两百海里专属经济区建立船舶排放控制区，强制进入控制区的船舶使用硫含量≤0.1% m/m的低硫燃油。

（3）加强非道路移动机械污染控制。鼓励使用LNG或电动非道路移动机械，新增6吨以下（含6吨）叉车全部使用电能，政府工程项目中挖掘机、推土机、压路机、装载机选用LNG或电动工程机械的比例不低于30%。提前推行非道路移动机械国Ⅳ排放标准。探索在用柴油非道路移动机械安装颗粒物捕集器。研究在特定区域划定非道路移动机械低排放区，限制国Ⅲ及以下标准以及未加装颗粒捕集器的非道路移动机械的使用。研究建立非道路移动机械登记备案制度。

（4）大力开展挥发性有机物污染治理

开展家具制造、印刷、电子制造、印制电路板制造、塑橡胶制造、汽车制造、金属制品、油品储运销等行业挥发性有机物综合整治。涂装工艺全面使用水性、UV、高固份涂料等低挥发性涂料；印刷、粘合工艺的新、改、扩建项目全部使用低挥发性含量涂料，现有项目完成低挥发性原料改造或溶剂型生产线废气治理；电子制造、塑胶制品、印刷、印制电路板制造业等重点行业使用低挥发性清洗剂比例不低于30%；推进清洁生产，涂料、油墨、医药及化学品制造业生产过程溶剂回收率达到90%以上。禁止销售、使用挥发性有机物含量超过限值要求的工业清洗剂、建筑涂料和生活类产品。开展加油站、油库、油罐车油气回收装置维护与检查。VOCs产生量高于100吨的重点企业安装VOCs在线监测系统并与环保部门联网。修订深圳市工艺废气排污收费办法，提高收费标准。研究实施挥发性有机物排放总量管理和排污许可证制度。

(5) 全面深化扬尘污染控制。加强扬尘污染源管理，建设全市扬尘源TSP在线监测和视频监控平台。建设用地面积大于3万平方米的建筑工地、混凝土搅拌站、砂石建材堆场安装TSP在线监测装置和视频监控系统。推进砂石建材堆场、混凝土搅拌站和电厂煤场的料仓与传送装置密闭化改造和场地整治。加强拆除工程和土地整备项目扬尘防治。提高城市道路保洁标准和机扫比例，重点道路安装TSP在线监控装置，开展道路尘土量定期检测和责任考核，道路清扫机械化普及率达到95%以上。全面使用全封闭新能源泥头车。2020年底前，全市降尘监测结果控制在2.8吨/平方公里·月。

(6) 持续提升工业污染和餐饮油烟防治水平。燃气电厂全面开展低氮燃烧器升级改造或烟气脱硝改造，氮氧化物排放浓度控制在20 mg/m^3 以下。燃煤电厂严格控制燃煤消耗量，污染物排放稳定达到燃气轮机排放标准。全面完成燃油锅炉和生物质成型燃料锅炉清洁能源替代，全面淘汰污染工业锅炉。3个炉头以上饮食服务经营场所安装在线监控装置，在全市范围内禁止销售油脂分离度低于95%的吸油烟机。

(7) 推动区域大气污染联防联控。推动珠三角地区、深莞惠(3+2)经济圈建立常态化的区域协作机制，完善重度及以上污染天气的区域联合预警机制，区域内协调推广统一环境准入门槛、落后产能淘汰政策、高污染燃料控制政策和在用车管理措施。推动区域内重点工业涂装行业使用水性、高固份、粉末、紫外光固化涂料等低挥发性有机物含量涂料。加强黄标车限行、老旧机动车淘汰、船舶以及高排放工程机械等管理。推动统一区域内污染物排放标准和燃油品质标准，加快非道路移动源油品升级。杜绝露天焚烧生活垃圾、园林废物及秸秆。实现区域空气质量监测信息的互通和共享。

9.2.3.3 声环境保护与建设重点领域

(1) 优化城市功能布局和规划。合理安排住宅区、混合区、商业区和工业区，尽量使要求安静的住宅区远离产生较高噪声的繁华商区和工业区；通过制定积极的政策，根据区域发展条件和目标，主动引导和鼓励地区的用地功能转型，如旧城改造和旧工业区改造等；或是制定限制型的政策，禁止不相容的土地使用混合，如关于各类经营活动的许可、对企业办公地点布置在居住区或工业区提出限制条件。

(2) 协调推进城市改造建设工作。目前，全市旧城改造工作正处在全面推进阶段，由于规划和改造建设工作缺少整体上的协调，新建商业房地产项目往往早于周边旧改工作而率先启动，以致新建的噪声敏感建筑紧邻旧工业建设，建成后出现工业噪声扰民的问题，而后随着周边旧工业区的拆迁和建设，又相继出现施工噪声扰民的问题。今后在改造建设中应适应“城市发展单元”概念，协调噪声敏感建筑和周边区域的改造建设工作进度，从规划建设层面协调整个片区的改造进度，避免因进度不协调问题导致的噪声污染。

(3) 细化交通噪声污染的治理措施。在声源控制上，公安交通管理部门应依法对车辆行驶噪声进行管理，严格控制噪声超标车辆上路；在道路建设及维护上，交通运输管理部门应会同规划、环境保护等部门对重点路段制定详细的噪声舒缓方案，并加强低噪声道路的维护，排查主干道路不平整的伸缩缝、井盖等，减少车辆颠簸震动；此外，还应加强道路交通噪声的信息沟通工作，使公众了解到交通噪声作为公共污染的特性，引导居民自主进行房屋的建筑隔声改造，同时在管理上确保居民能够根据自身的适应能力，选择合适的生活环境。

(4) 推广低噪声建筑施工技术。严格组织实施《建筑施工场界环境噪声排放标准》(GB12523—2011)，加强施工现场的噪声源设施的噪声防治工作，对于破碎机、压缩机、切割机等高噪声设备强制使用拼装式隔声罩，推动低噪声施工设备的普及，逐步禁止建筑模板的现场加工，鼓励钢筋等建筑材料等的场外加工。

(5) 完善建筑施工噪声管理。严格环保部门对工地夜间施工许可的审批，增加许可的约束力。一是增加对申请夜间施工具体的限制条件，减少工地随意申请许可次数，在环保部门审批许可前设置建设管理部门的意见；二是加强对施工场地的噪声防护措施的核实和现场检查，在施工方做好充足噪声防护准备的前提下方可批准施工；三是加强施工场地的前期准备工作，细化施工前场地附近居民的信息通报，对施工材料的准备、开工时间、采取相应噪声污染防治措施等方面督促检查。

(6) 联合执法，加强监督管理。联合有关职能部门查处无证经营或超范围经营的小工厂、小作坊、小餐饮、小娱乐场所；环保部门应联合辖区内有关街道办、工商所、居委会等，全面开展清理小企业的整治行动，对违法经营的小工厂、小作坊企业实施停水停电查封处理，消除环境噪声污染隐患。

(7) 分类强化社会生活噪声的管理。对于固定设备类社会生活噪声，包括各类商业、民用建筑的固定设施，参照工业噪声的技术管理工作，强化设备业主的噪声治理责任，对于反复被投诉的固定设备，由环保部门、建设部门介入，监督业主进行限期治理；对于非固定设备类社会生活噪声，应依法建立环保部门与工商、公安等具有有效管理手段的部门之间的协调机制，由相应的部门进行管理。

(8) 加强噪声排放单位人员的宣传教育。由于噪声排放单位多数长期处于高噪声环境中，对噪声污染的适应性较强，再加之对噪声所产生的危害和防护知识大多一知半解，很少意识到长期处于噪声环境下能给附近居民和自身的健康带来的不良影响，很少关注对周边噪声敏感受体的不良影响，所以应广泛利用各种媒体采取宣传教育方式，让市民自觉规范自己的行为，减少噪声的产生和传播，避免对周围环境造成影响。

9.2.3.4 固体废物处理处置重点领域

1. 加强垃圾处理和资源化利用的综合能力建设

加快生活垃圾分类收集、储运和处理系统的建设，积极推进建筑废物、餐厨垃圾的综合利用工作，提高垃圾资源化综合利用能力，实现垃圾处理的可持续发展。建成较为完善的城市垃圾分类收集、运输、处置和资源回收利用系统。结合深圳市实际，针对不同的功能区，制定不同的分类标准，采取不同的措施。

(1) 居民住宅区：分为厨余垃圾、非厨余垃圾、大件垃圾和有毒有害垃圾。厨余垃圾建设生物垃圾处理厂集中处理；非厨余垃圾近期在源头或收集环节将可回收物直接回收后，其余的运往焚烧厂处理，远期建设垃圾分选中心集中处理；大件垃圾破碎后，可回收物进入废物回收系统，高热值垃圾运往焚烧厂处理，其余的运往填埋场处理；有毒有害垃圾运往危险废物处理场处理。

(2) 商业办公区、公共场所和道路：分为可回收垃圾、不可回收垃圾、大件垃圾和有毒有害垃圾。可回收垃圾进入废品回收系统；不可回收垃圾运往焚烧厂。有毒有害垃圾运往危险废物处理场处理。

(3) 工业区：分为普通工业垃圾和有毒有害垃圾。普通工业垃圾运往焚烧厂处理，有毒有害垃圾运往危险废物处理场处理。

(4) 宾馆、酒楼、饭店和单位食堂的厨余垃圾单独收集、运输，实行源头处理和集中处理相结合的原则。

2. 提升危险废物安全处置能力

全面推行危险废物规范化管理工作，按照环保部和省环保厅的要求，分阶段推进危险废物规范化管理工作，在完成危险废物重点产生源危险废物规范化管理基础上，向 700 家年产生危险废物 10～100 吨的企业推行危险废物规范化管理工作，使这类企业按照《危险废物规范化管理考核验收标准》规范危险废物产生、收集、转移、处理、危险废物事故应急的管理，全面提升深圳市危险废物管理水平；进一步提升危险废物安全处置能力，规范危险废物经营单位的生产、经营活动，促进经营单位加强内部管理，提高生产技术水平，提升深圳市危险废物安全处置能力，降低环境风险；积极与有关部门协调，做好垃圾焚烧飞灰的安全处置工作；加强监管力度，杜绝瞒报偷排，建立专门的危废管理机构，对危险废物实施日常监督管理，尽快完成区一级危险废物管理机构的建设，加强源头控制管理和推广清洁生产制度，执法监督部门必须加强监管力度，对重点污染源要加强监督性监测，确实做到认真细致，增加监测频次，随时掌握危险废物排放状况，定期抽查排污企业，严厉打击偷排等违法行为，切实维护环保法律法规的权威，随时注意辖区危险废物状况，要密切关注环境异常情况，遇突发环境事件，及时上报信息，不得迟报、漏报和瞒报，杜绝瞒报偷排。同时，要加强对环保企业的监督管理，保证其正常运行，防止二次污染。

9.2.3.5 土壤环境保护重点领域

（1）加强能力建设，提升土壤环境监管能力。加强土壤环境保护人才队伍建设，强化专业人员技能培训，把土壤环境质量监测纳入环境监测预警体系建设，制定土壤污染事故应急处理处置预案；加强深圳市污染行业部门的清洁生产审计，防止跑、冒、滴、漏现象，减少对土壤环境的污染影响，在“三同时”验收时，严格执行土壤污染防治的相关法规。按照《土壤环境监测技术规范》（HJ/T166—2004）、《全国土壤污染状况调查总体方案》和《全国土壤污染状况调查技术规定》，以及相关作业指导书与技术规定的要求，加强重点区域土壤污染监测，将土壤环境质量监测纳入常规监测项目中，重点区域土壤环境质量报告纳入年度环境质量报告中。完善企业搬迁场地风险评估信息服务平台和重点区域场地功能置换登记制度，明确污染场地风险评估责任主体与技术要求。逐步建立环境风险评价和健康风险评价准则，并逐步应用于受污染土地评估、治理和修复的过程中，提高土壤风险评估后续监管力度，防止风险评估后产生的二次污染；根据土壤背景值、土壤环境质量标准和深圳市实际情况，计算深圳市土壤环境质量指数（土壤污染指数），定出污染级别，结合土壤质量变化趋势，初步开展深圳市土壤污染风险评估，确定全市土壤环境安全性级别，列出土壤污染物优先控制清单和污染源优先防治清单，加强污染风险防范能力。

（2）加大各项投入，开展土壤污染修复示范。加大土壤污染防治资金投入，污染土壤的治理成本高、周期长，单纯依靠政府出资无法完成，应采取如税收、资金补贴、贷款和抵押担保等各种经济杠杆手段，引导私人资本投资参与污染场地的治理和再开发，构建包括利益相关方在内的土壤污染治理与开发投融资机制，以政府为主导，建立有效的市场机制，进一步吸引更多的私人投资参与污染场地的治理开发。在近期开展城市更新的重点区域中，选择有代表性的污染土壤（拟包括石油类污染、农药类污染、重金属类污染土壤），作为修复试点，并根据各试点污染土壤的实际情况，选定土壤修复方法（化学改良、生物改良等），开展污染土壤修复，在试点工作的基础上，提出深圳市污染土壤的修复措施。设立专项资金重点资助土壤污染防治科学研究和技术开发、污染土壤修复与综合治理示范工程建设，建立土壤污染修复的技术支撑体系，明确污染防治的责任主体，构建包括利益相关方在内的土壤污染治理与开发投融资机制，优先开展土壤重金属土壤污染防治与修复，重点支持一批重点区域重点治理与修复示范工程，为在更大范围内开展土壤污染修复提供示范、积累经验。

9.2.3.6 辐射环境保护与建设重点领域

(1) 强化管理能力建设,建立规划环评齐抓共管机制。进一步理顺辐射环境管理和监测工作机制,构建科学的辐射环境监测技术方法体系,将辐射环境监督监测短期改善与长效保持有机结合。加强电磁辐射环境管理的科研和立法工作,建立深圳市电磁辐射环境管理信息系统,提高电磁辐射环境管理效能。认真贯彻落实《规划环境影响评价条例》,积极推动建立与发展和改革委员会、规划国土、电信管理、卫生等部门的联动机制,推进规划环评早期介入、与规划编制互动,前瞻性地做好电磁环境区域规划。同时完善规划环评与项目环评联动机制,积极参与推动将电磁辐射建设项目纳入城市建设规划,避免因功能区域规划不合理而造成电磁辐射污染发生。对布局不合理、环境影响大、污染严重的重点污染源进行有计划的搬迁,或采取有效的防治措施,防止原有电磁辐射污染的加重及增加新的电磁辐射污染,为建设宜居生态深圳提供保障。

(2) 加强"源头"把关和电磁辐射环境保护的宣传工作。严把审批关,切实做好信息公开和公众参与工作,在项目建设前期尽量减少公众疑虑;在建设阶段和运行阶段落实"程序合法,监测达标"的要求,消除隐患,从源头上化解建设项目和公众的矛盾;针对移动通信基站电磁辐射群访事件增多的情况,加大对运营商的监管力度,加强环境影响评价监测覆盖范围;围绕"建设宜居生态城市"主题,加强对电磁辐射项目建设企业和社会公众的电磁辐射环保宣传,积极引导企业将电磁辐射环境保护纳入企业的社会责任范畴,引导公众正确认识电磁辐射,最终实现深圳市电磁环境和谐健康发展。

10 深圳市生态文化策略研究

从文献和现实社会的发展来看,生态文化既是一个古老的概念,又是一个崭新的概念。作为古老的概念,在东西方的古代社会都有大量的生态思想和实践。作为崭新的概念,生态文化作为正在崛起的新文化,是一种新的文化类型,是人类社会在生态文明时代发展起来的主导型的新文化,是人类社会新的生存方式。生态文化是人与自然和谐相处和发展的观念体系,是人们根据生态学原理和生态思维方式,在解决人与人、人与社会、人与自然关系所反映出来的思想理论体系。它包括人类在解决生态危机过程中所采取的措施和制度,以及为保持生态平衡所创造的符合生态规律的物质财富。以生态科学技术和可持续发展理论为代表的生态文化,是人类社会发展的新方向,为生态文明社会奠定了重要的文化支撑。

生态文化作为先进文化的重要组成部分和生态文明的重要载体,已经成为当今社会科学发展、和谐发展的重要支撑。走生态良好的文明发展道路必须发展生态文化,充分发挥其在生态文明建设中的作用。

生态文明建设首先要有正确的价值观念引导,生态文化,可以引领全社会认识自然规律,了解生态知识,树立人与自然和谐的价值观。生态文化是生态文明的主体,生态文明程度的提升,必然要依靠生态文化建设的支撑,生态文化建设要着力树立全民生态文明意识,为生态文明的发展提供内在动力。生态化的生产方式和生活方式是生态文化形成和发展的基础,同样,生态文化可以促进整个社会生产生活方式的转变。在生态价值观念指导下,人类对待自然的实际行为规范的建立需要政策引导和法律规范,生态文化融入政府的决策意识,可以使政府的决策有利于促进人与自然和谐。发展生态文化,注重科技创新,坚持科技理性,防止科技异化,可以不断开发出节约自然资源、循环利用自然资源、少污染和无污染的科学技术,即所谓的“生态科技”或“绿色科技”,把生态平衡与经济发展统一起来。

10.1 生态文化的发展历程

文化作为人的生存方式,它所经历的转型在很大程度上是人类社会深刻变化的主要标尺和透视人类社会历史演进的重要维度。文化对社会发展的影响以持久稳定为主要特征。人类文明在不同的发展阶段,形成了不同类型的文化。在人类社会发展过程中,社会中总存在着一些主导型的文化。学者们从不同的角度对文化发展的阶段,给出了自己的理解。有人把文化划分为古代文化、近代文化、生态文化;有人将其分为原始文化、农业文化、工业文化、生态文化;也有人将其分为自然文化、人文文化、科学文化。在人类社会发展中,文化经历了不同的发展阶段,也形成了不同的文化类型。生态文化作为人类社会发展中出现的新文化,是生态文明时代的主导型文化。但生态文化作为致力于人与自然和谐发展的文化形态,在人类社会发展的不同阶段、在其他主导型文化的影响下,经历着长期发展的历史过程。人们对生态文化的认识也是一条曲折的道路,经历了肯定、否定到否定之否定的辩证发展阶段。在人与自然关系的理解上,生态文化经历了古代形态的生态文化、近代形态的生态文化和现代形态的科学生态文化。科学梳理生态文化的发展历程,是达到生态文化自觉的前提和基础。

10.1.1 古代农业文明时代的生态文化

人类在农业文明时代,由于社会生产力发展缓慢,人类社会主要依赖自然界而生存,对自然生态系统的认识和了解能力有限,致使形成了崇敬生命、尊重自然的生存哲学。

10.1.1.1 中国古代的生态文化思想和实践

中国古代有着许多关于人与自然和谐相处的生态文化思想,儒家的“天人合一”、道家的“道法自然”的整体自然观,佛教的“万物平等”的生态伦理观等,这些朴素的生态文化思想对今天生态环境保护和生态文化建设有着积极的借鉴作用。

(1)“天人合一”的整体自然观。中国古代是以农业立国,农业是当时中国社会的主要产业,以农为本,人们期望风调雨顺,春种秋收。在此基础上,人们形成了“天人合一”的整体自然观。“天人合一”是儒家处理人与自然关系的重要准则,其内涵是天、地、人关系的相互协调和统一。“天人合一”思想是古人对待人与自然关系的基本观点,人要充分实现自己的价值,就要实现与天地的合一,与自然的和谐相处。

(2)道家的“道法自然”思想。道家的生态思想主要体现在老子主张的道法自然思想上。老子认为,人与自然是统一的。道是万物之渊源,万事万物都是由道创生出来的,即“道生一,一生二,二生三,三生万物。万物负阴而抱阳,冲气以为和”。

(3)尊重生命、仁爱万物、众生平等的生态伦理观。古人认为,使万物按照自然界的演变规律生生不息是人类最崇高的德行。人应该尊重生命,由仁民而爱物,把道德关怀由人的领域扩展到有生命的自然界中的万物。中国佛教主张的“众生平等”思想,认为凡是有生命的生物都有生存的权利,众生平等,“此有故彼有,此生故彼生”。

(4) 热爱自然、保护环境的生态伦理实践。中国古代在“天人合一”的自然观的指导下，历代政府都非常注重保护自然环境。在夏朝时期，设立了环境保护机构——虞和衡，规定春天不准砍伐树木、夏天不准捕鱼，不准捕杀幼兽。周朝根据气候的变化，严格规定了打猎、捕鱼、砍树、烧山的时间。春秋战国时期，管子为保护生态环境，制定了严格的法律，“苟山之见荣者，谨封而为禁。有动封山者，罪死而不赦”。孔子主张人人应该爱护大自然，“智者乐水，仁者爱山”。他还主张要合理开发大自然：伐一木，杀一兽，不以其时，非孝也。荀子提出要保护自然环境：五谷不熟，不粥于市；木不中伐，不粥于市；禽兽鱼鳖不中杀，不粥于市。这些保护环境的思想和措施，对于维护中国古代社会生态平衡发挥了重要的作用，对于今天我们建立生态文明社会有着重要的启示作用。

10.1.1.2 西方古代的生态文化思想

西方社会与东方社会在自然环境方面有较大差异，在处理人与自然的关系方面，主张“天人分离”。但在历史上也有许多注重生态环境，关心自然与人的平衡与和谐的思想的。古希腊文化是古代西方有机论自然观的代表。这种自然观就认为，自然界是有秩序、有规则、充满生机和活力的有机整体。自然并不是人类征服的对象，而是理解的对象，人与自然应该和谐相处。古希腊罗马时期，斯多葛派创始人芝诺就提出：“人生的目的就是与自然和谐相处。”

古罗马学者林尼在《自然史》中指责人们对自然资源的滥发滥用。虽然欧洲中世纪是神学统治的时期，人们很少关注生态自然，但到文艺复兴时期，人们就已经开始关心人、关心人与自然之间的关系。达·芬奇曾说：“人类真不愧为百兽之王，因为他的残暴超过一切野兽。我们是靠其它动物的死亡而生存的，我们真是万物的坟场。”

这比较形象地说明了人与自然之间关系的张力。到了近代，随着资本主义制度在西方主要国家的确立，机械的自然观在西方社会占据了主导地位，人与自然的二分模式成为时代的主要思潮，从而导致了人与自然关系严重分离，认为人认识自然，就是要改造自然、征服自然，走上了大肆掠夺自然资源的工业化道路。

10.1.2 近代工业文明时代的生态文化

西方主要国家经历工业革命后，建立了物质财富极为丰富的资本主义社会，人类便通过大肆掠夺自然资源来支持高速发展的工业化社会，从而导致了人与自然之间严重的生态危机，我国未能避免，也经历了所谓的工业文明时代。由于工业文明时代生产力的发展和科学技术的广泛运用，人类对于人与自然的关系也有了新的认识，实现了农业文明时代的敬畏与尊重到人类中心主义的转变。

10.1.2.1 近代占主导地位的工业文化

近代随着生产力的发展和科学技术的广泛运用，人们开始把自然作为被改造的对象，确立了人与自然之间的主客体关系。人类文化由先前主张崇尚自然、尊重自然走向改造自然、控制自然，奠定了人与自然的二分模式，造就了工业文明时代人类中心主义价值观取向的文化类型。这种文化在自然观上主张人类认识自然的目的在于改造自然，人的价值是至高无上的、人有统治自然的权力。

工业文明时代，人们虽然一再批判自然环境决定论，却在其批判的过程中又走向了另一极端：片面主张人统治自然的思想，忽视自然环境和自然规律对社会发展的作用，认为为了人类的利益就必须征服自然、改造自然。在这种自然观的主导下，人类以自己创造的先进的科学技术为工具，向自然发起了猛烈的进攻，在创造了人类前所未有的财富的同时，也加剧了人与自然之间的矛盾。在工业文明发展的近 300 年中，人类社会的文化创造对自然界采取了这样的活动：把大自然作为促进社会经济发展的巨大资源库，向自然界索取越来越多的自然资源；把大自然作为排放废物的垃圾场，向自然界堆放数量巨大的、不可处理的废弃物。人们以损害自然为代价，创造了巨额财富，却造成了自然价值的严重透支，导致了严重的生态危机，人类社会出现了不可持续发展的困境，使工业文化的价值观得到了质疑。工业文化走上了衰退之路，必然被一种新的正处于上升阶段的文化所取代，这种新的文化就是生态文化。

10.1.2.2 近代形态生态文化思想的孕育和发展

工业文明时代，其占据主导地位的文化虽是工业文化，但我们不能认为在西方 300 多年的工业化时代，人们在处理人与自然关系时只形成了以人类价值为中心的工业文化，人们没有关注生态问题，在整个工业化时代，仍闪烁着许多生态文化方面的思想。由于工业文明时代占主导地位的是工业文化，从而使近代形态的生态文化鲜有较为系统的理论阐述，仍处在自在的生态文化发展阶段，但它是促进生态文化发展到现代阶段的重要基础，是从自在的生态文化向自觉的生态文化迈进的重要阶段。

在近代生态文化发展中，马克思、恩格斯在他们的研究中，对于人类如何处理与自然界的关系做出了大量论述。马克思、恩格斯生活的时代虽然生态危机还不是十分的严重，但他们对生态文化研究领域中的核心问题的论述，对现代形态的生态文化发展起着重要的指导作用。人与自然之间的辩证关系是马克思、恩格斯对近代生态文化形成和发展做出的重要贡献。人与自然的关系经历了古代的整体观、近代的二分模式两个阶段。在人与自然关系的论述上，马克思强调人是自然界的一部分，自然界是人类生存和发展的前提和基础。“全部人类历史的第一个前提无疑是有生命的个人的存在。因此，第一个需要确认的事实即是这些个人的肉体组织以及由此产生的个人对其它自然的关系。”

马克思指出：“人的肉体只能依靠这些自然产品才能生活，不管这些产品是以食物、燃料、衣着的形式还是以住房等的形式表现出来。在实践上，人的普遍性正表现为这样的普遍性，它把整个自然界——首先作为人的直接的生活资料，其次作为人的生命活动的对象和工具——变成人的无机的身体。自然界，就它自身不是人的身体而言，是人的无机的身体，人依靠自然界生活。就是说，自然界是人为了不致死亡而必须与之持续不断地交互作用过程的、人的身体。所谓人的肉体生活和精神生活同自然界相联系，不外是说自然界同自身相联系，因为人是自然界的一部分。”

10.1.3 现代科学的生态文化

现代科学的生态文化是人们在建设生态文明社会中，在反思和批判近代工业文化的基础上，所形成的一种新的文化类型。

10.1.3.1 现代科学生态文化形成的背景

现代科学的生态文化产生的重要背景是工业文化的发展陷入了危机，以及人与自然关系的恶化。作为工业文明时代的主导型文化，工业文化给人类社会带来了巨大的物质财富，促进了人类社会的发展。但工业文化提倡的人类中心主义价值观，却是以过度开发自然界的资源、牺牲环境为代价来促进经济的发展，这样的发展方式难以为继。伴随着工业化的发展，生态危机频繁发生，自然界向人类社会发起了猛烈的“报复”。20 世纪是人类社会迅速进入现代社会的一个世纪，但是也是生态遭到严重破坏的一个世纪。20 世纪 70、80 年代工业文化沿着反自然的方向达到了顶峰。与此同时，人类社会的发展也陷入了深刻的危机之中。

工业文化在推进人类文明的过程中，引发了全球性的生态危机，造成了全球人口的极具膨胀，给人类的生存环境造成了巨大的压力：致使自然资源短缺，给人类社会的可持续发展带来了严重的影响；环境污染的程度日益加深，大气污染、水污染和海洋污染的事件频繁发生，严重影响了人类的生活质量、生活环境和生产活动。因此，在工业文明时代，当人类还沉浸在征服自然界的喜悦中，高唱着胜利的凯歌时，生态危机的频繁爆发，使人们逐渐认识到自己正陷入一种前所未有的困境中。“大量化石燃料的使用和大工业的兴盛、科技力量的壮大，使得人类具备了掠夺自然资源的能力，生态环境遭到了前所未有的污染和破坏，已经直接威胁到人类的生存，引发全球性的生态危机。”

生态危机是生态文化形成和发展的重要动力。在工业文化发展到穷途末路之时，现代科学的生态文化在批判和反思人类文化发展经验教训的基础上，逐渐地形成和发展起来。

10.1.3.2 现代科学生态文化的形成和发展

现代科学的生态文化是人们在对工业文化所造成的全球性生态危机的深刻反思中形成和发展起来的。在20世纪，人们对环境重要性的认识日益加深，从而促进了现代科学生态文化的形成。

1962年，美国生物学家莱切尔·卡逊在其所著的《寂静的春天》一书中，揭露了美国农业、商业为追求经济利益而滥用农药，从而造成对环境的污染。该书被译成多种文字，影响甚广，被称为现代生态学时代的开始。从此，生态文化建设开始成为一个世界性的课题，国际间展开了广泛的合作和交流。1972年，罗马俱乐部发表了《增长的极限》的研究报告，指出由于工业的快速发展和人口的增长，将造成自然资源的耗尽，人类社会将陷入深刻的生态危机之中。为解决人类面临的危机，该研究报告提出了零增长的极端化对策。在同一年，世界上第一次以人类与环境为主题的大会在瑞典的斯德哥尔摩召开，发表了《联合国人类环境会议宣言》，提出保护环境是人类社会的共同目标，从此开始了以国际间的广泛合作来解决全人类共同面临的共性问题。现代的生态文化不仅成了一种重要的社会思潮，而且成了解决人类危机的重要实践活动，深刻影响着各个国家的生产、生活方式。此后，联合国先后成立了环境规划署、环境和发展委员会等机构，专门研究人类与环境的关系，协商解决全球共同面临的生态环境问题。

现代科学的生态文化可从三个层面来分析和认识：① 精神层次的生态文化，要求树立生态文化的价值观，走出人类中心主义，建设尊重自然价值的文化，按照人与自然和谐共生的要求，实现人与自然的共同繁荣。② 制度层次的生态文化，要求深刻改革社会的政治制度、经济制度、文化制度和各项社会规范，改变不具有自觉保护环境的传统机制，按照公正和平等的原则，促使环境保护制度化，使社会具有自觉地保护环境的机制，从而建立新的人类社会共同体。③ 物质层次的生态文化，就是要摈弃以往社会过度掠夺自然生态资源的生产、生活方式，遵守自然界的法则和生态规律，创造新的技术形式和新的能源形式，进行无废料或尽可能低的废料的生产，既实现社会价值为社会提供足够的产品，又保护自然价值，保证人与自然在发展中实现“双赢”。

现代的生态文化是在反思、批判近代的文化危机中，以先进的科学技术为基础，超越古代生态文化、近代形态的生态文化的基础上形成和发展起来的。至此，生态文化已由自在的生态文化发展成为自觉的生态文化。

10.2 深圳生态文化基础与挑战

10.2.1 基础与优势

10.2.1.1 厚实的岭南传统文化积淀

深圳地处岭南地区，岭南既是中原文化和海外文化的结合，又是内陆农业文化和沿海商贸文化的交融。岭南文化是悠久灿烂的中华文化的重要的有机组成部分，是祖国文化百花园中的一枝奇葩。其中西兼顾、内外兼容的成长历程，使她蕴含了多种类型、多种层次的文化类型，既包括广府文化、潮汕文化和客家文化三种类型，也形成了务实致用的通俗文化和商业文化、市场文化、华侨文化，这也是岭南文化多元化的具体体现。岭南文化是一种平民文化、商人文化，还带有文人文化。这样，她就具有进取的、求实的、自由的、精明的、丰富的、轻松的、华丽的特征，同时又是发展的、世俗的、娱乐的、风流的、充满活力和魅力的。

1. 兼容开放风气

从古老的民间传说开始，岭南就具有一种与众不同的开放心态，至今南海神庙中还立有波罗国使者达奚司空的塑像，西来初地还有达摩祖师的遗迹。著名的岭南画派，就是在继承国画传统技法的基础上，借鉴了西洋画的技术而形成的；饮誉世界的粤菜风味，不但吸取了国内八大菜系的技艺，也吸取了西菜烹饪之精要。岭南地区远离中国传统文化内核，处处迸发出一种超越“传统导向”的进取精神。郑信是在泰国建立吞武里王朝的广东人，而在近代文化史上，岭南得风气之先，成为中西文化交流的重要津梁，多种文化思潮交错而织成绚丽多彩的画面，岭南文化成为中国政治、思想、文化革命和发展的先导，涌现了一批努力超越传统导向的文化名人，如岭南画派祖师高剑父，民主革命家孙中山，思想启蒙运动的先驱梁启超等，这些灿烂的群星，代表了岭南文化的思想、他们的言行与业绩，可见岭南文化的特异风格，这段时期，岭南文化精神实质是战斗、革命、革新精神。

新中国成立后，岭南文化有了新的发展。在社会主义革命和建设中，不断作出自己的贡献，特别是在党的十一届三中全会之后，岭南文化又迎来了一个美好的春天，“风景这边独好”“南粤更加郁郁葱葱”。这里发生了一个又一个动听的“春天的故事”，一步又一步“走向新时代”。邓小平的南方谈话在这里诞生，江泽民提出的“三个代表”重要思想在这里问世，胡锦涛关于新的科学发展观的重要观点也首先在这里出现。这不是上帝的恩赐，也不是历史的巧合，而是改革开放的必然，也是岭南文化发展的必然，是岭南这块沃土必然结出的硕果。

改革开放以来，岭南文化以一种崭新的姿态出现在世人面前，如市场经济理论、所有制理论、分配理论、产权理论、开放理论、特区理论、文化理论、精神文明建设理论、"一国两制"理论等，新观点、新思想、新理论层出不穷。我国改革开放的许多理论和经验就出在岭南，特别是广东。改革开放以来，岭南特别是珠三角地区取得了巨大成就。岭南巨大的历史变迁，自然要归功于党中央的正确领导，但岭南文化也功不可没，它在改革开放和现代化建设中起着重大作用。岭南文化率先提出了当代的新课题，促进了中华民族文化的发展；岭南文化率先从农业文明向现代文明过渡，在中国文化现代化进程中起着带头作用；岭南文化率先接受外来文化，成为中西文化的交汇点；岭南文化率先走出国门，在世界文化中越来越发挥积极作用。随着改革开放和建设的发展，岭南文化将更加丰富多彩、灿烂辉煌。

2. 朴实重效的景观文化

岭南建筑及其装饰是我国建筑之林中一支奇葩。岭南山多、丘陵多、河流多，城镇和村落多结合地形、河流、道路，山势自由布局，靠山面，交通方便，防御设施完善。城镇格局多为不规则，街道多顺应河流和山丘道路走向，曲直相宜。可以说，自北向南，从土楼、围屋到骑楼、西关大屋，岭南建筑无疑呈示出了一种生态文化的落差。可它们也有共同之处，那便是与所在地域，或山地，或丘陵，或平原，或海边的生态环境是相协调的，努力去追求与大自然的和谐共处，这是与中国古代哲人的"天人合一"思想、"道法自然"的观念一脉相承的。

岭南无论哪个民系，都非常讲究风水，讲究"枕山、环水、面屏"，即北靠山、村环水，面对一片丰茂的树林或竹林。客家人的村落，甚至须先有风水林方可以落脚。诸如"负阴抱阳""前朱雀、后玄武""左青龙、右白虎""聚气"种种，其实都包含有一种直观、朴素的生态观念，只是被神秘化了而已。有些比喻，如说山林(或风水林)乃是村落建筑的毛发、围衣，正是"天人合一"思想中，视人与大自然乃血肉相连，彼此有同构与对应的关系，不可以分开的理念。

古越人在海边栖息，其建筑也与海水分不开。广东话"海皮"，是泛指一切水边。而以"水"字组词的，则有上百个或更多，诸如水路、薪水、心水、醒水、睇水、水脚、水寮、磅水、风生水起、以水为财等。水寮者，则是结屋，于水塘之上，为的是看守鱼塘。或建桩在于水，建平台，加护栏，则叫后栏。"……而城市建设，更讲究要形成象聚水的格局"，古人有"河水之弯曲乃龙气之聚会也"的说法。

岭南园林有广东园林、广西园林、福建园林、台湾园林、海南园林等。广东园林是岭南园林的主流，它以山水的英石堆山和崖潭格局、建筑的缓顶宽檐和碉楼冷巷、装饰的三雕三塑、色彩的蓝绿黄对比色、桥的廊桥、植物四季繁花为特征。岭南园林文化有因自然而上升的文化，有因人工而积淀的文化，前者可归结为海岸文化和热带文化，后者可归结为远儒文化和世俗文化、享乐文化和商业文化、开放文化和兼容文化、贬谪文化和务实文化。由自然而上升为文化的方面，如建筑的高活动面和高柱础与水涝和湿气的关系，缓屋面和台风的关系，宽檐廊与多雨的关系，高墙冷巷与高温的关系，龙形、鱼形、水草、龟、蛇、芭蕉主题与装饰的关系，塑鼓石与海蕉的关系，崖瀑潭局与自然山水的关系等，可资利用则模仿自然之物之景，有弊有害则千方百计通过设计回避或化害为利。

3. 务实进取的工商文化

广东得天独厚的地理条件，使它在唐宋时代已经成为我国重要的对外贸易区，以珠江三角洲、韩江三角洲为中心向外辐射，特别是清中叶以后，随着国际市场对茶叶、丝绸需求量的增加，刺激了当地商品经济的发展，除广州、佛山两大商埠外，潮州商人的足迹，“上沂津门，下通台厦”，远至新加坡、暹罗一带，形成了当时商业系统著名的“潮州帮”（潮商）和“广东帮”。商品经济的发展，铸造了岭南文化讲求实利实惠、偏重商业的倾向。

历史上，岭南地区特别是珠三角一带一直是一个商业贸易比较发达的地区，“崇利”的商品价值观念渗透到岭南社会的各个角落。广东尤其是广州、潮州等地，人们逐利之广，上至官僚、地主，下至士子、弄人，经商活动都十分普遍。经商带来的丰厚利润，诱使人们纷纷从土地中“游离”出来，投入到商海中，营商队伍日益壮大，农业人口日益减少。更有甚者，那些即便仍在从事农业生产者，也已不再是自然经济意义上的务农者了，而是以商业头脑经营着农业。例如，清代仅潮州一地，“不务农业”的居民就发展到 10 万户之多，务商在平民中成为令人羡慕的职业，由此可见，从商现象不仅在岭南相当浓烈，而且商品意识已渗透到整个岭南社会之中。

岭南商业活动的久远频繁，商业在社会经济中所处的重要地位，使岭南文化具有浓厚的商业色彩。从这个角度看，广东人是商人的后代。所以，改革开放之后，最早从事第二职业的是广东省人，将“跳槽”“炒鱿鱼”视为平常的也是广东人。广东人言必言商，有人人皆商的传统习俗。但是这种表现在岭南文化观念上摈弃了在中原文化中一直十分强烈的“耻言利”的思想意识，重利而不图虚名、求实而不务空华、夸富而不虑尊卑的价值观念、思维方式的彻底变化，使岭南文化呈现出不同于中原文化的特质的强烈功利主义，甚至急功近利。

10.2.1.2 良好的现代城市文化基础

深圳以高度文化自觉，建立一套文化观念新体系，高扬城市文化理想，先行先试，思想的解放与行动的务实交相辉映，推动文化跨越发展。文化自觉，是对发展文化历史责任的主动担当，是城市一种内在的精神力量。21 世纪，国家与城市的竞争进入“拼文化”的时代。经过 30 多年的高速发展，深圳进入战略转型期，城市的新一轮发展期待着一个新的战略格局。2003 年，深圳在全国率先确立了“文化立市”战略，南海之滨的鹏城，在展开经济之翼搏击长空时，也自信地舒展文化之翼强势起飞。特别是“十一五”“十二五”期间，深圳文化发展快速，文化建设成果丰硕，城市文化形象显著提升，市民文化权益得到较好的保障，初步形成了文化大发展、大繁荣的局面。十年"文化立市"战略的坚定推行，为深圳"立"起全新文化格局，创造了文化奇迹：一座曾被戏称为"文化沙漠"的城市，变成郁郁葱葱的"文化绿洲"。

1. 城市"十大观念"影响深远

深圳是一个被设计出来的城市，《春天的故事》形象地唱出："有一位老人在中国的南海边画了一个圈。"这个"圈"，画的是一种历史使命，"即以特殊的政策、体制和地缘经济为载体，展示我国改革开放和现代化建设的生机、活力与梦想"。深圳的"被设计"，意味着我们党主动把握中国发展的历史进程，"摸着石头过河"在深圳的发展中意味着"闯入雷区探路"。并且，1992 年当这位老人再度来到所画之"圈"时，用他浓重的四川方言深切地嘱托"你们要搞快一点"！

2010 年，在纪念深圳经济特区建立 30 周年的系列活动中，"深圳十大观念"的评选格外引人注目。"深圳十大观念"，为 30 岁的深圳经济特区立言，被称为是时代留存的共同财富，凝聚着社会主义核心价值观，风行全国。"十大观念"不断扩大的影响力、辐射力，让人们见证了深圳观念的力量。深圳在文化建设中的一个个新观念新理念，照亮了城市的未来。

深圳作为迅速崛起的移民城市，缺少历史悠久的城市文化记忆，但并不缺少个体多元的文化记忆。"深圳观念"其实透露出建设城市文明共同体的信息，它正通过运行轨迹的调节来吸纳多元个体的"原子性"。就其内容构成而言，深圳观念是深圳 30 余年改革发展的文化记忆；而就其文化功能而言，深圳观念显然是为着建立一种认同机制。在一个迅速崛起的移民城市里，的确会有建立认同机制的紧迫感。但事实上，经历 30 余年改革开放的当代中国，在对既往观念形态"祛魅"的同时，对于认同机制也有着深深的期待。

与许多城市高度抽象的城市精神不同，"深圳十大观念"的每一条都维系着一个鲜活、生动的故事，并且都是在深圳经济特区 30 多年发展中有血有肉、有声有色的故事。也就是说，深圳观念作为"深圳价值"其实源自"经济实践"。例如，深圳原市委常委、原宣传部部长王京生所说："在体制突破中，'深圳观念'是前进中的冲锋号；在建设道路上，'深圳观念'是特区经验的浓缩和升华；在文明模式的转换中，'深圳观念'是城市再生的灵魂，是市民德性的对话。"现在都在讲文化软实力，有学者认为软实力就是"讲故事的能力"，特别是讲好正义、诚信、勤勉、宽厚的"中国故事"的能力。深圳观念所魂系的"深圳故事"，是深圳人不断破解难题、开创新风的故事，也是不断改造对象世界、提升主体境界的故事。

2. 城市文化创意产业蓬勃发展

深圳把文化产业确定为第四支柱产业，突出规划和政策引导，创新产业发展环境，颁布《深圳市文化产业发展促进条例》，出台《加快文化产业发展若干规定》等一系列法规和政策文件。在党的十七届六中全会开幕当天,《深圳文化创意产业振兴发展规划》及其配套政策正式发布,将文化创意产业定位为重点和优先发展的战略性新兴产业,每年集中 5 亿元专项资金予以扶持。

在文化产业发展模式上,深圳勇当先锋,率先探索出“文化+科技”“文化+金融”“文化+旅游”“文化+创意”等产业新模式,争当文化产业发展领头羊。一提起深圳文化产业,许多人都会如数家珍般地报出一串文化科技企业的名字——腾讯QQ 改变了中国人的交流方式,腾讯已成为中国最大的互联网综合服务提供商;迅雷下载软件,让超过 3 亿网民深切体验宽带网络世界的精彩;A8 音乐网,使得数以万计的原创音乐人和数以亿计的消费者实现对接;雅图向平价社区影院产业进军,目标是十年内在全国建成 1 000 家数字影院;华视户外移动电视联播网已覆盖 47 个公交城市、8 个地铁城市,每天影响 4 亿消费人次;华强动漫就将技术创新摆在首位,建成了世界上领先的全无纸化二维动画片生产线、全数字化三维动画生产线,自行设计组装了中国最大的大容量无间隙三维动画渲染阵列,彻底改变了动画片作坊式生产模式,将生产效率提高到以前的 6~8 倍。

深圳还突出规模化集约化发展,建立 50 多个文化创意产业园区和基地,以良好的公共服务平台和技术平台吸引中小创新型文化企业入驻,打造创研产销一体化的产业链条;深圳突出完善现代文化市场体系,创新产业发展机制,七届中国(深圳)国际文化产业博览交易会(简称文博会)累计成交额超过 5 000 亿元,成为中国文化产业第一展。

3. 城市文化软硬件设施完善

深圳率先提出“实现市民文化权利”,全覆盖普惠型公共文化服务体系领跑全国。文化惠民,年轻的城市从理论到实践,为中国奉献了一个“深圳样本”。深圳在全国率先实行美术馆、图书馆、博物馆等公共文化场所向公众免费开放,对高雅艺术进行票价补贴,降低人们享受文化成果的成本,推进文化权利均等化措施。基层文化设施扎实推进,原关内“十分钟文化圈”基本形成,市民在家门口即可享用各种文化设施与服务。25 家博物馆、381 个文化广场、638 家公共图书馆形成覆盖深圳的公共文化设施网络,成为一座座醒目的“文化地标”。

“十一五”期末,深圳公共文化服务体系理论研究全国领先,为深圳乃至全国公共文化服务体系建设提供了理论借鉴。市属公益文化场馆在全国率先实行免费开放,深圳图书馆、音乐厅、博物馆新馆等一批重大标志性文化设施相继建成,深圳大剧院、关山月美术馆等文化设施完成改造,市级文化设施 14 个,基层文化设施和服务网络日趋完善,全市城市街区 24 小时自助图书馆布点 140 台,有线数字电视用户达 207 万户,周末、流动和高雅艺术等系列文化活动常年开展,每年公益文化展演近万场。劳务工文化服务工程和文化关爱活动扎实开展,满足了劳务工群体的文化需求。

自2003年深圳市文化局首次在全国提出建设“图书馆之城”的思路以来，深圳市公共图书馆规模、体系结构、服务效益都有较大的发展，多项指标居国内主要大城市前列，初步形成以市级图书馆为空头、区级图书馆为骨干、街道图书馆、社区图书室、城市街区24小时自助图书馆为网点的图书馆服务网络。

深圳读书月、市民文化大讲堂、社科普及周、创意十二月等成为深圳市响亮的文化品牌，成功荣获“杰出的发展中的知识城市”称号。文艺精品生产硕果累累，深圳原创歌曲《走向复兴》等唱响大江南北，一批文艺精品获得国家级和省级奖项。广播影视、新闻出版事业实力增强。创意设计集聚效应初显，获联合国教教育、科学及文化组织“设计之都”称号。《深圳改革开放史》入选全国博物馆十大精品展览，改革开放历史文化保护取得一定成效。

4. 深圳城市文化特质独特

深圳文化是伴随着经济的快速起飞和现代化建设的迅速推进逐步形成的，这是一种在中国先进文化规范指导下，以市场经济为经济基础，以对外开放为现实背景，与深圳的工业化现代化相适应的新都市文化，是一种正在焕发勃勃生机的朝阳文化。只要接触深圳，涉猎深圳文化，不难感受到这一文化的表层特色是新颖性、多样性和通俗性，而这种表层特色却内含着以下几方面的精神特质。

一是创新求异。深圳是我国新文化现象的重要发源地，“深圳的重要经验就是敢闯”。这里曾创造了许多震撼全国的第一，这里是改革开放以来中国产生新鲜事最多的城市。尤其在观念文化上，改革开放的起步阶段，这里发出了“时间就是金钱，效率就是生命”“实干兴邦，空谈误国”的新呐喊；20世纪80年代末90年代初，这里又推出了“按国际惯例办事”的新理念；90年代中后期又提出了“不让雷锋叔叔吃亏”的新思维。这些超前而崭新的观念，呼唤和推动了中国的改革开放、深圳的国际化城市建设以及市场经济条件下的精神文明建设。在其他文化样式以及文化运作方式上，这里较早提出并推出企业文化、社区文化、广场文化、旅游文化、主题公园，较早走出了经济与文化相结合的路子，较早探索出了采取人才组合机制制作文化精品。在生活方式上，深圳人在追求时尚和品位中体现出求异、创新和超前。无论是生活环境的美化，还是居室的装修、布置；无论是业余的休闲方式，还是女性的服饰样式，深圳都引领着潮流。正是创新和求异的内在冲动使深圳产生出许多新的文化生长点，并使其文化内涵越来越丰富，文化形式越来越多样。

二是务实致用。深圳文化与市场和经济生活的结合度高，文化发展要服从经济的发展和体制的创新，不尚务虚，讲求实效。因此，在社会科学研究上，要求“贴近改革开放、贴近经济建设、贴近领导决策”。深圳书城年售书量多年位居全国单店前列，但它售出的绝大多数是适用于个体竞争需要的实用类书籍。在文艺取向上教育功能必须服从娱乐功能和经济效益。

三是宽容大度。深圳倡导“支持改革者，容忍失误者，惩处腐败者”。深圳人胸怀宽阔，气量宏大，宽以待人。在深圳，无论是机关干部，还是打工青年，你都没有作为“外乡人”的心理压力。深圳“排污不排外”，不以“非我族类，其心必异”的狭隘心理对待异质文化。人们不嘲笑事业上的失败，不打压观念上的新奇，不歧视生活方式上的独特，体现出了一种文化平权主义。只要不涉及严重的意识形态问题，深圳接受和接收有差异的文化观念、文化方式和文化模式。这种宽容大度构成深圳文化创新和快速成长的沃土。

四是兼收并蓄。文化的宽容和平权必然会带来文化的多样性，形成多元共存的文化格局。在深圳，人们不仅能够感受到西方文化的影响和中国港台文化的渗透，更能感受到中原文化的浸润和岭南文化的承传。深圳实际成了境内外文化汇集的“蓄水库”，成了中西方文化展示的“大舞台”。“世界之窗”和“民俗文化村”正是这一“水库”和“舞台”的典型之一。这种文化的兼容并蓄精神和多元共存格局为承继中华民族优秀传统文化，吸取先进外域文化的成果，实现文化创新提供了良好的条件。

五是大众为先。深圳不处于政治中心，人们更多地关注市民生活，加上它的文化与市场的结合度又高，文化消费群体主要是打工青年，这就使得深圳文化在品位上是以通俗性、娱乐性为特色，在文化结构上以大众文化为主体，严肃的高雅文化、精英文化不发达。深圳文化的旨趣注重直观，讲求感性的娱乐，以获得人们心理上的平衡和放松，而较少诉诸理性和思辨，因为它较少承载学术的使命。大众为先体现出深圳文化的平民色彩，正是这一特色使深圳文化极富活力和生命力。

对深圳文化特色的形成起作用的另一重要因素是移民城市的性质。深圳是一个典型的移民城市，移民在社会人口结构中占绝大多数。移民的基本心理特征是：一切的价值观念、伦理原则和行为习惯都必须服从个体的生存和发展，该学则学，该变则变。在移民社会，对众多的“外乡人”来说，要在新的土地上生存并发展，唯有拼搏、冒险、开拓、进取。在移民社会，一般来说，特定的地域文化不占绝对主导地位，为了让“别人”尊重你，你就必须尊重“别人”，宽容异己。人们关心和关注深圳，不是因为在这块土地遥远的过去曾发生过什么或留下了什么，而是因为这个城市和地区在现代曾创造了什么或还应该创造什么。深圳的文化定位只能是现代文化。正如1996年制定的《深圳市精神文明建设“九五”规划》将深圳文化发展目标定位为建设“现代文化名城”，使之成为中外文化交流的窗口。

10.2.1.3 广泛的生态文化宣教实践

1. 生态文明宣传常态化

深圳结合城市特质，采用多种形式宣传生态文明，丰富生态文明宣教内容、手段和载体，促进生态文明宣传常态化，促使生态文明理念以具象化、浅显易懂的方式融入市民生活，营造良好的生态文明建设氛围。

定期开展流动宣传。以环保宣传车的流动宣传形式一月一区定期深入基层开展生态文明宣传。在市内主要媒体上开辟专栏，开展环保科普知识宣传，提升市民环保知识水平。

网络与资料宣传相结合。深圳市充分利用人居环境网站及政务微博两大宣传网络平台，定期开展工作宣传，强化公众对环保工作知晓率，引导公众参与到生态文明建设工作中；通过编制深圳市中小学环保教材及市民文明宣传手册等宣传资料，以贴近生活、贴近市民的方式开展环境教育。

2. 打造生态文明文化体系

(1) 充分利用中小学环保教材及市民文明宣传手册开展生态文明本土化宣传，并倡导设立一系列面向社会公众的"全民环境教育系列读物"，建设生态文明环境文化体系。

(2) 通过市民环保奖、绿色单位等评选，树立生态文明先进示范典型，以先进人物、先进单位的环保事迹，倡导公众树立环保自觉，引领环境文化先进潮流。

(3) 充分调动社会资源，大力鼓励、支持优秀环保宣传品创作生产，多种方式吸纳社会各界融资，积极推出一批反映环保成就，倡导生态文明的电影、电视、公益广告等环境宣传品，进一步扩大生态文明宣传参与面及宣传活动广度、深度，营造社会各界共同参与生态文明宣教工作的良好局面。

(4) 广泛动员社会力量，积极扶持发展环保社团，构建全民参与环境保护的社会行动体系，多渠道开发利用社会宣传资源，联合举办各种内容丰富的大型环境宣教活动，实现环境公益宣传与企业形象宣传的双赢，实现宣传效果最大化。

10.2.2 扎实的生态文化培育载体

深圳作为首个无农村城市，在全国率先提出开展"生态示范街道"创建，丰富了国家生态创建的细胞单元，完善了国家生态创建体系框架，对城市生态创建工作具有重要的示范意义，并成为生态深圳的一大亮点。

深圳于 1999 年启动生态创建工作，按照"分区指导、分级推进"的原则，积极引导和推动有一定基础条件、积极性较高的行政区、工业区、街道、社区开展不同层次的创建活动。生态示范系列创建包括创建"国家级生态区""国家生态工业示范园区""深圳市环境优美街道""绿色社区"等。在深圳生态创建中，各街道按照区委、区政府和市、区环保部门的工作部署，结合辖区实际，积极推进优美街道和生态建设，创建活动有声有色，精彩纷呈。

十余年来，深圳积极探索城市发展转变途径，不断深化生态创建内涵，生态创建工作主体逐步由市、区级延伸到街道、工业园、旅游区等各个层面，形成了以市、区创建为主体，"细胞工程"创建为补充的工作格局。在有效地促进城市生态环境的改善的同时，极大提高了公众的环境意识和环境素质，营造了共同推进生态文明建设的良好氛围。福田、罗湖、盐田、南山被评为“国家生态区”,龙岗被评为“国家级生态示范区”。深圳建成东部华侨城和欢乐海岸“国家生态旅游示范区”,以及10个“深圳市生态工业园区”、49个“深圳市生态街道”。2008年,深圳作为全国唯一的计划单列市被环保部选定为国家6个“生态文明建设试点地区”之一,开展“生态文明示范城市”创建。目前,盐田、大鹏正在创建国家生态文明示范区。

10.2.3 挑战

经过30多年发展,深圳的生态文化建设取得显著成绩,近年来,通过“深圳市民环保奖”评选活动和生态“细胞工程”创建,极大地提升了全民环境意识,极大地提高了公众的环境意识和环境素质,为推动深圳市人居环境事业发展、建设宜居生态城市产生了积极影响。但是,与经济社会发展的整体水平和生态文明建设要求还不太相称。生态文化建设依然相对滞后,部分市民对生态文明理解不深,少数企业生态责任意识淡薄,部分群众还缺乏绿色生活消费观,全社会深厚的生态文化氛围尚未真正形成。“经济强市,生态贫市”的偏失概念依旧存在,“唯GDP论”的传统发展观、政绩观、价值观尚未从根本上扭转,城市生态文化水平亟待提升。

1. 生态文化建设有待加强

作为生态文明最高层次的生态文化建设,目前还处于低层次,生态文化建设应秉持的理念与意识还较为欠缺,全民参与度不够,生态文明理念还未成为广大干部群众的自觉意识和行动。部分领导干部尚未真正树立正确的政绩观,部分企业经营者缺乏社会责任意识和长远发展的战略眼光,部分群众还缺乏绿色生活消费观,全社会深厚的生态文化氛围尚未真正形成。

2. 生态法制文化有待完善

近年来,深圳市生态法制建设进展较快,环境保护法律体系在逐步完善,但仍有许多方面需要加强,如一些法规内容相互冲突,缺乏可操作性。造成环境执法过程中有法不依、执法不严、违法不究的现象比较突出。

3. 公民生态环保责任意识欠缺

据相关调查显示,大部分消费者对绿色产品高价格的容忍度仅为10%左右。市民的消费习惯及环保意识有待改变,公民的生态文化素质有待提高。生活垃圾的分类投放、环保权益意识有待提高。

4. 企业生态文化建设有待加强

目前,许多企业开展ISO14000标准认证工作进展缓慢,生产工艺及设备不符合环保要求的现象比较普遍。在产品的运输、贮藏、处理、使用和弃置等多个环节,普遍没有向用户提供必要的环保信息和建议。在企业内部,不少企业没有建立起企业生态文化的教育和培训制度,与员工和公众在安全和环境保护方面的沟通不够。在进行企业形象策划、产品开发、商标设计、广告发布等商务活动中对生态文化因素的重视不够。

5. 生态科技文化建设有待提高

根据中国人民大学能源与气候经济学项目组(PECE)对国内钢铁、水泥、化工、建筑、交通、发电六大重要的高耗能行业调查,其在涉及节能减排的60多种关键核心技术中,有42种是中国没有掌握的技术类别。深圳也同样存在类似问题。此外,许多节能减排的关键核心技术仍没有突破,企业绿色竞争力尚不明显。

10.3 生态文化培育关键策略

10.3.1 研究思路与研究

10.3.1.1 研究思路

在辨析生态文化内涵与特征,以及生态文化与生态文明关系的基础上,回顾古代农业文明、近代工业文明和现代科学生态文化的发展历程,在党的十八大报告中关于加强生态文明制度建设的具体意见和要求指导下,结合深圳市城市文化培育和发展历程,提出培育浓厚生态文化的基础和挑战,从传承和发扬优秀传统文化、创新和发展现代生态文化、培育生态文化自觉、增强生态文化活力等四大方面,提出培育浓厚生态文化的关键途径。

10.3.1.2 建设目标

到2020年,生态文化繁荣发展,生态文化渗透到经济、社会与环境发展的方方面面,生态文化的感召力和影响力明显提高,生态文化活力和竞争力显著增强,城市生态文化品位与辐射力大幅提升,城市生态文化特色更加鲜明,基本形成与国家生态文明示范市典范相匹配的浓厚生态文化。

10.3.2 传承和发扬优秀的传统文化

做好客家文化、广府文化的调查、挖掘和保护工作,加大岭南特色和深圳特色的非物质文化遗产保护力度,传承深圳优秀民俗文化。加快推进中英街、鹏城社区、半天云村、南头古城、沙鱼涌等品牌特色建设,构建传统村落原生态风貌的保护体系。不断丰富市博物馆的展陈内容,在现有深圳历史、民俗文化、动物标本的基础上深化生态文明主题。建设完善海洋特色文化园,开展海洋文化活动、海洋生态模拟体验活动。挖掘咸头岭遗址、大梅沙和小梅沙遗址、鱼灯舞、渔民娶亲等民风民俗文化中的生态元素和生态思想,建成一批具有地方特色的生态文化精品。

10.3.3 创新和发展现代的生态文化

立足“敢为天下先”本土文化根基，吸收外来文化精髓，创新兼容并蓄的移民文化，积极践行社会主义核心价值观。进一步培植青春时尚、先锋创意、开放多元、包容并蓄的文化气质，大力塑造和推广“创意深圳，时尚之都”城市形象。加强城市人文关怀，借鉴香港、新加坡等世界先进城市建设经验，积极塑造生态化、人性化和特色化的公共空间环境。彰显“生态控制线”、“绿道网”等城市景观文化内涵，重点打造生态休闲绿道山、林、水景观文化走廊，突出自然生态景观和本土文化原真性的有机保护。深入开展学习型城市建设，推动“深圳学派”建设，做大做强文化创意产业，推动生态文化建设与文化建设协调发展，加快发展“文化＋”新兴业态。在城市更新和规划建设时，要注重保持本土建筑符号，设计出美观宜居、功能完善、与传统风格不相冲突、和大自然相协调的高品位有特色人居环境。

10.3.4 宣传与教育，培育生态文化自觉

10.3.4.1 完善生态文明教育体系

导致生态危机的根源之一，就是人类缺乏环境资源保护意识。所以，以各种形式开展的生态知识普及和教育就显得尤为重要。从 20 世纪 80 年代开始，美国、德国等发达国家已经采取治本措施，通过设立基金、立法等手段将生态文化教育纳入从幼儿园到大学的社会教育系统，对全体国民进行生态环境保护教育，从制度上保证了生态环境观念深入人心。

深圳可以把生态文明知识和课程纳入国民教育体系，重点加强青少年生态文明意识教育，建设 10 个以上生态文明教育基地，将低碳、绿色、环保、生态等理念渗透到学校的日常教学之中，培养广大群众的生态文化观念和生态伦理意识，加深公民对环境保护的广泛关心和理解，激发他们积极参与生态文明建设的热情。更重要的是，将生态文明教育纳入教育系统，通过学校教育普及生态哲学、生态科学和生态保护等方面的知识，促进受教育对象从小就具有较高的生态文明意识和环保习惯，实现对传统价值观念的转型。

另外，加强对可能产生不良环境影响的经济活动和其他活动中负有决策责任的组织领导人和专家进行生态文明教育与培训，着力提高广大党员干部和教师的环境保护意识，把生态文明纳入党政干部教育培训、教师的业务培训和继续教育课程，将生态文明纳入任职、晋升的考核内容。定期开展面向社会公众的生态文明专题培训班，普及生态文明知识。继续做好深圳市民环保奖评选活动，结合世界环境日、地球日、无车日等各种环保主题日，积极举办环境文化节、环保嘉年华等文化活动，设立“生态文明号”“生态文明使者”荣誉称号，激发社会各界的生态文明意识，

树立新时期模范。

10.3.4.2 丰富生态文明宣传形式

创新生态文明宣传的载体和形式，创建多种形式的生态文明宣传展示基地，实施丰富多彩的公众环境意识培训项目，开展群众喜闻乐见的环境宣传活动。进一步加强与市内外主要新闻媒体的合作，充分利用媒体宣传效应，广泛开展环保知识宣传，提升公众环保知识水平，强化公众环保意识；实施舆情监控制度，及时开展舆情的研判及预警分析，强化各类环境保护新闻事件的及时应变和处理，及时回应公众环境诉求，提升公众对环保工作的知晓率、支持率和参与率。

在互联网、报刊、电视、广播等媒体以及户外公益广告中开辟“生态文明”专栏，定期投放生态文明宣传内容。大力开展环境保护工作取得成效和经验宣传，分享最新的资讯、信息，解答群众的热点难点问题，实现环境宣教工作和信息公开工作并驱前行，赢得广大公众的支持和信任，强化环境宣教效果。加强门户网站、环保网站、环保刊物以及环保信息屏、显示屏等宣传平台的建设和运用，推进公众参与和工作交流。

采取专题讲座、研讨会、成果展示会、发放指南等形式，组织生态文明理念宣传活动和科普活动，促进全社会从战略和全局高度认识生态文明的重要性。立足当前、谋划长远，进一步探索公众认知及活动宣传规律，不断创新策划，把“深圳市民环保奖”“市民环保大讲堂”“绿色行动日”“青少年环保节”及“绿韵悠扬环保演出季”等在广大市民当中具有较为深远影响力和宣传力的活动，做大做强，打造成为精品品牌；不断提高环境宣教的策划能力，开创更多有趣、亲民的宣教方式，强化宣传活动中生态文明理念和环境文化思想的贯穿融入，丰富宣传题材、风格和载体，创办更多贴近群众、贴近生活、贴近实际的精品环境宣教活动，增强宣传教育活动的实效，推动宣教工作纵深发展。

10.3.4.3 倡导生态文明行为新风

深入实施政府绿色采购，在技术、服务等指标同等条件下，政府优先采购节能环保产品、再生材料生产的产品、通过环境标志认证的产品、通过清洁生产审核或通过ISO14000认证的企业产品，依法依规扩大通过节能认证、环境认证等相关认证产品的政府采购范围，政府绿色采购比例逐年扩大。全面推广政府绿色办公，政府部门和新建政府投资项目强制使用节能节水节材产品，政府办公设备和用材采购优先使用可回收、再生材料、再利用的绿色办公用品。

强化企业环保责任和义务，严格限制塑料购物袋的生产销售使用，督促企业生产耐用、易于回收的塑料购物袋，引导、鼓励群众合理使用塑料购物袋，加大对废塑料的回收利用过程的环境监管，建立废塑料从回收、运输、储存到再生利用的全过程环境管理体系。要求上市企业和龙头企业率先实施绿色供应链管理，提高供应链体系的环境治理效率，实现供应链体系的产品绿色设计、绿色生产、绿色包装、绿色销售以及回收处理。

引导绿色文明的生活方式。全面推广绿色消费，引导市民选购节能节水型产品，养成良好的节能节水生活习惯。提倡家庭垃圾分类投放，加大垃圾分类设施的投入力度，免费发放垃圾分类袋，设专人对居民垃圾分类投放进行指导和监管鼓励简易装修，强化资源回收意识，减少一次性用品的消费。倡导绿色出行，提倡使用公共交通工具，合理有效使用私家车，减少不必要的汽车使用。

10.3.5 创建与示范，增强生态文化活力

10.3.5.1 继续推动生态示范区建设

生态建设示范区是最终建立生态文明示范区的过渡阶段，是现阶段建设生态文明的基本目标模式的有效载体，对于建设资源节约型、环境友好型社会推动环境保护历史性转变有重要意义。根据《关于进一步深化生态建设示范区工作的意见》要求，持续开展国家生态区创建活动，力争成为“国家生态市”。继续推进龙岗区国家级生态示范区建设，推进盐田区、福田区、南山区国家生态区建设，全面启动光明、坪山、龙华和大鹏等新区生态创建工作。

积极落实《国家发展改革委关于开展低碳省区和低碳城市试点工作的通知》要求，充分发挥国家低碳城市试点作用，多层次、多渠道开展示范和应用，积极探索和总结低碳试点经验。以深圳国际低碳城、前海、光明、坪山、大运城和大鹏半岛等为重点，各区结合自身区域定位和优势，以加速转变经济发展方式为目标，以低碳发展为核心驱动力，以区域主要碳排放领域为重点，着力于低碳区城市空间布局、创新体制机制、构建低碳产业体系、推进科技创新、倡导低碳生活方式等方面，开展低碳生态示范城区建设，推进光明综合型循环经济城区建设，发挥示范城区的辐射带动作用。通过城市交通与土地利用的协调发展，合理安排城市新区居住用地、工业用地供给，促进居住与生产的功能平衡及结构优化，引导市民合理出行，实现生产、生活和公共服务资源的合理配置。

10.3.5.2 全面深化“细胞工程”创建

深入实施“细胞工程”创建活动，加快深圳生态街道、生态工业园区示范创建。推动深圳市省级绿色升级示范工业园区创建工作，按照循环经济理论、生态学原理和低碳发展要求加强产业空间布局优化。

高起点规划、高质量建设、高标准设置产业园区，严格建设标准和企业准入条

件，加快基础设施建设，加快建设低碳服务业园区、低碳产业园区、“城市矿产”基地、低碳物流园区，以园区低碳示范带动产业低碳发展。以低碳住区、低碳商区、低碳校区为重点，大力推进低碳社区示范创建工作，普及低碳发展理念和低碳生活方式。以福田环CBD地区、罗湖笋岗-清水河地区、南山大沙河地区、宝安松岗地区等为重点，通过综合整治、升级改造、超出重建等方式加快城市有机更新，加强低碳生态理念与技术在城市更新改造中的运用。

完善绿色机关、绿色学校、绿色社区、绿色企业、绿色景区等绿色家园系列管理、评估及考核机制，推动绿色系列创建活动持续深入开展。推进民治坂田片区低碳绿色发展以及观澜街道创建循环经济示范街道建设。进一步深化绿色系列创建活动，结合社会发展，不断优化绿色系列创建、考评标准，高标准、高要求、高质量地推动绿色单位创建，营造创先争优的热烈社会氛围。充分利用社会资源，创建一批环保教育意义深刻的环境教育基地，丰富环境教育载体，推进环境教育多元化发展。

参 考 文 献

陈寿朋，杨立新.2005.论生态文化及其价值观基础[J].道德与文明，(2)：76－79.

陈寿朋，杨立新.2007.生态文化建设论[M].北京：中央文献出版社.

杜栋，庞庆华，吴炎.2008.现代综合评价方法与案例精选[M].第二版.北京：清华大学出版社：11－33.

杜欢政，张旭军.2006.循环经济的理论与实践：近期讨论综述[J].统计研究，2：63－67.

冯之浚，周荣.2010.低碳经济：中国实现绿色发展的根本途径[J].中国人口资源与环境，20(4)：1－7.

付加锋，庄贵阳，高庆先.2010.低碳经济的概念辨识及评价指标体系构建[J].中国人口资源与环境，20(8)：38－43.

"推进生态文明建设　探索中国环境保护新道路"课题组.2010.生态文明与环保新道路[M].北京：中国环境科学出版社.

高吉喜，黄钦，聂忆黄，等.2010.生态文明建设区域实践与探索：张家港市生态文明建设规划[M].北京：中国环境科学出版社.

龚伟斌.2011.深圳生态规划和生态城市建设的历程与启示[J].山西建筑，14(37)：16－18.

郭印，王敏洁.2009.国际低碳经济发展经验及对中国的启示[J].改革与战略，10：176－179.

侯爱敏，袁中金.2006.国外生态城市建设成功经验[J].生态城市，(1)：1－5.

胡鞍钢.2010.全球气候变化与中国绿色发展[J].中共中央党校学报，14(2)：5－10.

胡今.2011.我国生态文化建设中的问题及解决对策[J].党政干部学刊，(12)：25－28.

黄肇义，杨东援.2001.国外生态城市建设实例[J].国外城市规划，(3)：35－38.

姜爱林，钟京涛，张志辉.2008.国内外城市环境治理发展历程述评[J].防灾科技学院学报，10(03)：99－103.

鞠美婷，王勇，孟伟庆，等.2007.生态城市建设的理论与实践[M].北京：化学工业出版社.

李柏浩，王玮.2007.深圳城市规划发展及其范型的历史研究[J].城市规划，2(31)：70－76.

李超骕，马振邦，郑憩.2011.中外低碳城市建设案例比较研究[J].城市发展研究，(01)：31－35.

李建建，马晓飞.2009.中国步入低碳经济时代——探索中国特色的低碳之路[J].广东社会科学，6：43－49.
李巍，张震，张莹莹.2005.深圳生态市建设规划框架研究[J].环境科学与技术，(28)：151－153.
李伟，白梅.2009.国外循环经济发展的典型模式及启示[J].经济纵横，4：80－83.
李秀艳.2008.对中国生态文化发展现状的反思[J].特区经济，(6)：253－255.廖国强，关磊.2011.文化·生态文化·民族生态文化[J].云南民族大学学报(哲学社会科学版)，(04)：43.
林姚宇，吴佳明.2010.低碳城市的国际实践解析[J].国际城市规划，(1)：121－124.
刘思华.2011.科学发展观视域中的绿色发展[J].当代经济研究，5：65－70.
刘文玲，王灿.2010.低碳城市发展实践与发展模式[J].中国人口·资源与环境，20(4)：17－22.
刘文玲，王灿.2010.低碳城市发展实践与发展模式[J].中国人口资源与环境，20(4)：17－22.
刘志林，戴亦欣，董长贵，等.2009.低碳城市理念与国际经验[J].城市发展研究，6：1－12.
罗巧灵，胡忆东，丘永东.2011.国际低碳城市规划的理论、实践和研究展望[J].规划师，(5)：5－10.
马交国，杨永春.2006.国外生态城市建设实践及其对中国的启示[J].国外城市规划，21(2)：71－74.
齐晔.2013.中国低碳发展报告2013[M].北京：社会科学文献出版社.
秦耀辰，张丽君，鲁丰先，等.2010.国外低碳城市研究进展[J].地理科学进展，29(12)：1459－1469.
任永堂.1994.文化与生态的哲学思考[J].自然辩证法研究，(06)：45.
苏建忠.2010.现实与理想——近三十年来深圳生态规划与生态城市建设的压力与探索[A]//中国城市规划学会.规划创新：2010中国城市规划年会论文集[C].重庆：天健电子音像出版社.
王富海.2000.从规划体系到规划制度——深圳城市规划历程剖析[J].城市规划，(01)：28－33.
王金南，李晓亮，葛察忠.2009.中国绿色经济发展现状与展望[J].环境保护，3：53－56.
王玲玲，张艳国.2012."绿色发展"内涵探微[J].社会主义研究，5：143－146.
吴凤章.2008.生态文明构建：理论与实践[M].北京：中央编译出版社.
吴良镛.2001.人居环境科学导论[M].北京：中国建筑工业出版社.
吴晓青.2008.关于中国发展低碳经济的若干建议[J].环境保护，3：22－23.
徐冬青.2009.发达国家发展低碳经济的做法与经验借鉴[J].世界经济与政治论坛，(6)：112－116.

薛晓源，李惠斌.2007.生态文明研究前沿报告[M].上海：华东师范大学出版社.
严耕、林震、杨志华，等.2009.生态文明的理论与系统建构[M].北京：中央编译出版社.
颜京松，王如松.2004.生态市及城市生态建设内涵、目的和目标[J].现代城市研究，(3)：33－98.
杨志，张洪国.2009.气候变化与低碳经济、绿色经济、循环经济之辨析[J].广东社会科学，6：34－42.
叶伟华.2010.深圳低碳生态城市规划实践和探索[A]//经济发展方式转变与自主创新——第十二届中国科学技术协会年会(第四卷)[C].
叶文虎，甘晖.2009.循环经济研究现状与展望[J].中国人口资源与环境，19(3)：102－106.
尹希果，霍婷.2010.国外低碳经济研究综述[J].中国人口资源与环境，20(9)：18－23.
余谋昌.2003.生态文化：21世纪人类新文化[J].新视野，(04)：65.
俞海.2011.中国“十二五”绿色发展路线图[J].环境保护，1：10－13.
张天柱.2006.从清洁生产到循环经济[J].中国人口资源与环境，16(6)：169－174.
中国城市科学研究会.2009.中国低碳生态城市发展战略(提要)[J].建设科技，(20)：12－18.
周兵，黄志亮.2006.论国外循环经济理论及实践[J].经济纵横，4：40－42.
周国梅，任勇，陈燕平.2005.发展循环经济的国际经验和对我国的启示[J].中国人口资源与环境，15(4)：137－142.
周宏春.2009.低碳经济与循环经济的异同考量[J].前沿论坛，20：17－22.
诸大建，臧漫丹，朱远.2005.C模式：中国发展循环经济的战略选择[J].中国人口资源与环境，15(6)：8－12.
诸大建，朱远.2006.循环经济：三个方面的深化研究[J].社会科学，4：46－55.
诸大建.2012.绿色经济新理念及中国开展绿色经济研究的思考[J].中国人口资源与环境，22(5)：40－47.
邹兵.2013.行动规划·制度设计·政策支持——深圳近年城市规划实施历程剖析[J].城市规划学刊，(1)：61－68.
Hardi P，Zdan T. 1997. Assessing Sustainable Development Principles in Practice [M].Printed in Cananda Canadian Cataloguingin Publication Data.
Parris T M，Kates R W. 2003. Charactering and measuring sustainable development[J]. AR Reviews In Advance.7：17.
Stern N. 2007. The Economics of Climate Change：The Stern Review[M]. Cambridge，New York：Cambridge University Press.

彩　　图

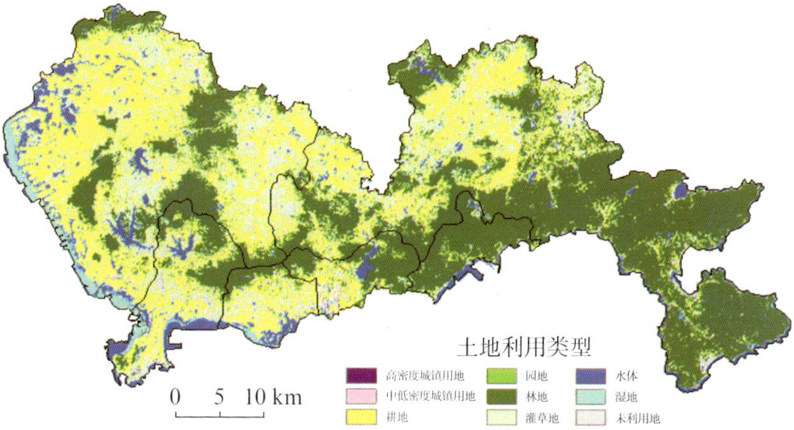

图 7.1　1980 年深圳地区土地利用分类图

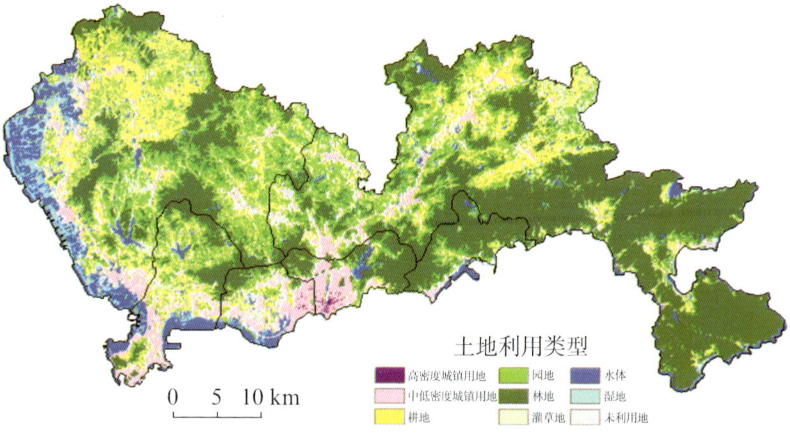

图 7.2　1988 年深圳地区土地利用分类图

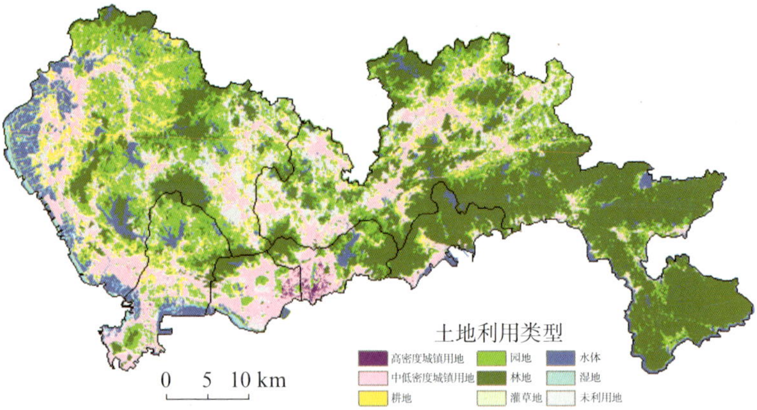

图 7.3　1994 年深圳地区土地利用分类图

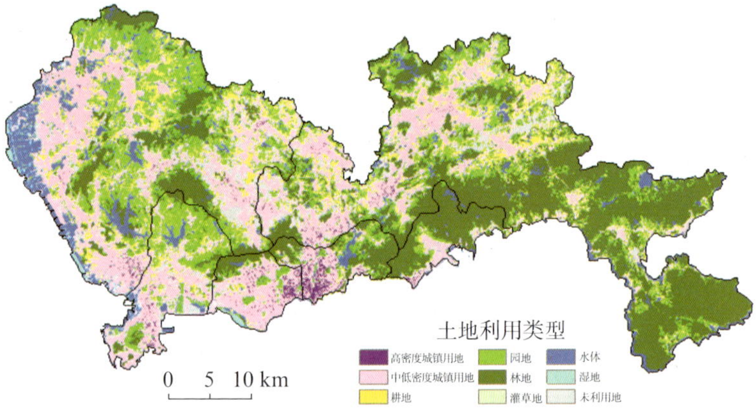

图 7.4　2000 年深圳地区土地利用分类图

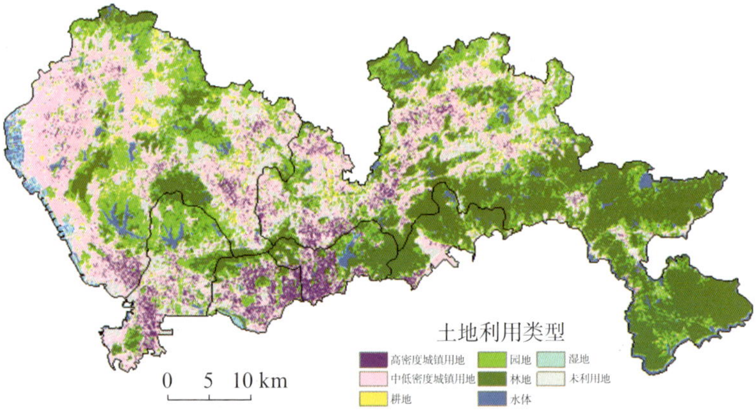

图 7.5　2005 年深圳地区土地利用分类图

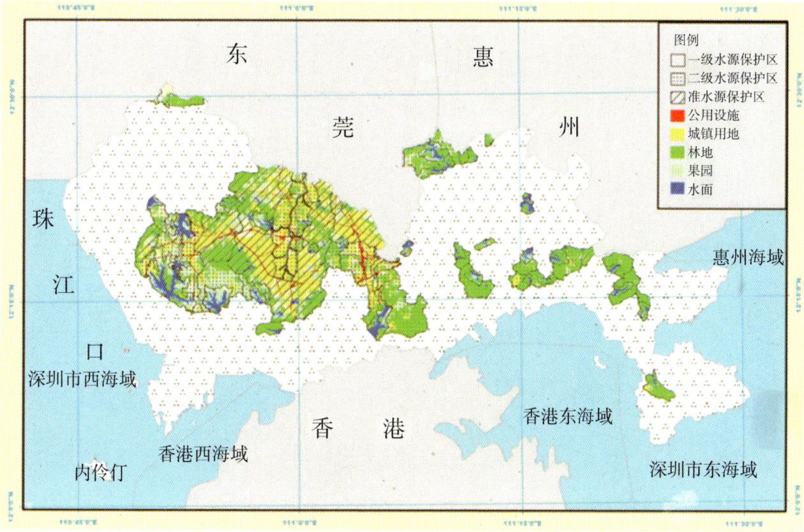

图 7.18 深圳市生活饮用水地表水源保护区内土地利用状况

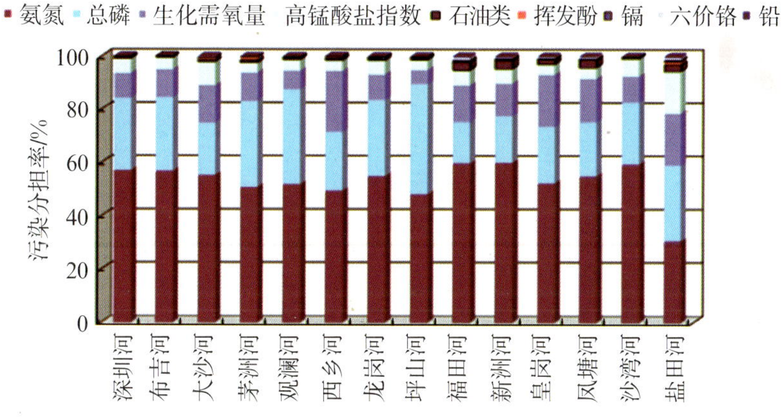

图 9.2 2011 年深圳市主要河流污染物分担率